U0837868

职业院校教学用书(通信类专业)

有线电视技术

(第4版)

陶宏伟 编著
程永斌 副主编

電子工業出版社
Publishing House of Electronics Industry
北京·BEIJING

内 容 简 介

本书主要内容包括有线电视的发展与系统组成、无线电视广播的接收、前端系统的组成与主要设备、传输系统、分配系统、有线电视系统的安装工艺、有线电视系统质量评价与故障分析和维修、有线数字电视的有条件接收与用户管理系统。

本书可作为职业院校电子通信类专业的教材，也可以作为初学者自学的读物。

为方便教师教学，本书还配有电子教学参考资料包（包括教学指南、电子教案、习题答案），详见前言。

未经许可，不得以任何方式复制或抄袭本书之部分或全部内容。
版权所有，侵权必究。

图书在版编目（CIP）数据

有线电视技术 / 陶宏伟编著．—4 版．—北京：电子工业出版社，2012.9
职业院校教学用书．通信类专业
ISBN 978-7-121-18017-0

Ⅰ．①有…　Ⅱ．①陶…　Ⅲ．①有线电视 - 中等专业学校 - 教材　Ⅳ．①TN949.194

中国版本图书馆 CIP 数据核字（2012）第 199046 号

策划编辑：杨宏利
责任编辑：白　楠
印　　刷：北京虎彩文化传播有限公司
装　　订：北京虎彩文化传播有限公司
出版发行：电子工业出版社
　　　　　北京市海淀区万寿路 173 信箱　邮编 100036
开　　本：787×1092　1/16　印张：14.75　字数：377.6 千字
版　　次：2001 年 2 月第 1 版
　　　　　2012 年 9 月第 4 版
印　　次：2021 年 7 月第 6 次印刷
定　　价：28.00 元

凡所购买电子工业出版社图书有缺损问题，请向购买书店调换。若书店售缺，请与本社发行部联系，联系及邮购电话：（010）88254888，88258888。

质量投诉请发邮件至 zlts@phei.com.cn，盗版侵权举报请发邮件至 dbqq@phei.com.cn。

本书咨询联系方式：(010)88254592，bain@phei.com.cn。

前　言

随着信息技术的迅猛发展，有线电视系统（也称有线电视网）作为信息传输的基础设施，正由单一的广播电视业务向广播电视、通信、计算机技术相结合的综合业务方面发展，即朝着有线电视网、通信网和计算机网“三网融合”的宽带双向综合服务网的方向发展。有线电视网是“信息高速公路”的重要组成部分，近年来发展十分迅速，已联通到千家万户并和人民群众的文化生活紧密结合；而广播电视技术也正经历着从模拟电视向数字电视转变的过程。面对有线电视行业这种新的变化和挑战，要求我们在职业技术教育和培训的教材编写上能适应这一时代的发展趋势，以满足社会的需求。

本教材遵循系统、科学、实用的编写原则，采用深入浅出、循序渐进的编写方法，力求理论联系实际，着重培养职业能力。在行文中力求文句简练，通俗易懂，避免数学推导，并采用图文并茂形式，以求其更具直观性。在有线电视系统的构成上注重突出总体概念，每章既是独立的系统，又与各章相互对应，使读者在学习过程中更具连贯性、针对性和选择性，从而突出了实用性。

本教材的参考教学时数为120学时，其中不包括学生实践课时数。主要内容包括：有线电视的发展、特点及组成，有线电视网络的频率资源配置，三网融合的有线电视系统组成；VHF/UHF信号接收，电视信号常用计量单位，卫星电视接收与调试；前端系统的组成和技术指标及邻频前端系统的设备选用、应用实例及调整，三网融合的前端层次结构；同轴电缆、多路微波、光纤三种传输媒介的组成、设计及调试，数字电视的传输特点；户外和建筑物内分配系统设计与调整，数字电视机顶盒种类及其作用；有线电视网络的安装工艺；有线电视网质量评价与故障分析和维修；有线数字电视的有条件接收与用户管理系统。本教材各章附有小结和习题供读者参考。

本教材由中学高级教师陶宏伟编著，高级工程师程永斌担任副主编，陶松岳、韩锋、韩广兴等人参与编写。在编写过程中参考了同行部分专家的著述和有关生产厂家的技术资料，在此一并表示感谢。

由于编者水平有限，书中难免存在缺陷和不足，殷切希望专家和同行不吝赐教，予以指正。

编　者

2012年6月

目　录

第一章

有线电视的发展与系统组成

人类在21世纪已经步入信息时代，世界各国都在进行信息基础建设。我国的信息基础建设也取得了丰硕成果，其中，电视系统的全面数字化正在快速发展，有线电视宽带综合业务网作为中国信息基础设施的重要组成部分，日益得到广泛的重视和高速的发展。目前，我国计划开展“三网融合”。“三网融合”在现阶段并不是指计算机网、通信网、有线电视网的物理概念融合，而是指业务应用的融合，即能够提供语音、数据、图像等综合多媒体的通信业务。因此，为了适应信息时代经济发展的需要，学习有线电视技术的有关内容是很有必要的。

1.1 有线电视的起源与发展

我们知道，自20世纪40年代电视机商品化以来，一直与人们的生活相伴。接收高质量的电视节目，是人们的需要也是许多技术人员和厂商的努力方向。在电视节目制作和播出环节解决之后，传输和接收电视信号就成为重中之重。电视机作为声音和图像信号的终端设备，其信号的传输方式不外乎是卫星直播方式、无线方式和有线方式等，如图1-1所示。

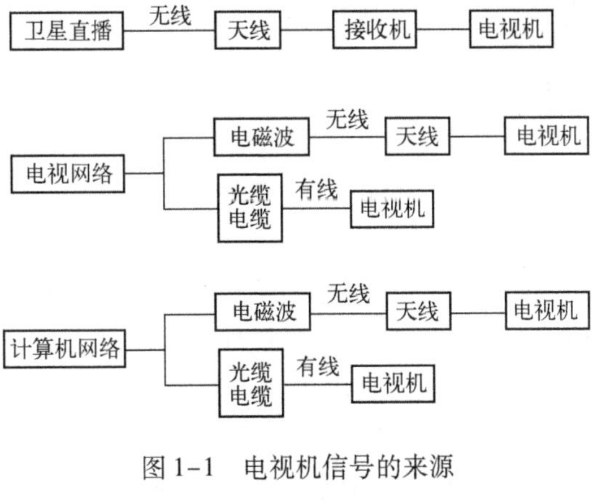

图1-1　电视机信号的来源

所谓有线电视是指从电视台（站）将电视信号以闭路传输方式送至电视机的系统。

1.1.1 模拟信号与数字信号

通信信号分为模拟和数字两种。例如电话和电视在话筒将声音转换成信号电流时，信号电流的频率、振幅变化的情况跟声音的频率、振幅变化的情况基本一致；在摄像机将影像转换成信号电流时，信号电流的频率、振幅变化的情况跟影像的频率、振幅变化的情况基本一致。“模仿”声音和影像的“一举一动”，这种电流传递的信号叫做模拟信号（analog signal）。使用模拟信号的通信方式叫做模拟通信。

除了可以用模拟信号传递信息外，还可以用另外的方式传递信息。例如，用点“.”和画“-”的排列组合代表各种数字，一定的数字组合代表一个汉字；于是，一系列点和画组成的信号就可以代表一个完整的句子了。“电报”信号就是这样组成的。像这样用不同符号的组合表示的信号，叫做数字信号（digital signal）。这种通信方式叫做数字通信。

实际上，不仅可以用点和画，还可以用长短不同的声音、长短不同的亮光，甚至可以用电压（或电流）的有无、磁体的南北极、或者“0”、“1”两个不同的数字，来组成各种数字信号，用来传递声音、图像等各种信息。

用模拟信号传递声音、图像称为模拟电视；用数字信号传递声音、图像就叫做数字电视。

用“0”、“1”两个符号表示数字信号，例如，A、B、C 分别用 1000001、1000010、1000011 表示；a、b、c 分别用 1100001、1100010、1100011 表示；如果 ABC 代表的信息是“基础知识”，那么，‘1000001　1000010　1000011’就可以看成完整的一个句子。‘1000001　1000010　1000011’为3个二进制数字，即 ABC 的编码（代码）。在数字通信、数字电视中，有电压（或电流）用“1”表示，无电压（或电流）用“0”表示。电压波形如图1-2所示。

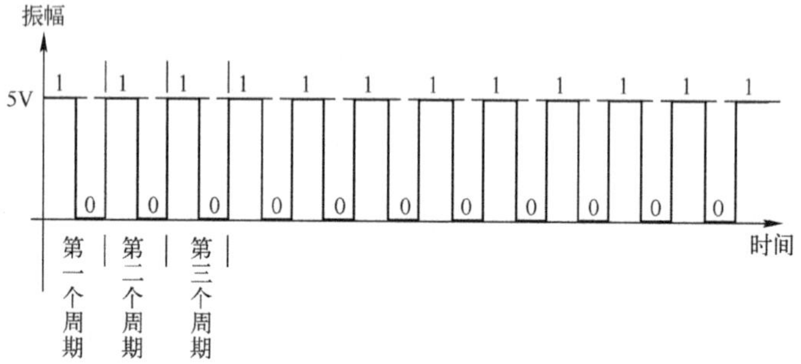

图1-2　电压波形（脉冲串时域图）

图中，代表“1”的5V电压称作一个脉冲，多个叫脉冲串。用示波器观察脉冲串，显示其在时间领域（时域）内，振幅随时间变化的波形曲线。也可以使用频谱分析仪观察脉冲串，它的频谱如图1-3所示。F＝1/脉冲串的周期，1F称基频、3F称三次谐波、5F称五次谐波……，在频率领域（频域）中，脉冲串是由频率、振幅和相位都不同的正弦波相加而成的。正弦波形的时域表达式如式（1-1）。依据频谱图，在时域画不同频率的正弦波相加图。可以看出：脉冲串是多个正弦波的复合波形。在时域中，模拟信号、数字信号都是复合波形。它们都是由频率、振幅和相位都不同的正弦波相加而成的。信号振幅随时间变化的波形与信号的频谱密切相关，数学关系叫做傅氏级数。频谱图说明了信号振幅随频率变化，也表示出复合波形的各个频率成分。

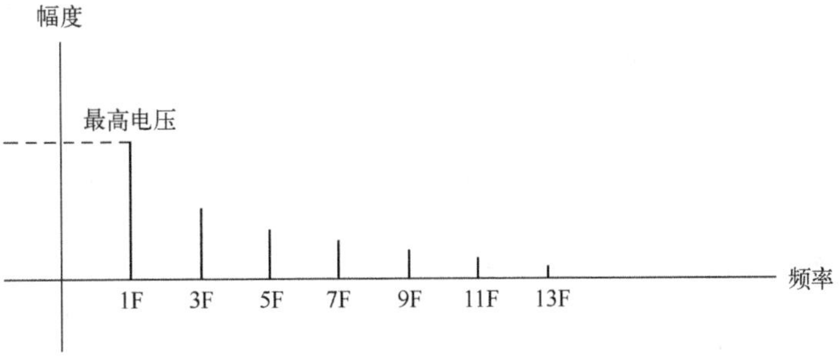

图 1-3　脉冲串的频谱

一个正弦波表达式：　　$u(t) = U_m \sin(2\pi ft + \phi_0)$　　(1-1)

式中：$u(t)$ ——电压瞬时值；

U_m——振幅；

f——频率；

ϕ_0——起始相位；

$(2\pi ft + \phi_0)$ ——相位；

$1/f$——重复周期（T）。

不同频率范围的声音、图像一般为：电话为 200 ~ 4 000Hz，声音为 20Hz ~ 20kHz，电视活动图像为 0Hz ~ 6MHz。电视活动图像则称为视频信号，声音则称为伴音信号。

1.1.2 有线电视的起源

有线电视技术的产生与发展和现代科学技术的发展紧密相关，也经历了初始、成长和发展三个阶段。

1. 共用天线系统

共用天线系统（CATV——Community Antenna TV）也称公用天线系统（MATV——Master Antenna TV），起源于 1948 年美国宾夕法尼亚州的曼哈尼山城。为解决电视台发射信号的阴影区接收信号的问题，它由一套主接收天线接收电视信号，经与电力线共杆的同轴电缆进行信号传输并分配入户，这种方式一直沿用至今。但随着城市建设的逐步发展，高层建筑物越来越多，对电视信号形成遮挡，加之各类电波的干扰，要继续发展就受到了限制。事实上，共用天线系统作为有线电视系统的初始阶段的历史使命已经完成。

2. 电缆电视系统

为了解决电视信号的遮挡和干扰问题，人们一直在探寻一种能有效提高电视节目传送质量并能增加节目容量的方法，这就是电缆电视系统（CATV——Cable TV）。电缆电视系统在 20 世纪 60 ~ 70 年代得到发展。电缆电视系统采用了邻频传输技术，提高了频带利用率，增加了频道容量，同时采用了电平控制技术，提高了信号传输的质量。它是在有线电视台、站配备前端设备，并用同轴电缆做干线传输，以闭路的方式组建电视台网，其规模小到几十户，大到上万户，但受到同轴电缆干线传输距离有限的制约，不能在大城市广泛应用。

1.1.3 有线电视的发展

有线电视的发展阶段是伴随着微波技术、卫星电视技术和光纤传输技术的发展而同步进行的。在20世纪80年代，采用多路微波分配系统、光纤传输代替同轴电缆进行干线和超干线传输的方式进入实用阶段，使有线电视的网络结构更为合理，规模更加扩大，使大范围布网成为可能。有线电视由单向传输模拟电视节目向双向传输多功能综合业务方向发展已成为信息社会的必然趋势。电信网、有线电视网和计算机数据网的“三网融合”是信息社会发展的需要。

1. 多路微波分配系统

多路微波分配系统的英文缩写是MMDS（Multichannel Microwave Distribution System），它实际上是使用无线传输代替同轴电缆干线传输，使传输距离得以延长。多路微波分配系统在人口稀疏、离节目源较远的地区有明显的优势，易于实现大范围联网，但缺点是传送节目套数受局限，无法避免遮挡和干扰的问题。

2. 光缆电缆混合网

光缆电缆混合网的英文缩写是HFC（Hybrid Fiber Cable）。目前，我国一些城市和地区已建立了以光缆电缆混合网为基础的有线电视网。基于HFC网的有线电视网，已经成为“信息高速路”上的重要路径，它实际上是宽带综合服务网，其功能已不局限于传输电视节目，而成为集图像、声音、数据等多种信息的双向传输的网络，具有信息量大、质量好等优点，是今后的发展方向。

双向交互式有线电视网（Twoway Interactive CATV Network，简称双向ITV网）是利用CATV系统部分闲置的频谱资源，建立从前端到用户和从用户到前端的双向传输信道，进而提供各种交互式服务。由于双向ITV网能形成一个开放的网络平台，兼容性较好，能为实现计算机通信、交互式视音频传输等提供条件。因此，我国很多省市如北京、广东、上海、青岛等地，都已成功地在若干小区内开通了电视网双向多功能服务，从技术和实践上都已证明ITV网是可行和有效的。

3. 光缆电视系统

随着光纤技术的发展，光缆的性能价格比逐渐高于同轴电缆，“光进铜退”是宽带技术的发展方向，终极目标是光纤入户，即光缆到家（FTTH——Fiber To The Home）。光缆直接入户，每户使用一台光接收机，变换成各种电信号，由不同的输出口送到各种终端设备，如电视、电话、计算机等，这是今后的发展目标。

我国有线电视由模拟向数字化过渡的时间分为2005年、2008年、2010年、2015年四个阶段。先以直辖市和广东、福建、江苏、浙江、山东五省城市为密集辐射点，逐步推广到全国。据报道，截至2010年年底，我国有线电视光缆干线达333万公里，有线电视用户达1.87亿，其中数字电视用户8 799万，双向覆盖用户近5 000万。2012年元旦，我国更是开始试播3D电视频道，使有线电视技术的发展又开创了新局面。

1.2 有线电视与数字有线电视网络的特点

近几十年来，有线电视在国内外得以迅速发展，是与它自身的优势分不开的。它不仅具备组建独立的商业服务电视台的条件，而且已显示出比无线电视台更大的技术与经济优势。

1.2.1 有线电视的特点

1. 有线电视能较好地提高传输节目质量

有线电视是由光缆、电缆将电视、广播、数据等信息输送给每一用户，采用的是闭路传输方式，与传统的无线传输方式相比，不受地形的制约和高层建筑物遮挡的影响，避免了空间电波的干扰，因此能够比较彻底地克服电视图像的重影、干扰等现象，从而保证了广大用户能够收视、收听到高质量的电视和广播节目。

2. 有线电视能使频谱资源得以充分利用

频谱资源是有限的，对于无线传播的电磁波频段有着严格的划分，一些频段划归电视节目使用，而另一些频段则划归广播、无线通信等。我国的无线电视台是按行政区域覆盖范围建立的，为了尽量避免当地电视台发射信号的相互干扰，各级电视台的发射功率和发射频率必须按全国统一规划进行安排，并采用隔频发射方式，VHF 频段要隔一个频道，UHF 频段要隔六个频道。这种安排方式并不能将频率资源得到充分利用。而有线电视采用闭路传输，其信号不会对空间电波形成干扰，因此，不仅可以采用邻频传输，而且还可以启用无线传输留给其他领域的频段，即所谓的增补频道，从而使频谱资源得到充分利用，发送的频道数也相应提高。

数字有线电视更加充分地利用频谱资源。在一个频道内，可以容纳 1 至 50 套节目。一套节目独占一个频道为高清晰度电视，2 至 6 套节目占用一个频道是标准清晰度电视，7 至 50 套节目占用一个频道则是低清晰度电视。高清电视可达到或接近 35 毫米宽银幕电影水平，标清电视与有线模拟电视的前端的图像质量相当，低清电视的视觉效果也比模拟电视的三级图像好。

3. 有线电视能够提供交互式的双向服务

有线电视频谱扩展后，可以划分出一些频段作为上行传输专用频段，这样就可以开展双向服务，扩展单一下行的传输方式。例如，图像与声音的回传，实现电视会议、可视电话、电视购物等；视频点播（VOD）就是依据有线台提供的节目单，用户可以选择自己喜爱的节目进行点播，改变了各类节目都必须按照电视台安排的时间顺序收视的被动方式，使用户可以依据自己的喜好和时间灵活安排。此外，有线电视的双向服务功能，还可以在监控、防火、防盗和报警等方面为广大用户带来新的服务项目。

另外，有线电视台还可以利用自身在设备、频谱等方面的优势，将卫星广播电视作为节目源，经过接收、处理后传送给用户，扩大了各地区信息交流范围，同时也提高了卫星电视的收视率。在数字电视和高清晰度电视的发展方面，由于有线电视系统在多通道方面的优势，将会促使这些高新技术家电产品尽快进入千家万户。

1.2.2 有线电视网络的频率资源配置

有线电视所选用的频道配置方法是一种与无线电视广播频率相兼容的配置方案，目前国内是根据电视广播行业标准《有线电视技术和测量方法》（GY/T221—2006）执行。

有线电视系统具备双向传输功能，反向（上行）通道带宽 5～65MHz，正向（下行）通道带宽111～958MHz，表1-1列出了中国模拟有线电视频道配置。

表1-1　中国模拟有线电视频道配置表

波　段	频道符号	频率范围（MHz）	图像载波频率（MHz）	伴音载波频率（MHz）
I	禁用DS-1～5，定为数据通道	5～65		
	FM	87～108	—	调频广播
有线电视系统的专用频道	Z-1	111.0～119.0	112.25	118.75
	Z-2	119.0～127.0	120.25	126.75
	Z-3	127.0～135.0	128.25	134.75
	Z-4	135.0～143.0	136.25	142.75
	Z-5	143.0～151.0	144.25	150.75
	Z-6	151.0～159.0	152.25	158.75
	Z-7	159.0～167.0	160.25	166.75
Ⅲ	DS-6	167.0～175.0	168.25	174.75
	DS-7	175.0～183.0	176.25	182.75
	DS-8	183.0～191.0	184.25	190.75
	DS-9	191.0～199.0	192.25	198.75
	DS-10	199.0～207.0	200.25	206.75
	DS-11	207.0～215.0	208.25	214.75
	DS-12	215.0～223.0	216.25	222.75
A2	Z-8	223.0～231.0	224.25	230.75
	Z-9	231.0～239.0	232.25	238.75
	Z-10	239.0～247.0	240.25	246.75
	Z-11	247.0～255.0	248.25	254.75
	Z-12	255.0～263.0	256.25	262.75
	Z-13	263.0～271.0	264.25	270.75
	Z-14	271.0～279.0	272.25	278.75
	Z-15	279.0～287.0	280.25	286.75
	Z-16	287.0～295.0	288.25	294.75
有线电视系统的专用频道	Z-17	295.0～303.0	296.25	302.75
	Z-18	303.0～311.0	304.25	310.75
	Z-19	311.0～319.0	312.25	318.75
	Z-20	319.0～327.0	320.25	326.75
	Z-21	327.0～335.0	328.25	334.75
	Z-22	335.0～343.0	336.25	342.75
	Z-23	343.0～351.0	344.25	350.75
	Z-24	351.0～359.0	352.25	358.75
	Z-25	359.0～367.0	360.25	366.75
	Z-26	367.0～375.0	368.25	374.75
	Z-27	375.0～383.0	376.25	382.75
	Z-28	383.0～391.0	384.25	390.75
	Z-29	391.0～399.0	392.25	398.75
	Z-30	399.0～407.0	400.25	406.75
	Z-31	407.0～415.0	408.25	414.75
	Z-32	415.0～423.0	416.25	422.75
	Z-33	423.0～431.0	424.25	430.75
	Z-34	431.0～439.0	432.25	438.75
	Z-35	439.0～447.0	440.25	446.75
	Z-36	447.0～455.0	448.25	454.75
	Z-37	455.0～463.0	456.25	462.75

续表

波段	频道符号	频率范围（MHz）	图像载波频率（MHz）	伴音载波频率（MHz）
Ⅳ波段	DS-13	470.0~478.0	471.25	477.75
	DS-14	478.0~486.0	479.25	485.75
	DS-15	486.0~494.0	487.25	493.75
	DS-16	494.0~502.0	495.25	501.75
	DS-17	502.0~510.0	503.25	509.75
	DS-18	510.0~518.0	511.25	517.75
	DS-19	518.0~526.0	519.25	525.75
	DS-20	526.0~534.0	527.25	533.75
	DS-21	534.0~542.0	535.25	541.75
	DS-22	542.0~550.0	543.25	549.75
	DS-23	550.0~558.0	551.25	557.75
	DS-24	558.0~566.0	559.25	565.75
有线电视系统的专用频道	Z-38	566.0~574.0	567.25	573.75
	Z-39	574.0~582.0	575.25	581.75
	Z-40	582.0~590.0	583.25	589.75
	Z-41	590.0~598.0	591.25	697.75
	Z-42	598.0~606.0	599.25	605.75
Ⅴ波段	DS-25	606.0~614.0	607.25	613.75
	DS-26	614.0~622.0	615.25	621.75
	DS-27	622.0~630.0	623.25	629.75
	DS-28	630.0~638.0	631.25	637.75
	DS-29	638.0~646.0	639.25	645.75
	DS-30	646.0~654.0	647.25	653.75
	DS-31	654.0~662.0	655.25	661.75
	DS-32	662.0~670.0	663.25	669.75
	DS-33	670.0~678.0	671.25	677.75
	DS-34	678.0~686.0	679.25	685.75
	DS-35	686.0~694.0	687.25	693.75
	DS-36	694.0~702.0	695.25	701.75
	DS-37	702.0~710.0	703.25	709.75
	DS-38	710.0~718.0	711.25	717.75
	DS-39	718.0~726.0	719.25	725.75
	DS-40	726.0~734.0	727.25	733.75
	DS-41	734.0~742.0	735.25	741.75
	DS-42	742.0~750.0	743.25	749.75
	DS-43	750.0~758.0	751.25	757.75
	DS-44	758.0~766.0	759.25	765.75
	DS-45	766.0~774.0	767.25	773.75
	DS-46	774.0~782.0	775.25	781.75
	DS-47	782.0~790.0	783.25	789.75
	DS-48	790.0~799.0	791.25	797.75
	DS-49	799.0~806.0	799.25	805.75
	DS-50	806.0~814.0	807.25	813.75
	DS-51	814.0~822.0	815.25	827.75
	DS-52	822.0~830.0	823.25	829.75
	DS-53	830.0~838.0	831.25	837.75
	DS-54	838.0~846.0	839.25	845.75
	DS-55	846.0~854.0	847.25	853.75
	DS-56	854.0~862.0	855.25	861.75
	DS-57	862.0~870.0	863.25	869.75
	DS-58	870.0~878.0	871.25	877.75
	DS-59	878.0~886.0	879.25	885.75
	DS-60	886.0~894.0	887.25	893.75
	DS-61	894.0~902.0	895.25	901.75
	DS-62	902.0~910.0	903.25	909.75

续表

波　段	频道符号	频率范围（MHz）	图像载波频率（MHz）	伴音载波频率（MHz）
V波段	DS－63	910.0～918.0	911.25	917.75
	DS－64	918.0～926.0	919.25	925.75
	DS－65	926.0～934.0	927.25	933.75
	DS－66	934.0～942.0	935.25	941.75
	DS－67	942.0～950.0	943.25	949.75
	DS－68	950.0～958.0	951.25	957.75

我国的模拟电视频道带宽为8MHz，采用残留边带方式传递图像信号。图像信号上边带标称带宽为6MHz，残留边带的标称带宽为0.75MHz。伴音信号的发送是采用调频方式，占有±0.25MHz频带。同时规定伴音载频要比图像载频高6.5MHz，频道下限与图像载频为1.25MHz。我国的数字有线电视频道配置见表1-2。

表1-2　数字有线电视频道配置表

序　号	频　道　号	频率范围（MHz）	中心频率（MHz）	备　注
1	Z－1	111～119	115	禁止使用①
2	Z－2	119～127	123	尽量避免使用②
3	Z－3	127～135	131	尽量避免使用②
4	Z－4	135～143	139	尽量避免使用②
5	Z－5	143～151	147	可能受到固定通信业务干扰③
6	Z－6	151～159	155	可能受到固定通信业务干扰③
7	Z－7	159～167	163	
8	DS－6	167～175	171	
9	DS－7	175～183	179	
10	DS－8	183～191	187	
11	DS－9	191～199	195	
12	DS－10	199～207	203	
13	DS－11	207～215	211	
14	DS－12	215～223	219	
15	Z－8	223～231	227	
15	Z－9	231～239	235	
17	Z－10	239～247	243	
18	Z－11	247～255	251	
19	Z－12	255～263	259	
20	Z－13	263～271	267	
21	Z－14	271～279	275	
22	Z－15	279～287	283	可能受到固定移动通信业务干扰
23	Z－16	287～295	291	
24	Z－17	295～303	299	
25	Z－18	303～311	307	

续表

序　号	频　道　号	频率范围（MHz）	中心频率（MHz）	备　注
26	Z－19	311～319	315	
27	Z－20	319～327	323	
28	Z－21	327～335	331	尽量避免使用③
29	Z－22	335～343	339	可能受到固定移动通信业务干扰
30	Z－23	343～351	347	可能受到固定移动通信业务干扰
31	Z－24	351～359	355	可能受到固定移动通信业务干扰
32	Z－25	359～367	363	可能受到固定移动通信业务干扰
33	Z－26	367～375	371	可能受到固定移动通信业务干扰
34	Z－27	375～383	379	可能受到固定移动通信业务干扰
35	Z－28	383～391	387	
36	Z－29	391～399	395	
37	Z－30	399～407	115	
38	Z－31	407～415	123	
39	Z－32	415～423	131	
40	Z－33	423～431	139	
41	Z－34	431～439	147	
42	Z－35	439～447	155	优先用于双向数据的下行通道
43	Z－36	447～455	163	优先用于双向数据的下行通道
44	Z－37	455～463	171	优先用于双向数据的下行通道
45	DS－13	470～478	474	
46	DS－14	478～486	482	
47	DS－15	486～494	490	
48	DS－16	494～502	498	
49	DS－17	502～510	506	
50	DS－18	510～518	514	
51	DS－19	518～526	522	
52	DS－20	526～534	530	
53	DS－21	534～542	538	
54	DS－22	542～550	546	
55	DS－23	550～558	554	
56	DS－24	558～566	562	
57	Z－38	566～574	570	
58	Z－39	574～582	578	
59	Z－40	582～590	586	
60	Z－41	590～598	594	
61	Z－42	598～606	602	

续表

序　号	频 道 号	频率范围（MHz）	中心频率（MHz）	备　注
62	DS－25	606～614	610	
63	DS－26	614～622	618	
64	DS－27	622～630	626	
65	DS－28	630～638	634	
66	DS－29	638～646	642	
67	DS－30	646～654	650	
68	DS－31	654～662	658	
69	DS－32	662～670	666	
70	DS－33	670～678	674	
71	DS－34	678～686	682	
72	DS－35	686～694	690	
73	DS－36	694～702	698	
74	DS－37	702～710	706	
75	DS－38	710～718	714	优先用于双向数据的下行通道
76	DS－39	718～726	722	优先用于双向数据的下行通道
77	DS－40	726～734	730	优先用于双向数据的下行通道
78	DS－41	734～742	738	优先用于双向数据的下行通道
79	DS－42	742～750	746	优先用于双向数据的下行通道
80	DS－43	750～758	754	
81	DS－44	758～766	762	
82	DS－45	766～774	770	
83	DS－46	774～782	778	
84	DS－47	782～790	786	
85	DS－48	790～798	794	
86	DS－49	798～806	802	可能受到固定移动通信业务干扰
87	DS－50	806～814	810	可能受到固定移动通信业务干扰
88	DS－51	814～822	818	可能受到固定移动通信业务干扰
89	DS－52	822～830	826	可能受到固定移动通信业务干扰
90	DS－53	830～838	834	可能受到固定移动通信业务干扰
91	DS－54	838～846	842	可能受到固定移动通信业务干扰
92	DS－55	846～854	850	可能受到固定移动通信业务干扰
93	DS－56	854～862	858	可能受到固定移动通信业务干扰
94	DS－57	862～870	866	可能受到固定移动通信业务干扰
95	DS－58	870～878	874	可能受到无线 CDMA 干扰
96	DS－59	878～886	882	可能受到无线 CDMA 干扰
97	DS－60	886～894	890	

续表

序　　号	频　道　号	频率范围（MHz）	中心频率（MHz）	备　　注
98	DS－61	894～902	898	
99	DS－62	902～910	906	可能受到数字电话干扰
100	DS－63	910～918	914	可能受到数字电话干扰
101	DS－64	918～926	922	
102	DS－65	926～934	930	
103	DS－66	934～942	938	
104	DS－67	942～950	946	
105	DS－68	950～958	954	可能受到数字电话基站干扰

注：① 与航空导航业务的载波频率重叠
② 与航空通信业务的载波频率重叠
③ 受干扰程度因地而异

表1-1中Ⅰ、Ⅲ频段之间，除87～108MHz安排了调频广播外，Z－1～Z－42为增补频道。DS－12与DS－13之间的间隔安排的也是增补频道，即Z－8～Z－37。在DS－24和DS－25之间还有40MHz的宽度，设置了5个专用频道。频道号用DS－XX表示，这些频道与地面电视广播是共用的，用Z－XX表示的增补频道，只能在有线广播电视网内使用。Z－38～Z－42是1999年后批准使用的增补频道。

随着有线电视系统的快速发展，带宽5MHz～1GHz的系统在国内外得到充分重视，在HFC网络中的宽带多媒体综合业务网将使频谱重新分配。现在可行的方案见表1-3。

表1-3　宽带多媒体综合业务网频谱分配方案

频　　段	传输内容
5～65MHz	上行数据、VOD点播
87～550MHz	下行频道、FM－CATV信号
550～750MHz	下行频道、数字压缩、数字电视
750～1000MHz	上行频道、数据

由于5～65MHz为上行频带，65～87MHz为隔离频带，87～111MHz为调频广播使用的频带，表1-2中没有标示FM的频带。

在表1-1和表1-2中，图像载波频率、伴音载波频率与中心频率不相关。测量载波电平时，输入频率数，输出为对应频率数的电平。有线电视系统的频道设计依据是表1-1和表1-2。例如：DS－47不能用，北京的移动多媒体广播（CMMB）占用了DS－47，CMMB对有线电视系统的干扰程度因地而异。

1.2.3　视、音频信号的数字化

（一）音频信号的数字化

声音是随时间而连续变化的波。声波以空气为介质传入人们的耳内，引起耳膜振动，这就是人们听到的声音。声波连续作用产生声音，用话筒（MIC）就可以把声音转换成电压瞬时值。这一类随时间而连续变化的电信号则称为模拟信号。如图 1-4 所示，描述的是按正弦函数规律连续变化的模拟信号，标明了幅度、振幅和周期的含义。电压瞬时值表示音量随时间（t）变化的规律，音量的最大变化量叫做幅度（A），振幅为$\frac{1}{2}A$。周期是一个时间间隔，是某个音量与下一个相同大小的音量出现时的时间间隔（T）。T 的倒数即为频率（f），f 以 Hz 为单位，即 1/s。显然，频率表示一秒钟之内相同大小的音量出现的次数。例如，频率为 1kHz 的单音模拟信号，周期为 1 000ms。频率和周期反映了声音的音调。正常人所能听到的声音的频率范围为 20Hz ~ 20kHz。构成声音的要素有音量和音调。音量是连续变化的，简称模拟音频信号或音频信号。声音的波形是由幅度不等和频率不同的按正弦函数规律连续变化的多个单音模拟信号组成的。把模拟音频信号转化成数字音频信号，必须使用脉冲电压。

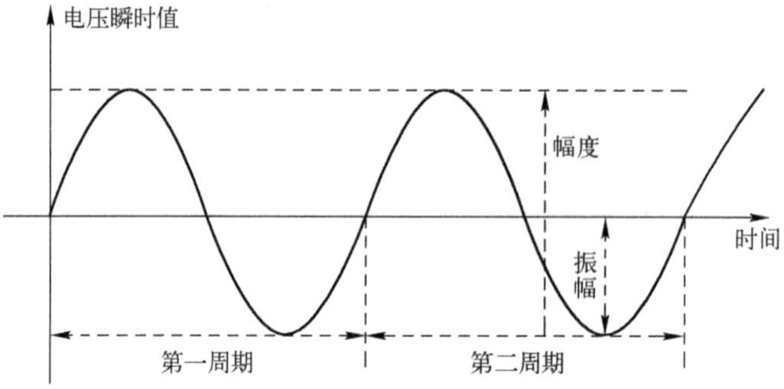

图 1-4　正弦单音模拟信号

在模拟信号的数字化中，取样信号为不同频率的脉冲串。频率的高低对信号的质量有决定性的作用。在图 1-2 中，当电脉冲周期为 62.5μs 时，则脉冲频率为 16kHz。以下用 16kHz 的脉冲串作为取样信号。

图 1-2 和图 1-4 的两个信号送入乘法器，它的输出信号用图 1-5 描述。实现乘法运算的器件叫做调制器。从图 1-5 看出，图 1-4 中的等幅的脉冲转变成图 1-5 中的振幅不同的

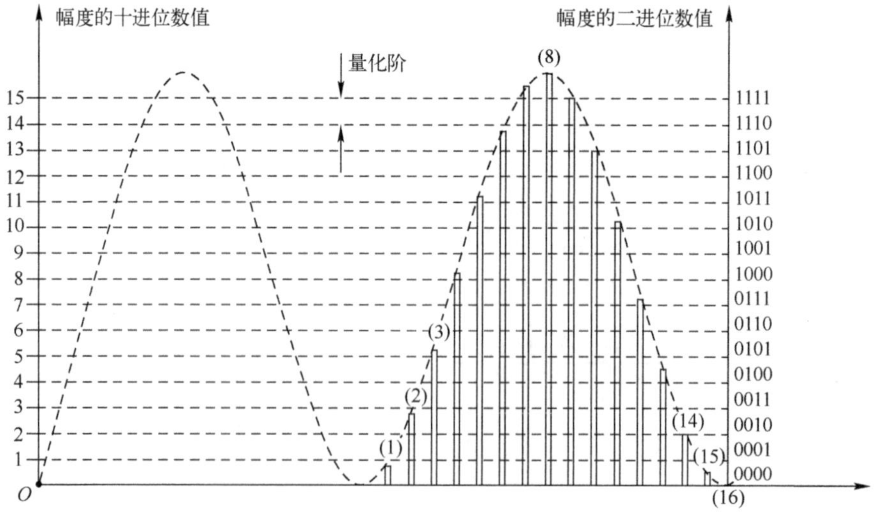

图 1-5　量化分层波形

脉冲，每个振幅不同的脉冲叫做一个样本值。上述过程又称为脉冲编码调制（PCM）。在图 1-5 中，形似图 1-4 的虚线（轮廓线）表示样本值的变化规律。该轮廓线就是 1 000Hz 的单音信号。从而得知，样值的幅度与模拟信号的幅度具有相同的变化规律。模拟信号转换成数字信号的过程称为数字化、模/数（A/D）转换。模/数转换的主导思路如图 1-6 所示。

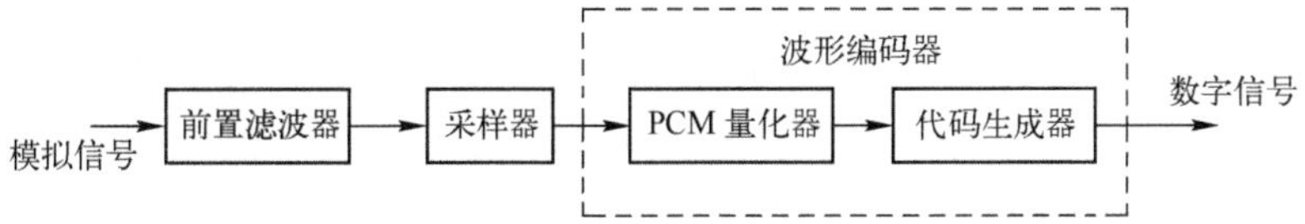

图 1-6　模/数转换图

从图 1-6 可见，信号的数字化要经过采样、量化和编码三个步骤。

1. 采样（取样）

取样就是把时间周期化，把无限长的时间坐标分为无数个相同的时间段（即周期），目的是定量分析一个周期之内信号的变化量。图 1-4 中，脉冲信号的周期 $T_s=62.5\mu s$。16 个周期占有 1 000μs，其恰好等于图 1-3 中的单音模拟信号的一个周期。也就是说，脉冲信号是周期信号，其作用是把时间坐标离散化，即在时间上用有限个采样点代替连续无限的坐标位置。当脉冲的宽度很窄时，一个脉冲可以作为一个采样点。或者说，图 1-4 和图 1-5 中的脉冲应画成一条垂直线，它与时间坐标的交汇点就是采样点。故又将图 1-4 中的等幅脉冲称为取样脉冲信号，也可称其为时分脉冲流。在图 1-5 中，一条垂直线代表着一个抽样结果，其幅度代表模拟信号的瞬时幅度。在信号数字化技术中，采样点上模拟信号的瞬时幅度叫做样本值。此时此刻的样本值是单音模拟信号瞬时值。一个周期内，只抽取一个样值。T_s的倒数是采样脉冲信号频率（f_s），根据奈奎思特（Nyquist）采样定理：当 $f_s \geqslant 2\times f_m$（模拟信号的最高频率）时，就可以从样本值序列还原出模拟信号。频率越高，还原（使用“解码器”）后的模拟信号的波形失真越小。可以证明：当 $f_s \geqslant 2\times f_m$（模拟信号的最高频率）时，就可以把失真量控制在人耳能接受的范围内。用频谱分析法分解模拟信号，它由基波和谐波组成：基波是单一频率的振幅相同的正弦波，谐波的频率是基波频率的整数倍；谐波的幅度依次减低，谐波的相位各个不同。在水平坐标上标示频率高低，各次谐波的幅度大小用垂直竖线的长短表示，这样的图就算是模拟信号的频谱图。人耳的频谱图表明：人耳对快速变化的信号，或者说对高频信号的感觉是有极限的，模拟信号的最高频率（f_m）泛指上述极限值。人耳的音乐频谱在 20～12 000Hz 之内，人耳的立体声频谱在 20～20kHz 之内，相应产品的模拟信号的 f_m 分别应为 12kHz 和 20kHz。

图 1-6 中的前置滤波器是低通滤波器，其截止频率为采样频率的二分之一，使取样信号不能混入到模拟信号中去。

2. 量化

利用计算机技术可将模拟信号数字化。计算机最基本的功能是对数据进行计算、加工和处理，这些数据包含声音、图形、图像、数值和字符。但是在计算机内，这些数据都以二进制数码表示。二进制计数方法只使用“1”和“0”两个符号，进位基数为“2”。对“1”和“0”两个符号进行排列组合，依从右到左的顺序位置书写，一位定义为 1bit。当二进制

数码有 n 位时，就能表示若干个（M）十进制的数值，即 $M=2^n$。也就是说，n 位二进制数码表示若干个（M）离散的状态。

在图 1–5 中，共有 16 个样值。把垂直坐标分成 16 层，层间的间隔定名为量化阶，以 Δ 表示，Δ 的总个数（M）也是 16，称 M 为量化级数（此处为 16）。每一层的高度可以用 0 ~ 16 标示，这类数是十进制数码。计算机只能识别二进制数码，因此必须进行数制转换。因为 $M=2^n$，n 代表二进制数码有几位，定名为量化 bit 数。此例中，$M=16$，所以 $n=4$，即 4bit 量化。当 0 层也算一层时，$M=16$ 才成立；否则只有 15 级。类推可知：8bit 量化有 256 层，255 级。上述表明：采样把模拟信号变成了时间上离散的样本值序列，但是样本值仍然是一个连续的模拟量。图 1–6 中的量化器实现量化过程，量化就是把模拟信号的样本值（幅度）变成有限个离散值。

样值（调幅脉冲）落在层间时，调幅脉冲只能取量化阶（Δ）的整数倍数，即 1Δ、2Δ、3Δ、4Δ、…；用四舍五入法和只舍不入取整数都可以。用四舍五入法产生的误差是 ±0.5Δ，其效果类似于噪声，定名为量化噪声。衡量量化噪声用量化信噪比（SNR），SNR 等于量化电平减去量化噪声电平，即 $SNR=1.8+6n$（n 代表量化比特数）。并且，从 SNR 计算公式可知：量化比特数每增加或减少 1bit，就使 SNR 提高或降低 6dB。

上述表明，量化就是将模拟信号的幅度值离散化，用若干个幅度值代表原来连续变化的幅度值。这种近似的计算方法必然产生量化误差，即量化噪声。由于在这种近似的计算方法中，依相等的量化阶（Δ）分层，因此叫做均分量化。也有不均分的计算方法，把均分的垂直坐标改成对数坐标，量化阶（Δ）变成不相等的数。也就是说，模拟信号的幅度值离散化时，大信号和小信号的量化信噪比（SNR）基本相等。不均分的计算方法简称对数量化（有的书刊写成“非均匀量化”、“非线性量化”）。

3. *编码*

为了利用计算机处理模拟信号，模拟信号的幅度值离散化时，必定采用二进制量化电平，其过程就叫做编码。

在采用进位制计数的系统中，每一种数制都有固定的基本符号。人们最熟悉的是十进制计数方法，基本符号有十个，即 0、1、2、3、4、5、6、7、8、9；二进制计数方法只有两个符号，即 0 和 1。这些固定的基本符号统称数码。对号入座时，座位的编号采用十进制计数方法；总的座位数决定编号的位数。这一过程就是编码。采样、量化后的信号（样本值序列）还不是数字信号，将样本值序列转换成二进制计数数字的过程才是编码。图 1–5 表达 PCM 的编码思路，代码生成器的输出信号才是数字信号。数字编码脉冲的波形如图 1–7

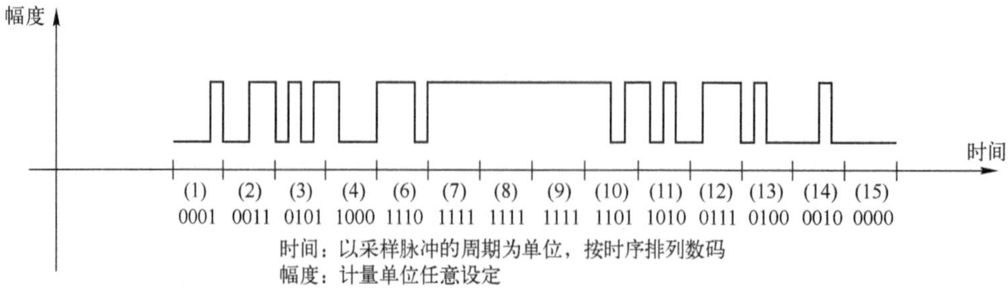

图 1–7　数字编码脉冲波形

所示，“0”和“1”两个符号以电压的有和无表示。具体地说，图中是用4位二进制码来表示已经量化了的样本值序列。每个二进制数对应一个样本值的十进制数。换言之，每个二进制数对应一个量化电平。具体的对应关系如图1-5所示。在计算机和数字电视中，量化电平用二值脉冲表示。数字编码脉冲的波形图（见图1-7）则是二值脉冲依时间顺序排列的波形。“0”和“1”两个符号依时间顺序排列，其结果叫做数码流（数字信号）。在接收端，把数字信号还原成样本值序列（其过程叫做解码），经过低通滤波器恢复为原始信号（模拟信号）。

总而言之，二进制编码和解码是最简单的方式。但是，任何编码和解码方式都是以二进制编码和解码方式为基础的。几十万个“0”和“1”的有序排列叫做比特流。因为比特流是信息的记录，也就是信息传输速率，计量单位都是每秒比特（bps），可以把信息传输速率简称为比特率。R_b与量化比特数（n）和采样频率（f_s）是正比例关系。频率为1kHz的单音模拟信号，4bit量化，用16kHz的脉冲作为取样信号，比特率是64bps。

（二）视频信号的数字化

1. 人的视觉

光是电磁波，波长（λ）在380～780nm范围内的电磁波才是可见的光。其中，红色光（R）的波长=700nm，绿色光（G）的波长=546nm，蓝色光（B）的波长=436nm。人们把R、G、B定义为三基色或是三原色，将三原色按一定比例混合，则可形成任何颜色。人的视觉系统对颜色不如对亮度（黑白）敏感，因此，在电视技术中，又把R、G、B三原色变换成亮度（Y）、色度和颜色饱和度信号（U、V）。定量分析时，U和V又称之为色差信号。用矩阵电路实现R、G、B按一定比例混合，关系式如下：

Y＝0.30 R＋0.59 G＋0.11 B（比例系数之和为100%）

U＝0.493（B－Y）

V＝0.877（R－Y）

在电视接收机内，它们分别控制亮度、色度（色调）和颜色饱和度。

2. 视频信号的第一次采样是时（时间）空（空间位置）转换

动态的电视图像由一系列的静态画面组成，每一幅画面称为一帧，当每秒以25帧的速度播放时，由于视觉的暂留特性产生动态效果。如图1-8所示，可以认为：一幅画面是由

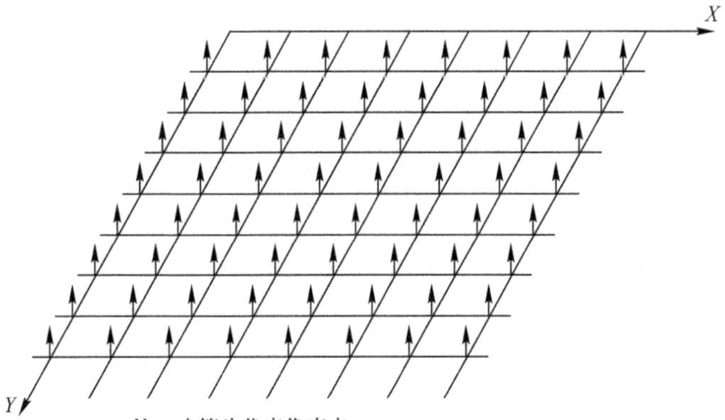

注：小箭头代表像素点

图1-8　扫描画面上的像素

若干行和若干列像素点组成的阵列。在视像管的靶面上，每一个像素是最小的光电耦合单元；在显像管的屏幕上，每一个像素是最小的电光转换单元。图 1-8 中，小箭头代表像素点，横线和竖线的交叉点就是像素点的位置。在显像管的屏幕上，横线（与 X 轴平行的线段）叫做水平扫描线，竖线（与 Y 轴平行的线段）叫做垂直扫描线。像素点代表图像的亮度、色度和颜色的饱和度。

采样的基本思路则是把像素点的位置按照时间顺序进行排列。其过程利用扫描原理实现空域到时域的转换。扫描原理中，依据视像管和显像管的构造，又有电子枪式和电流式两种方法。电子枪式的视像管和显像管用电子束扫描画面，而在 CCD 摄像机和液晶电视机中淘汰了电子枪，采用电流式扫描。电荷耦合器（CCD，光电靶）利用面阵中像素间转移载流子，按照时间顺序，逐点取出电信号。由此可以看出，扫描原理依然适用。在图 1-8 显示的水平和垂直方向上，电子束做 Z 字形匀速直线运动，按照时间顺次逐点轰击像素点，视像管中，电子束强度与像素点的发光强度成正比。显像管中，像素点的发光强度与电子束强度成正比例。电子束强度的变化量代表亮度（Y）、色差信号（U、V）。上述过程的简称是点采样。在水平方向上，电子束的运动轨迹则称为行扫描线，其过程也可以称为线采样。电子束做 Z 字形匀速直线运动，从图 1-8 中左上角的第一个像素点开始，按照从左到右、从上到下的顺序，轰击各个像素点。一行行地扫描，扫描完一帧画面的过程称之为逐行扫描。完成一行扫描任务所需要的时间（T_h—行扫周期），相关技术标准给定 64μs，则行扫描频率 f_h = 15 625Hz。完成一帧扫描任务所需要的时间（T_f—帧扫周期），T_f = 40ms，则帧扫描频率 25Hz。每秒钟的扫描任务是 25 帧画面，大多数人感觉到，速度为每秒 25 帧的运动图像有闪烁。于是把帧频提高到 50Hz，定名为场频（f_v），它与交流电的频率相同。与电子束运动距离成线性关系的电流波形如图 1-9 所示。显然，行扫描锯齿脉冲的周期也必须是 64μs，场扫描锯齿脉冲的周期必然是 20ms。行扫描锯齿脉冲的线性上升时间占用 52μs。在 52μs 之内，电子束正好从第一个像素点运动到右端的最后一个像素点。行扫描锯齿脉冲的消隐时隙仅有 12μs，在场扫描锯齿脉冲电流的推动下，用时 12μs，电子束快速返回到下一行的左端。经过 20ms 后，重新返回到左端第一点，开始扫描第二帧画面。重复过程从略。由此可见，点采样是电子束轰击像素点，线采样是电子束的行扫描过程，面采样就是电子束的帧扫描。画面由点、线、面构成，把点（像素）、线（像素行）、面（像素矩阵）的位置信息转化成只与时间相关的信息就是全部的扫描过程。概括性地说，全部的扫描过程为时空转换。可以

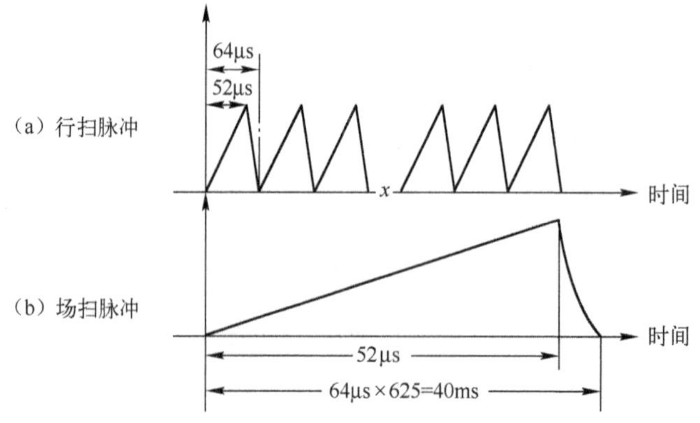

图 1-9　扫描脉冲波形（第一次取样）

把全部的扫描过程叫做电视图像的第一次采样。电子束强度的变化量代表亮度（Y）、色差信号（U、V），用二进制数码度量电子束强度的变化量，这就是图像的数字化。

3. 亮度（Y）、色差信号（U、V）的第二次采样

扫描原理应用于彩色视像管，它将输出模拟 R、G、B 电信号，经矩阵电路实现 R、G、B 按一定比例混合，将产生亮度（Y）、色差信号（U、V），则被采样的信号有 Y、U 和 V 三个。三个取样脉冲波形依然是图 1-9 中的波形，但是，各有各的频率。把图像质量分为高、中和低三级时，Y 的采样频率、U 的采样频率与 V 的采样频率之比有三个结果：13.5MHz/13.5MHz/13.5MHz；13.5MHz/6.75MHz/6.75MHz；13.5MHz/3.375MHz/3.375MHz。简称 4/4/4 格式；4/2/2 格式；4/1/1 格式。采样频率越高，图像质量越好。我国选择 Y 的采样频率为 13.5MHz，依据之一，在亮度（Y）的频谱中，最高频率为 6MHz；依据之二，Y 的采样频率是行频 15 625Hz 的整倍数；依据之三，兼容世界各国的模拟电视制式。

量化比特数越高，图像质量越好。考虑成本因素，通常，Y、U、V 都采用 8 比特量化，即调制后的脉冲幅度（样值）被分为 256 个量化级，8 位二进制数从 00000000 到 11111111 共有 256 个。与 0～255 的十进制数一一对应，则二进制数成为十进制数的代码。在脉冲调制过程中，要防止过载。传递代码要加入识别符号、同步字码，这都要占用比特位（bit）。通常，第 235 级代表白电平，第 16 级代表黑电平，U、V 代码的两端各留 16 个 bit。

采样、量化和代码生成（编码）是模数转换（A/D）的三个逻辑过程，与电路中的信号处理设备过程不能一一对应。脉冲调制编码（PCM）是最简单但非最有效的数字化技术，它是模拟信号数字化的技术基础。国内外都在做这项通用技术的标准化工作，研究新的编码方法和制定编码标准。例如，把一帧画面分成若干个小块，对一个块进行 Z 字形扫描、采样、量化，再进行编码及码流合成，这就是离散余弦变换编码。

4. 编码标准

国际标准化组织（ISO）、国际电工委员会（IEC）和国际电信联盟（ITU）制定了许多数字电视编码标准，标准的制定大大推动了数字电视的发展。数字电视节目，目前采用国际通用的 MPEG－2 编码标准：可以是标准清晰度电视（SDTV），像素个数为 720 个像素/行 × 576 行，单节目流（SPTS）传输比特率≥3.5Mbps；也可以是高清晰度电视 HDTV，像素个数为 1920 个像素/行 ×1080 行，SPTS 传输比特率≥19.36Mbps。机顶盒须支持 HDTV 接收，并应具备高清晰、多媒体接口 HDMI（具有高带宽内容保护 HDCP 功能，2006 年 7 月 10 日已升级至 HDMIv1.3，由 165MHz、4.95Gbps 升至 340MHz、10.2Gbps）。从三网融合、互联互通、资源共享的角度出发，将来，数字电视也可以采用 MPEC－4 或 H.264 编码标准，有线电视前端可以变成一个信息供应点，相当于互联网的网站（信息提供商，简写为 ISP）。每个非实时节目，可公用编码器，事先存入视频服务器，成本增加很少；但是，每个实时节目均需码型转换，成本将增加。窄播节目的视频服务器也在前端，本来就是 MPEG－4 或 H.264 编码，可直接纳入网站。所谓“窄播”是相对于“广播”而言的一种传播形态，是根据特定受众的需要进行的有特别内容的传播。数字电视窄播的清晰度及编码标准选择：为了充分利用网络资源，数字电视窄播节目使用 SDTV，不用 HDTV。因为，HDTV 的 SPTS，MPEG－2 约需 19.36Mbps，MPEG－4 约需 9Mbps，H.264 约需 6Mbps，占用资源太多。SDTV 的 SPTS，MPEG－2 需 3.5Mbps，MPEG－4 需 1.5Mbps，H.264 需 1Mbps，占用资源较少。有线电视网有天然的带宽优势，1Hz 可以传输 2bit，750MHz 带宽传输 1 500Mbps，传输

比特率高于其他网络。保证信号质量、提高竞争地位才是重要的任务。所以，不宜采用比SDTV还低的传输比特率。同时可知，MPEG－4编码效率约是MPEG－2的2.3倍；H.264编码效率约是MPEG－2的3.3倍，约是MPEG－4的1.5倍。相同带宽之内，编码效率越低，并发的SPTS越少；另外，有线数字电视网络的窄播节目，应可与其他宽带网络互联互通、资源共享，以扩大服务面、提高经济效益。MPEG－2编码不符合这两个要求，所以，不宜用做窄播。H.264比MPEG－2编码效率高，宜采用H.264编码标准。我国有自主知识产权的编码标准AVS已于2006年2月1日起公布，并将逐步实施。

1.3 有线电视系统的组成

现代的许多电子技术及产品都是以信息论、控制论和系统论构筑其哲学基础而产生的，有线电视系统也不例外。为了使读者能够对有线电视系统有更深层次的理解，先将涉及三论的有关内容简要介绍并对比说明。

图1-10所示的是通信系统框图。

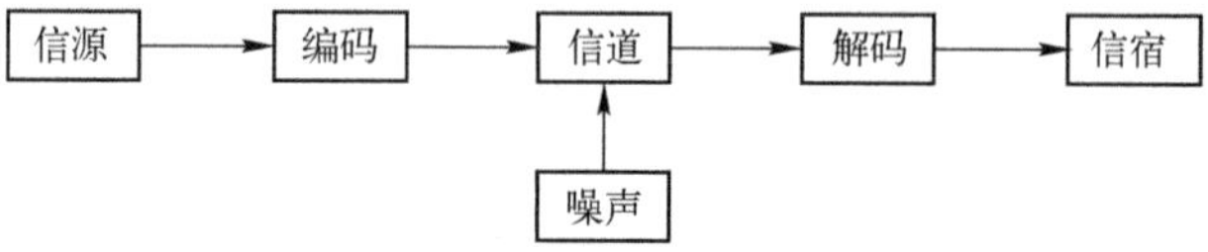

图1-10　通信系统框图

信源就是信息的来源，对于电视台来说，就是声音、图像等节目源。编码是将信息变换成信号的过程，如音频、视频信号调制成射频信号。所谓信道就是信息传输的通道，有线电视信道就是光导纤维、同轴电缆；无线电视信道就是空间。噪声干扰会影响传输效果，造成某些信息的失真，对于无线电视空间电波会形成干扰，而有线电视虽然几乎不存在空间电波干扰，但也会由于光电转换器、干线放大器等内部热噪声产生干扰。解码是将信号还原成信息，是编码的逆变换。信宿是信息的接收者，如电视机等。因此，对于有线电视系统而言，信源就是有线电视台，光缆、电缆是其信道，用户的电视机就是信宿。系统是根据某种性质发生关系的要素的集合，信源可以构成一个子系统，信道、信宿等也可以构成子系统，若干个子系统共同构成系统。

1.3.1 有线电视系统的构成与分类

有线电视系统的构成如图1-11所示。

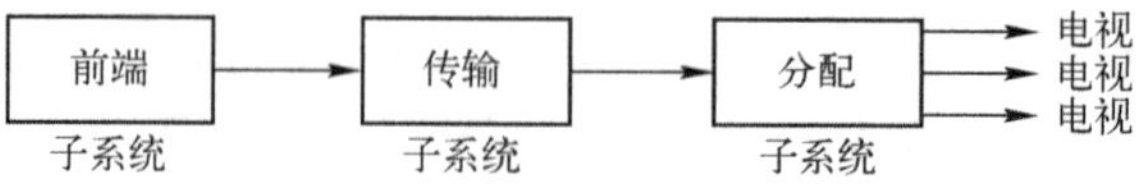

图1-11　有线电视系统的构成

前端子系统是指在有线电视系统中，用以处理需要分配的由天线接收的各种无线信号和自办节目信号的设备部分。它包括：天线放大器、解调器、调制器、混合器、光发射机等。数字化后还可以包括信源。

传输子系统是一个传输网，它主要是把前端接收、处理、混合后的电视信号传到用户分配系统的一系列传输设备，主要有各种类型的干线放大器、干线电缆、光放大器、光缆、多路微波分配系统等。

分配子系统是有线电视系统的最后部分。它直接将来自干线传输系统的信号，分配传送到各家各户的电视机。它包括：光接收机、线路延长放大器、分配放大器、分支器、分配器、电缆、用户终端等。对光缆系统来说，由于光缆直接到户，分配系统反而简单化了。

有线电视系统的分类方法有以下几种：

（1）按用户地点或性质分类：分为城市系统、乡村系统、住宅小区系统、列车系统等。

（2）按信道传输方式分类：分为电缆电视系统、多路微波系统、光缆与电缆混合系统、光缆电视系统等。

（3）按系统规模分类：分为 A、B、C、D 四类。城市有线电视网或在大型住宅区建立的 10 000 户以上的有线电视系统为 A 类，属大型系统；在城镇、住宅小区建立的 2 000 户以上的有线电视系统为 B 类，属中型系统；在城市大楼、城镇生活区建立的 500 户以上的有线电视系统为 C 类，属中、小型系统；在城乡居民楼、平房建立的 500 户以下的有线电视系统为 D 类，属小型系统。

1.3.2　邻频传输有线电视系统的组成

随着社会经济的快速发展，人们对文化生活和教育内容的要求逐步提高，电视节目越来越多，我国许多省市的节目已经通过卫星电视覆盖全国，频道拥挤问题越来越突出，隔频传输系统实际上已经不够用了。在这种形势下势必要扩展频道容量，由此出现了相邻频道使用技术及增补频道的使用，以充分利用频谱资源。邻频设置实际上是针对隔频设置而言的，是相邻频道设置的简称。相邻频道定义为：对任一特定的电视频道而言，另一电视频道，不论是在空中发射的还是在有线电视系统中传输的，只要其标准图像载波频率与该频道的图像载波频率相隔 8MHz，即为该频道的“相邻频道”。

1. 邻频传输有线电视系统的特点

（1）在前端设备中普遍采用中频处理、AV 比可调及幅频稳定技术，信号邻频配置并启用增补频道，使干扰大为减少，提高了稳定度，频道容量大大增加。前些年国内外采用的 300MHz、450MHz、550MHz 邻频系统分别可容纳 28、47、59 个频道，对 750MHz 邻频系统可达 80 多个频道，而 860MHz 乃至 1 000MHz 双向邻频系统则更是现代的发展方向。

（2）在传输干线系统方面，采用集成模块技术及具有 ALC 等功能的干线放大器，配以较粗口径的同轴电缆，可使传输干线的最远距离达 10km，而且可保持良好的图像、声音质量。如果采用光缆传输系统，无中继传输距离可达 50km 以上。

（3）在系统方面可实现双向传输功能。到前端的数据、信号等目前是将 5 ~ 65MHz 和 750 ~ 1 000MHz 用做上行频段，65 ~ 750MHz 为下行播出频段。

（4）在电视机方面，要求电视机向数字化、高清晰度、三维立体化方向发展，提高了对电视技术的要求，同时也促进了电视机制造行业的发展。

2. 邻频传输有线电视系统的组成

现在我国许多地区的有线电视系统采用相邻频道及增补频道来传输电视节目。其系统由信号源接收及前端系统、传输系统和分配系统构成。如图1-12所示为邻频传输有线电视系统组成方框图。

由于采用邻频传输方式，前端系统的结构组成要由接收卫星电视节目数量、电视频道数量、微波传输信号以及上述节目源信号强弱、自办节目多少、系统规模大小等因素来决定。综合各类因素选择本系统邻频传输的频道。

（1）接收卫星电视节目：通过卫星电视接收天线将所需的国内外卫星电视信号接收下来，送至卫星电视接收机，将接收机输出的视频信号和音频信号送入邻频调制器（如果不是PAL-D制则需要接入制式转换器），邻频调制器输出的射频信号频道应按统一规划设置。

（2）接收电视台节目和调频广播：使用单频道天线接收VHF、UHF电视信号，根据信号强弱及频道配置情况，可采用天线放大器放大后进入前端，也可采用信号处理器转换频道。接收调频广播节目时由调频天线接收，经过适当的信号处理后送入混合器。

（3）接收微波电视信号：对于采用MMDS方式的有线电视节目，经微波天线接收后，通过下变频器将频率降到VHF、UHF或增补频道后，由信号处理器或邻频解调器加邻频调制器的方式送入混合器。

（4）编播自办的节目：编播自己制作的电视节目需要配备编辑机、字幕机等相应设备，对场地、设备和人员技术水平有较高的要求。而自办不需编辑的节目就简单得多，比如现场活动实况转播只需要摄像机，放录像或影碟需要配录像机、VCD、LD或DVD机，将上述设备输出的视、音频信号送入选定频道的邻频调制器后，再接至混合器。

为了保证有线电视系统在环境温度和电源不稳定时也能输出稳定的载波电平，有时需要在前端加装导频信号发生器，为整个系统提供自动电平控制和自动斜率控制的基准信号。

干线传输系统将来自前端的信号传送到分配系统，干线可以用电缆、光缆等。如图1-12所示的传输系统适用于传输距离几千米范围内的同轴电缆网，它主要由电源供给器（主干线放大器馈电）、干线放大器、桥接干线放大器及同轴电缆等组成。如果是双向传输系统，必须使用双向干线放大器。对于干线长距离传输，我国目前普遍采用光缆电缆混合方式，即HFC网。其干线采用光缆传输，支线及用户分配仍使用同轴电缆。如图1-13所示为HFC网方框图。

分配系统现在通常采用分支分配方式，其上限频率为750MHz或1000MHz，以适应宽带多媒体电视网络的发展需要。分配系统的组成与隔频传输有线电视系统基本相同，区别是采用的部件如分支器、分配器等要求高隔离度，以避免相邻频道间干扰，系统输出口作为用户终端（也称用户盒或终端盒）通常采用TV/FM双孔终端或TV/FM/DP多口输出终端。邻频传输有线电视系统对用户的电视机提出了新的要求，必须使用标有CATV（有线电视）兼容的电视机，早期按VHF、UHF频段设计的电视机，由于未设计接收增补频道，故会出现有些使用增补频道传输的节目收不到的情况。另外，有些早期的电视机的通道选择性及高频头本振频率稳定性较差，邻频接收时会造成干扰。为此，我国一些生产厂家相继开

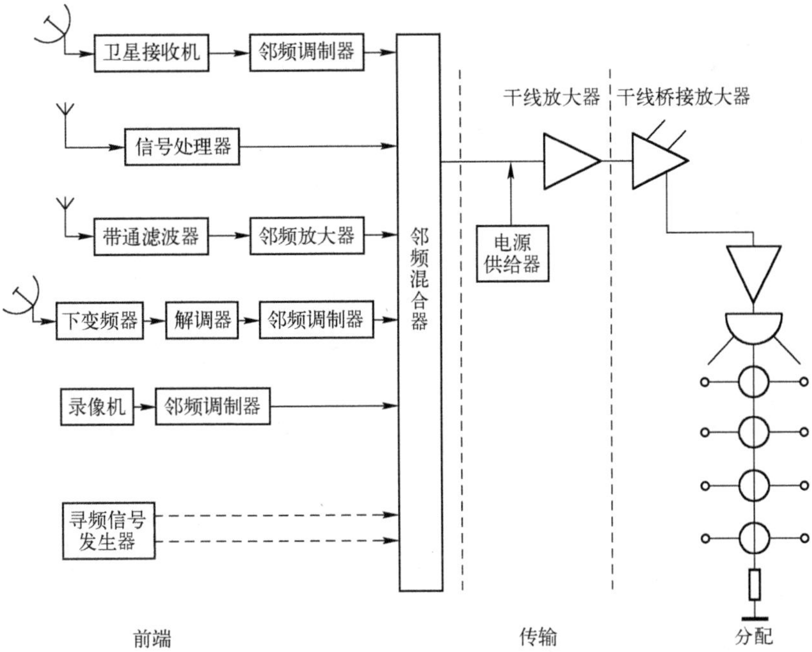

图 1-12　邻频传输有线电视系统组成方框图

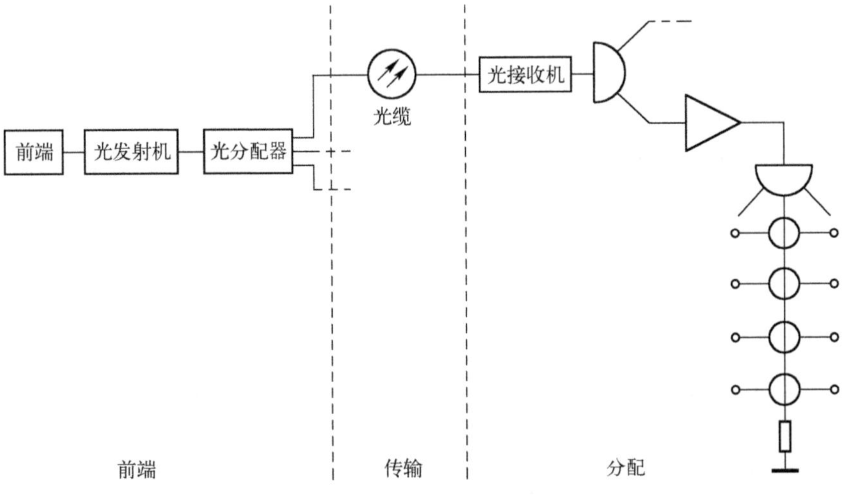

图 1-13　HFC 网方框图

发了各种型号的机上变换器（机顶盒），专门用于接收有线电视的电视节目，把有线电视系统传输的所有信号变换成视、音频信号，再用电视机接收。目前，机上变换器的功能正在迅速扩展，如含有寻址收费、解扰功能、数字/模拟兼容及网络功能的机上变换器已经出现并将得到普及应用。

数字电视技术的发展和双向传输的应用，使人们可以通过数字电视机顶盒预订服务，变被动接收为主动接收。

1.3.3 隔频传输有线电视系统的组成

隔频传输有线电视系统通常是比较简单和早期的系统，从构成上分别由前端、传输和分配三个部分组成，它可以由共用天线系统或闭路电视系统单一构成，也可以是两者的结合。

1. 共用天线系统

在共用天线系统中，接收的信号通常是两部分，即接收无线电视台的信号和接收卫星电视的信号。一般由于电视台发射塔的方位及所发射的频道各异，在同一地点接收的信号场强会有不同。因此，有线电视系统通常使用单频道天线，即一个频道用一副专用的天线来接收，对从天线接收下来的信号根据场强的不同进行各种处理后，才送入前端。例如，对于空中场强较弱的频道加天线放大器，而对于信号场强较强的频道则不需要加天线放大器，甚至需要加衰减器，最终使得所接收的信号电平基本相近后再送入混合器。

有线电视系统转播卫星电视节目需要架设卫星电视接收天线及相应设备，所需套数由接收的卫星个数决定。如只需接收一颗卫星播发的一套节目，就需要一套卫星电视接收天线、一台卫星电视接收机、一台电视调制器即可。调制器的作用是将卫星电视接收机输出的视、音频信号调制到所需要的电视频段中的某一频道上，然后送入混合器。

2. 闭路电视系统

简单的闭路电视系统可以是摄像机、录像机、VCD 机等信号源传输到用户分配系统，常用于中、小学校电化教育，列车、客轮等播放电视节目。这种系统通常是用普通电视调制器将录像机、摄像机或 VCD 机播放的自办电视节目调制到 VHF 或 UHF 某频道上，然后送入混合器再传输到分配系统。

如图 1-14 所示为隔频传输有线电视系统组成方框图，在该框图中包括了共用天线、闭路电视系统。

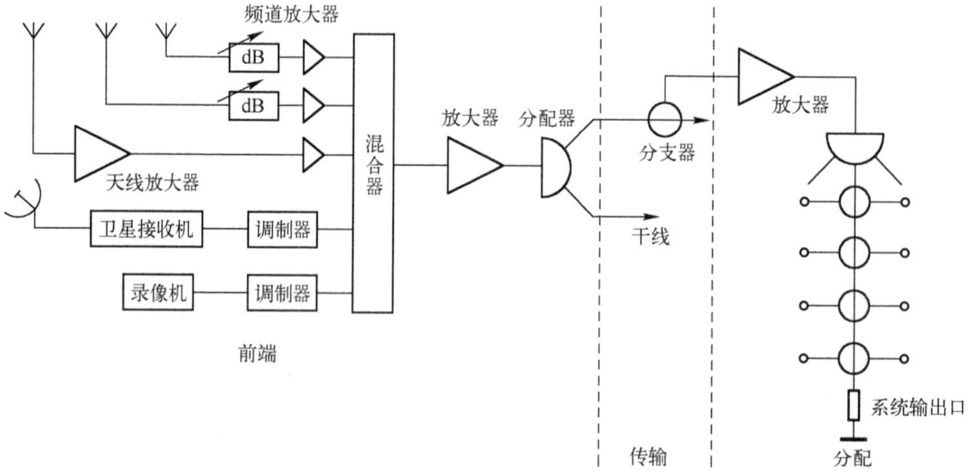

图 1-14　隔频传输有线电视系统组成方框图

从图 1-14 中可以看出，它主要由单频道天线搭配可调衰减器和天线放大器组成无线电视信号接收部分；用卫星电视接收天线及卫星电视接收机接收卫星电视信号，用录像机播放自办电视节目，配置了普通电视调制器，以上各路信号以射频形式进入混合器，再经放大器放大，从而构成了前端系统。传输系统由干线电缆及分支器组成，干线长短及分支器个数由有线电视系统规模决定，但 VHF 频段上的传输距离一般在 2km 以内，而 UHF 频段传输距离更短。分配系统是一个分配网络，它分布最广，直接将来自于干线传输系统的信号分配传送到各家各户的电视机。它采用分支分配方式，由放大器、分配器、分支器、终端及同轴电缆等组成。

隔频传输有线电视系统采用直传方式，其输出频道通常在 VHF 1～12 和 UHF 13～68 频道内选择，一般在 VHF 频段要隔一个频道，在 VHF 频段最多仅能容纳 6 个频道，UHF 频段也仅能容纳 11 个频道，实际上全频段内最多可容纳 17 个频道，这就为增加播放的节目数目带来了困难。在容纳较多频道时，由于带宽宽，带内波动大，频谱内电平中间高两端低，这种缺陷在传输距离较远时不可避免。另外，由于放大器的非线性失真，镜像干扰、本振辐射干扰以及其他干扰也将随着频道数量和传输距离的增加而增大。因此，隔频传输有线电视系统适用于早期节目源比较少的情况以及小规模的系统，现在的城市有线电视网已基本不采用这种系统。

1.3.4 三网融合的有线电视系统组成

1. 模拟电视与数字电视

模拟电视传输或处理的均是模拟信号。模拟电视信号的时间连绵不断地延拓，电信号的强度连续变化；而数字电视信号的强度为周期性脉冲式样，也就是说，数字电视信号的强度是断断续续变化的。由数字电路实现转换过程可产生数字电视信号。模拟电视升级为数字电视，图像质量大大提高，成本大幅度降低，并为“三网融合”提供了技术上的可行性。

数字电视可分为高清晰度电视（HDTV）、标准清晰度电视（SDTV）和低清晰度电视（LDTV）。距离显像屏幕高度的 3 倍处为观看点，HDTV 图像的清晰程度可达到或接近 35mm 宽银幕电影的水平，也就是说，与观看原始景物或现场表演的感觉相比，视力正常的观看者感觉相同。普及型 SDTV 可达到模拟电视的演播室标准；LDTV 对应于激光视盘（VCD）水平。三者的区别是传输比特率不同，比特率越大清晰度越高。当然，比特率越大所占用频带宽度越宽。我国规定一个频道的带宽是 8MHz。一个频道设置一套模拟电视节目，则为有线电视频道配置表；对于数字电视，称一个频道为一个物理频道。有线数字电视物理频道配置表见表 1-2。一个物理频道设置一套节目则为 HDTV，设置 4～6 套节目就成为 SDTV。评价模拟电视的图像质量采用五级损伤标准，在模拟电视演播室里，图像质量为五级。有线数字电视用户看到的图像质量，SDTV 就相当于模拟电视的五级。

2. 数字电视系统的结构

数字电视系统是由若干数字设备结合组成的一个有机整体，其由若干个子系统组成。从信号的流程来看，如图 1-15 所示，可以分成三大部分，即数字电视信号源（左部），传输信道（中部）和数字电视接收（右部），也可以说成信号发射、信号传输和信号接收三大部分。与模拟电视系统的不同之处是信息用数字信号表示，全过程都必须数字化。左部：V、A 是模拟的输入信号，经过信源编码（V 和 A 分别编码）后，送入节目复用器。节目复用器把数百套节目（码流）合成一个码流（PES）传递给传送复用器，管理、控制数据码流与 PES 在传送复用器中混合为一个码流，它在信道编码器中被处理成传输码流（TS），以便适应传输信道环境。数字调制器能适应的环境是有线电视网的传输信道（参见图 1-15 的中部）。右部：接收是对数字电视信号源的逆变换过程，调制与解调、信道编码与信道解码、复用与解复用、信源编码与信源解码相互呼应，还原成 V 信号和 A 信号。显像管实现电到光的转换；扬声器完成电到声波的转换任务。从数字信号处理技术上看，控制程序（软件）与数字设备平台（硬件）结合在一起才能完成特定功能。软件技术要解决从物理层的传输控制协议→中间件（软件平台）标准→信息表示→信息使用→内容安全等一系列问题。实际上，具有数字信号处理、数据通信能力的设备就是多媒体计算机（MPC）。或者说，多媒体计算技术是解决模拟电视数字化及高清晰度电视（HDTV）的切实可行方案。用于数字电视节目制作的设备，数字摄像机、数字录像机、激光视盘机、数字特技机、数字编辑机、数字字幕机和非线性编辑系统等，它们都是虚拟机装载不同应用软件派生出来的设备。数字信号处理技术主要有模数转换（A/D，即编码技术）与数模转换（D/A，即解码技术）、压缩编码和解码技术、数据加扰和解扰技术、数据加密和解密技术等。数字电视信号的传输方式：地面无线（地面数据广播）和有线传输（电话线、5 类线、同轴电缆线、光纤和光缆及电源线），卫星无线（卫星数字电视广播）。数字电视系统的终端设备应该是数字电视接收机，其原理如图 1-15 的右部。为了不淘汰模拟电视接收机，又要实现用模拟机看数字电视的目的，需要在系统输出口与模拟电视之间串入一种设备，定名为数字电视机顶盒（STB）。它能输出模拟视频信号（V）和音频信号（A），可以直接与电视机的 V、A 端子连接。值得指出的是，在十几年前国内市场上的“数码彩电”和“高清晰度电视”，这类电视机只能接收模拟信号，而在内部电路中采用了部分数字电路，把操作过程自动化，应称为数字处理式模拟电视接收机（DPTV），它的图像清晰度无法与数字电视接收机相比。

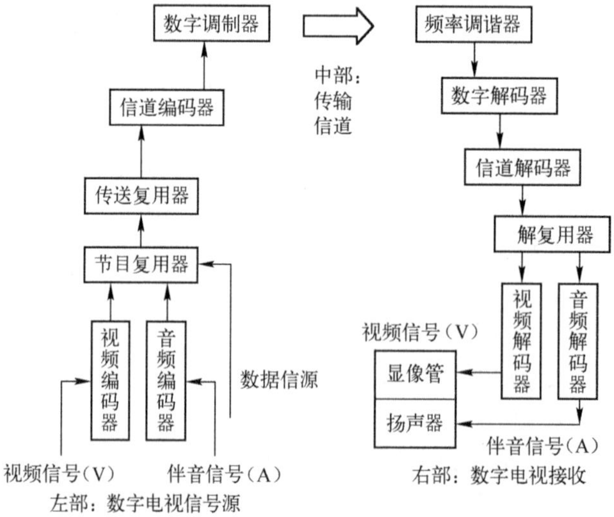

图 1-15　数字电视系统的示意图

3. 数字电视的特点

与模拟电视相比，数字电视的主要特点如下：

（1）图像清晰度提高1～2倍，不会产生热噪声积累。

（2）色彩逼真，无串色；不会产生非线性失真积累。

（3）可移动接收，无重影。

（4）节目套数可增加到500个以上，成本反而降低。

（5）伴音亮丽，容易实现数字环绕立体声，一套节目可以配置多个伴音，每个伴音使用一种语言。

（6）能开展数字通信、数据通信、数字电视等多种业务。

4. 模拟有线电视系统整体转换成数字有线电视系统

模拟电视接收机与数字高清电视接收机共存。它们接收数字电视时，起桥接作用的设备是有线电视机顶盒。如图1-15右部——数字电视接收，系统输出的射频信号送给调谐器，两个编码器的输出信号为电视接收机的输入信号。机顶盒由图1-15中的6个方框合成。

“整体转换”的技术基础是数字化。如图1-15左部，在信道编码器与V、A输入信号端之间的设备完成节目数字化任务。为了提高传输性能，必须使用信道编码器、数字调制器。数字调制器的输入端是数字有线电视系统的起始点，输出端上的射频信号是数字有线电视传输网的输入信号。处理射频信号的设备与模拟有线电视系统的前端设备相同，前端的名称改为数字前端。

见图1-15中部，传输信道采用模拟有线电视系统的方案，分为传输干线和分配网。

三网融合是指业务融合，在数字前端安装数据服务器。三网合一的技术基础是数字化。

习　题　一

一、是非判断题（正确画“√”，错误画“×”）

1. 有线电视系统主要以闭路的方式向用户提供电视信号。（　　）

2. 隔频传输方式由于电视频道相隔设置，可避免相邻频道间的干扰，因此比邻频传输更为优越。（　　）

3. 增补频道是专为有线电视系统设置的，无线电视不能使用。（　　）

4. 接收有线数字电视节目，模拟电视机要用收视卡。（　　）

5. 接收有线数字电视节目，数字高清电视机不用收视卡。（　　）。

二、选择题（将正确答案的序号填入括号中）

1. 我国模拟电视频道带宽为（　　）。

A. 6.5MHz　　B. 0.75MHz　　C. 8MHz　　D. 6.5MHz。

2. 550MHz邻频传输PLA－D制式电视信号可容纳（　　）个频道。

A. 47　　B. 55　　C. 59　　D. 63

3. 以下有线电视系统传输介质普及最快的是（　　）。

A. 同轴电缆　　B. 光缆　　C. 双绞线　　D. 微波电缆混合型。

4. 测量数字信号的载波电平用（　　）。

A. 场强仪　　B. 模拟电平表　　C. 数字三用表　　D. 数字电平表

三、画图题

1. 画出有线电视系统的构成方框图。
2. 画出一个能接收 6 套无线电视台节目的隔频传输电视系统组成方框图。

四、问答题

1. 列举 5 种生活中常见的电视机信号来源。
2. 有线电视有哪些特点？
3. 数字高清电视机的射频插座与同轴电缆连接，芯线或屏蔽层断路时，对收视效果有什么影响？

第二章

无线电视广播的接收

无线电视信号是指以电磁波形式传播的电视信号，它是在发射端将音频或视频信号经过载频调制成调幅波或调频波，然后再通过功率放大，经由天线发射出去。通常，模拟电视信号采用将图像调幅、伴音调频并合成在同一信号中传播；数字电视采用 MPEG－2 图像压缩技术。电视信号主要包括：VHF、UHF 频段发射的本地区或电视差转台的电视节目；C 波段、Ku 波段转发的卫星电视节目；以微波传输的电视节目等。这些都是有线电视系统的节目源。

接收天线是电磁波接收的必备装置，其作用是将空间接收到的电磁波转换成可传输的射频电流或电压。因此，接收天线是无线电视信号进入有线电视系统的大门，它将电视信号（无论是模拟电视信号还是数字电视信号）送至前端进行相应处理，其质量好坏直接关系到有线电视系统传输效果。本章主要介绍接收 VHF、UHF 频段节目的天线和接收卫星电视节目的天线及安装调试。

2.1　地面电视广播的接收天线

2.1.1　无线电波传播的特点

无线电波的波长不同，传播途径、传播特性也不相同。电视广播使用的频段为 VHF、UHF、SHF，发射的信号是上述频段内的射频调制信号。

1. 电磁波极化方向

电视台将调制放大后的射频信号通过发射天线转换为电磁波辐射到空间，向四周传播。电磁波的极化方式分为线极化和圆极化：线极化分为垂直极化和水平极化；圆极化分为左旋极化和右旋极化。在传播过程中，电磁波是以电场矢量的取向作为波的极化方向，并以地面作为参照面。我们将电场方向与地面平行的电磁波称为水平极化波，而电场方向与地面垂直的电磁波称为垂直极化波。接收天线在架设时要根据电磁波的极化方向相应设置，即对于水平极化波在接收时要将天线水平设置，而垂直极化波在接收时要将天线垂直设置。

2. 电磁波在空间的传播

无线电波的传播途径有地面波、空间波和天波，电视广播所用频段均划在超短波以上，因此电视信号主要由空间波来传播，属于视距传播，如图 2-1 所示。

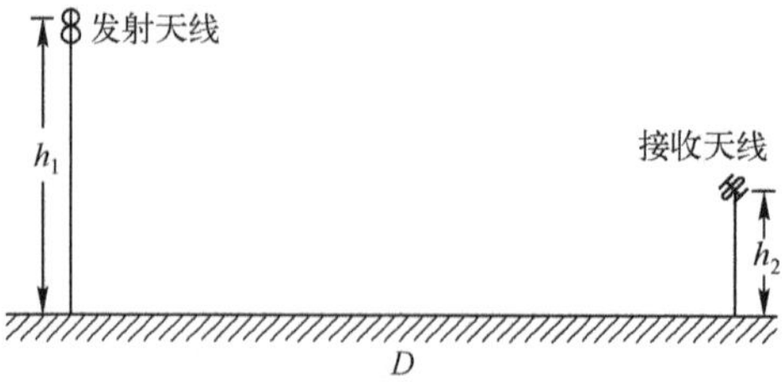

图 2-1　电视信号的传播

图 2-1 中 h_1 表示发射天线高度，h_2 表示接收天线高度，发射与接收之间的距离为 D。可用近似的公式来表示：

$$D = 4.12\ (\sqrt{h_1} + \sqrt{h_2}) \qquad (\text{km})$$

由上式可见，当发射天线高度不变时，若要增加收视距离，必须提高接收天线的高度。例如：电视台发射天线高 300m，接收天线架在楼顶共高 20m，则直视距离为 71.3km；如果接收天线再架高 10m（合计 30m），则直视距离可扩展到约 94km。

发射与接收之间除距离外，还有信号场强的问题。场强是电场强度的简称，它是衡量电磁波强度的一个物理量。在有线电视系统中，接收场强的单位是 μV/m，我国规定用 1μV/m 为基准，定为 0dB，因此当场强用 dB 值表示时，单位为 dBμV/m，有时简称 dB。

在实际情况中，由于直射波和地面反射波的叠加作用，会使信号场强出现峰点与谷点。在距离电视发射天线较近的地区，接收天线架设高度并不是与信号场强成正比，而是有一个最佳高度，用公式表示为：

$$h_2' = \frac{\lambda \cdot D}{4h_1}$$

式中，h_1——发射天线高度（m）；

　　λ——接收电视频道波长（m）；

　　D——发射天线与接收天线之间的距离（m）。

2.1.2　接收天线的种类

天线的结构形式有多种，如八木天线、对数周期天线、环形天线等。在有线电视系统中最常用的是八木天线，它实际上是一个由有源振子作为主振子和若干个无源振子组成的定向天线。这种天线具有增益较高、结构简单、安装方便等特点。其基本结构图如图 2-2 所示。

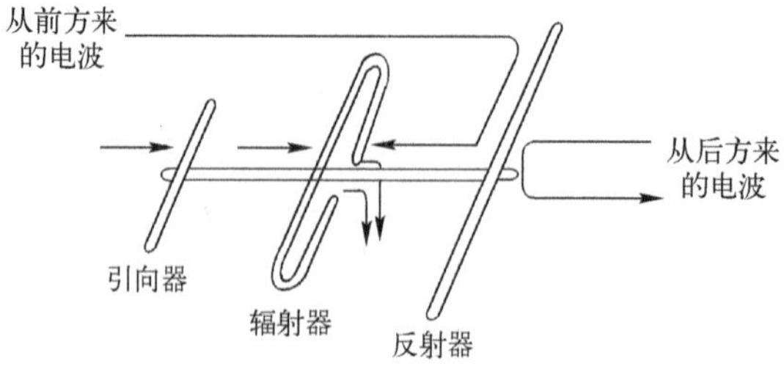

图 2-2　八木天线的基本结构

八木天线的有源振子（辐射器）通常采用半波折合振子，无源振子包括引向器和反射器。八木天线以辐射器为中心，前面是引向器，后面是反射器，引向器的长度比有源振子短约5% ~10%，反射器的长度比有源振子长约5% ~15%。引向器可引导前面来的电磁波，使方向性更强，反射器则使后面的电磁波不易进入辐射器。每个振子（包括无源和有源）也称单元。

1. VHF 频段的接收天线

VHF 频段分为Ⅰ、Ⅱ波段，即 V_L为1 ~5 频道，V_H为6 ~12 频道。在有线电视系统中，通常采用方向性较强而频带较窄的八木天线及所组成的天线阵作为接收天线，其外观及结构如图2–3 所示。

如图2–3（a）所示的是五单元天线，通常用于1 ~5 频道及调频广播的接收。如图2–3（b）所示的是十单元天线，如减去两个引向振子即为八单元天线，八单元或十单元天线通常用于6 ~12 频道的接收。

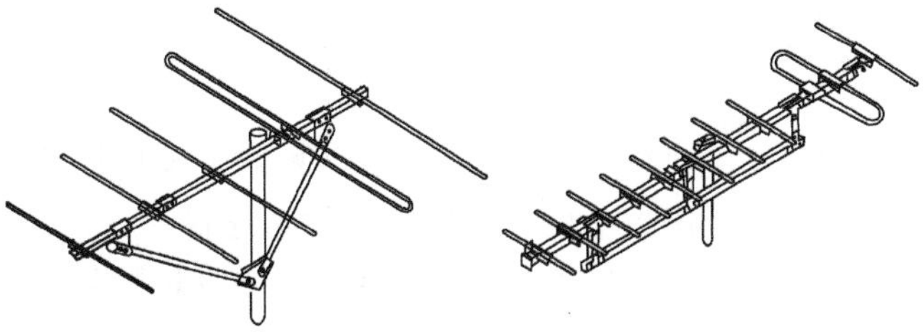

（a）　　　　　　　　（b）

图2–3　VHF 频段用八木天线外形图

2. UHF 频段的接收天线

UHF 频段的频率范围是474 ~954MHz，频率高、波长短，其信号在传播过程中对树木及建筑物等的绕射能力较差，使得传播损耗较大。因此，接收天线的增益及架设高度应尽可能地提高。对有线电视系统而言，接收UHF 频段通常采用15 单元以上的八木天线，其外观及结构如图2–4 所示。

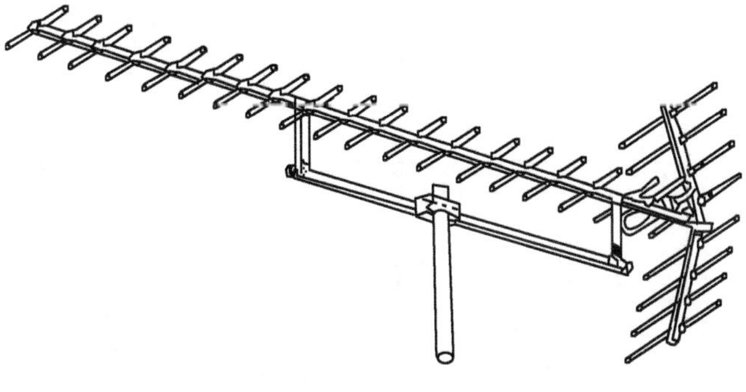

图2–4　UHF 频段用八木天线外形图

2.1.3 接收天线的技术参数

天线的性能是影响电视信号接收质量的一个重要因素，其主要的技术参数有：输入阻抗、工作频带、天线增益及方向性等。

1. 输入阻抗

天线与馈线相连的两个端点称为天线的输入端。天线输入端上的信号感应电压与电流之比为天线的输入阻抗。基本半波振子天线的输入阻抗约为75Ω，半波折合振子天线的输入阻抗为300Ω。在有线电视系统中为了减少损耗，引入信号的馈线常采用75Ω同轴电缆。因此，在接收天线的折合振子上都装有300Ω阻抗转换器，以实现阻抗匹配。

2. 工作频带

满足天线各种性能规定参数的频率范围称为天线工作频带或带宽，它与天线的结构及接收的频段有关。半波折合振子天线的工作频带在VHF频段约40～60MHz，可适用于接收5～8个电视频道。对于单频道天线一般要满足8MHz带宽。

3. 天线增益

天线增益分为相对增益和绝对增益，一般接收天线的增益是指相对增益，它代表了天线接收信号的能力或灵敏度，用dB为单位，数值越大增益越高。天线增益与振子单元数有关，天线单元数越多，增益也越高。另外，天线增益还与接收频带宽度有关，频带越宽，增益越低。

4. 天线的方向性

接收天线的方向性是指天线接收不同方向传来的电磁波所具有的能力。

天线的方向性常用半功率角来表示。半功率角是指比引向器方向最大灵敏度低3dB之点的夹角 θ，如图2-5所示。图中0°方向传来的电磁波是接收波，其灵敏度最高，而由45°方向传来的电磁波中有干扰波，但灵敏度很低。因此，半功率角越小，方向性越强，抑制正面干扰波的效果越好。通常VHF频段的定向天线的半功率角小于60°；UHF频段由于振子尺寸小，单元数多，可以使半功率角小于40°。

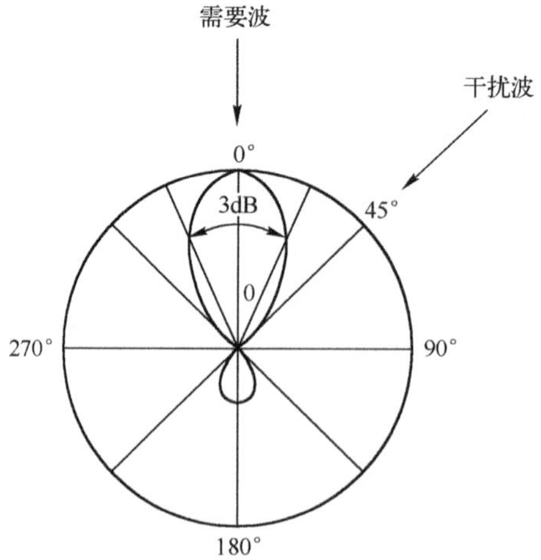

图2-5　天线的半功率角

方向性保护一般指前后方的增益比，用 dB 表示，dB 数值越大表明天线方向性保护越强，天线定向接收性能就越好，抗干扰能力越强。

为了使读者对天线的技术参数有更实际的了解，表 2-1、表 2-2 分别列出了国产九洲牌 VHF、FM 天线系列及 UHF 天线系列的技术参数。

表 2-1　VHF、FM 天线系列

名　称	型　号	频　道	带宽（MHz）	增益（dB）	半功率角	单元数
V_I 波段单频道天线	TW_2 - P1 ~ P5 - JZ8609	1、2、…、5	8	≥7.5	≤60°	5
FM 天线	JZFMB	FM	21	≥6	≤65°	4
V_{III} 波段单频道天线	TW_2 - P6 ~ P12 - JZ8609	6、7、…、12	8	≥10.2	≤45°	8

表 2-2　UHF 天线系列

名　称	型　号	频　道	带宽（MHz）	增益（dB）	前后比（dB）	单元数
UHF 天线	JZ44U_L	13 ~ 24	96	11 ~ 13.5	20	15
	JZ58U_L	13 ~ 24	96	12.5 ~ 15.8	30	22
	JZ74U_L	13 ~ 27	160	13 ~ 17.5	28	30
	JZ58U	25 ~ 47	184	12 ~ 15.5	28	21
	JZ74U	25 ~ 47	184	13.5 ~ 17.5	30	30

2.1.4 接收天线的选择与安装

有线电视系统可以共用接收天线，与个体接收相比其成本不是主要考虑因素，而应根据不同的接收频道、场强及系统规模大小等因素综合考虑来选择天线。

（一）有线电视系统对接收天线的要求

为保证有线电视系统的接收质量，要求接收天线具有良好的电气性能、机械强度和安全保证。

(1) 接收天线要有较高的增益，以提高系统的接收质量；有较好的方向性，以提高系统接收的抗干扰能力；有良好的阻抗匹配特性，以减少反射干扰。

(2) 接收天线的结构、材料要满足一定的机械强度要求，以提高天线抗风、抗冰负荷、防腐蚀等的能力。

(3) 接收天线要有安全的防范措施，例如，避雷针要符合国家有关建筑防雷设计中的相关规定。

（二）接收天线及竖杆的安装

天线一般架设在楼房顶上，如果安装在非楼房地区，就需要单独立杆、建塔等。天线架设点在选择时应远离高压输电线、广播线以及电气设施，以保证安全和避免引进电磁干扰。接收天线的位置、高度和方向要根据接收场强及图像质量来决定，最好是采用一个较轻便的临时天线和一台彩色电视机，在预备安装天线的地方，努力寻找一个最佳的接收位置，然后可将天线杆安装在此。

1. 竖杆的安装

架设接收天线用竖杆分为多杆式、单杆式和铁塔式，下面主要介绍多杆式和单杆式。

多杆式实际上就是小杆（高度小于4m），一根立杆最多安装两副天线，安装时可预埋，也可直接安装在楼房平顶上或裙墙边并用抱箍等固定。

单杆式竖杆的高度通常在6～12m，一般由ϕ40～ϕ80mm的圆形镀锌钢管构成，包括竖杆、横杆、拉绳和底座。单杆式竖杆通常固定在建筑物顶上，底座要位于承重梁上，其常见结构如图2-6、图2-7所示。

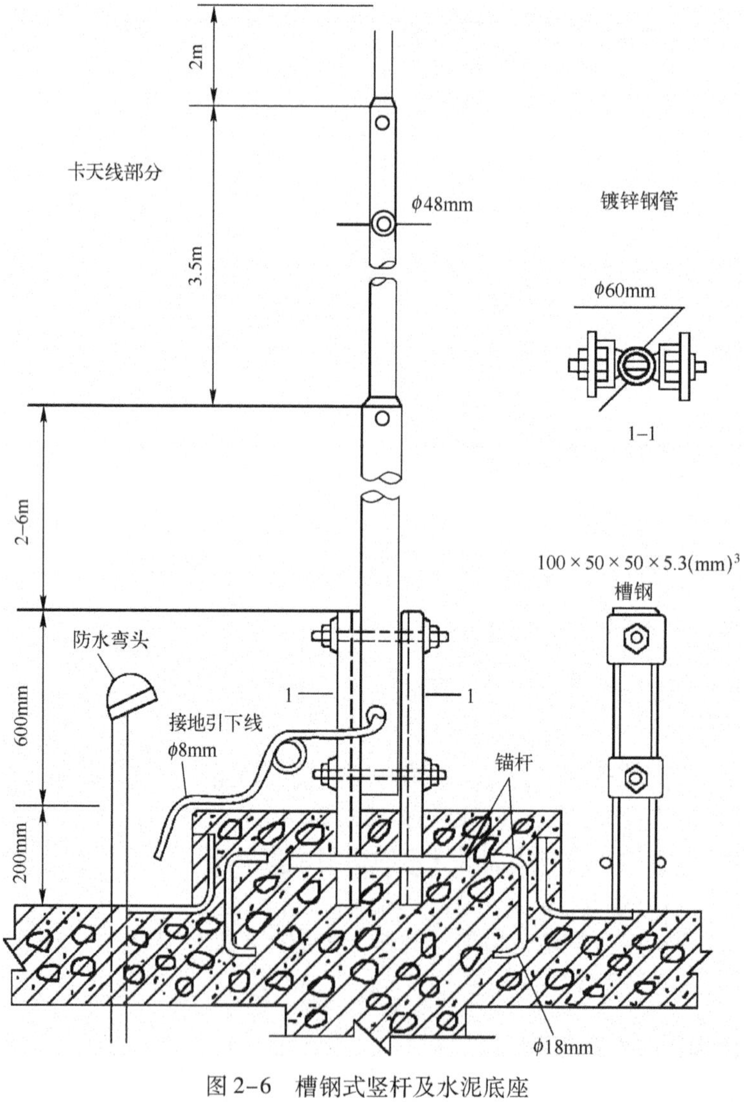

图2-6　槽钢式竖杆及水泥底座

如果建筑物顶上没有预埋底座或不适合浇灌水泥底座，可采取用10#槽钢焊成井字形底托或用50×50×2.6mm的角钢焊成三角形底托，底托平铺于房顶，分散天线竖杆对屋顶面的压力，天线竖杆焊接在底托的中心点。

图 2-6、图 2-7 中防雷引下线（接地引下线）一般采用 25×4mm 的镀锌扁钢带或 ϕ8～ϕ12mm 的镀锌盘条，另一端焊接到建筑物避雷网线上。防雷引下线应不少于两条。如果建筑物没有避雷网线，则需要按照建筑物的防雷及接地的有关规定单独做防雷施工。

竖杆上的避雷针直径不小于 ϕ20mm，并与竖杆牢固焊接。

天线竖杆应安装固定拉绳（也称抗风拉绳），拉绳采用规格不小于 1×7－2.4mm 的镀锌钢绞线，拉绳与拉环连接处采用花蓝螺栓，便于对竖杆垂直度进行调整，拉绳地锚必须与建筑物牢固相连。拉绳与竖杆的夹角一般在 35°～45°的范围，高度距建筑物顶不得低于 4.5m，如果竖杆超过 12m，则须拉双层拉绳，拉绳方向应避开天线指向正面，每层三根，成 120°均匀分布。竖杆立起，收紧拉绳，调好竖杆的垂直度后，焊好防雷引线，天线杆的安装即告结束。

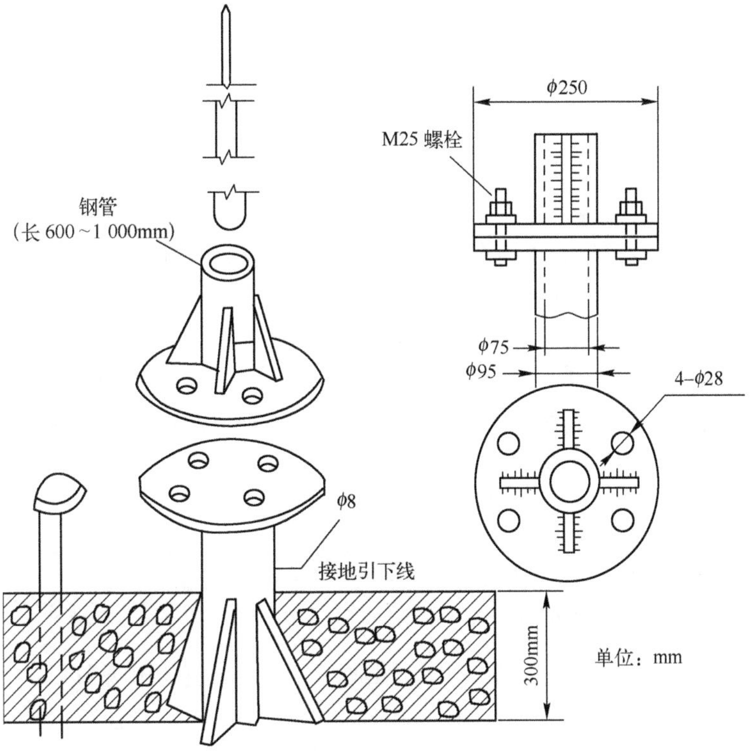

图 2-7　预埋钢管天线底座

2. 天线的安装

天线通常架设在竖杆和横杆上，高频段天线一般架设在天线杆上部，低频段天线架设在天线杆下部，各天线安装距离在 1～2.5m 之间，接收低频段信号的天线间距应较大。上部天线必须在避雷针的保护角内（一般约为 45°内），且距离不小于 3m。天线架设如图 2-8 所示。

我国无线电视台发射的信号通常是水平极化方式，天线架设应保持水平，不能向上或向下倾斜，以保证最大接收方向对准电视信号传来的方向。最低层天线与基础平面的最小垂直距离不小于天线的最长工作波长，一般为 3.5～4.5m，否则会因基础平面对电磁波的反射，使天线受到干扰而产生重影等。

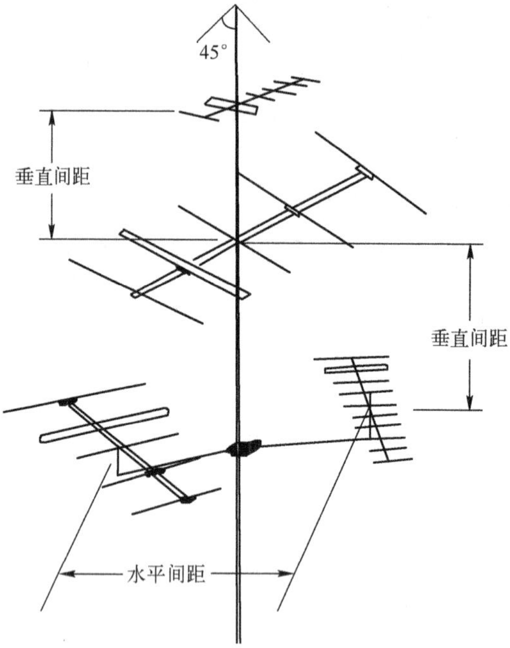

图 2-8　天线架设间距

天线到前端的连接馈线要选用屏蔽性能好、低损耗的75Ω同轴电缆，其长度要小于20m，并要固定好以防风刮。另外，进入前端的天线馈线应加装天线避雷器，天线避雷器一般能通过45～750MHz的电视信号，插入损耗约0.8dB，耐冲击电压1.5kV，具有接地端。接地端必须与前端接地端分开。

另外，将天线架设在天线杆上时要安装牢固，以防被风刮后改变天线接收方向。天线有源振子引线端与馈线要接好，防止接触不良，给系统接收带来隐患。

2.2　电视信号的处理方法

在城市或地区可能有多家电视台，同时播放几个不同频道的电视节目，各个频道的发射天线不在同一方向，或即便在同一方向也会因各频道频率的不同，使得信号到达接收点的场强值差别较大。因此，虽然接收天线经过挑选，但也难以保证接收各信号输出电平没有差异。这样就需要对这些信号在进入前端设备之前或在前端设备之中进行必要的处理，对强信号进行衰减，对弱信号进行放大，以使各频道信号电平基本相同。

2.2.1　电视信号常用计量单位

电视信号常用计量单位是分贝（dB），具体到不同情况又有dBμV、dBm、dB等，主要是为了各参数互相换算方便。例如，在A点测得电平为85dBμV，经过电缆传输到B点，传输损耗为10dB，则B点的电平应为75dBμV。

有线电视系统中，通常用“电平”表征功率、电压（电流），被测点电平常用该点的功率、电压（电流）值与设定的某一相应的基准值之比的常用对数（lg）来表示。电平分为相对电平和绝对电平。

1. 相对电平

相对电平定义为测量点功率（电压或电流）与同一单位的某一基准值之比的常用对数，常见的有功率电平和电压电平。

（1）相对功率电平

$$S_P = 10\lg\left(\frac{P_t}{P_c}\right) \tag{2-1}$$

式中：P_t—测量点功率；P_c—基准功率；S_P值为正时，说明测量点的功率比基准功率大，反之则小，S_p值为0时，则说明相等。

（2）相对电压电平

$$S_v = 20\lg\left(\frac{U_t}{U_c}\right) \tag{2-2}$$

式中：U_t—测量点电压；U_c—基准电压。

2. 绝对电平

绝对电平是用测量点的功率（电压或电流）与同一单位的规定基准值之比取常用对数。

（1）绝对功率电平

如果基准功率值取1mW，则由式（2-1）有：

$$S_P = 10\lg\left(\frac{P_t}{P_c}\right) = 10\lg P_t(\text{dBmW})$$

dBmW 可简写为 dBm。

（2）绝对电压电平

如果将基准电压值取1mV（或1μV），则由式（2-2）有：

$$S_V = 20\lg\left(\frac{U_t}{U_c}\right) = 20\lg U_t(\text{dBmV})$$

在有线电视系统关于电平的表示中，用的最多的是 dBμV，dBμV 可略写为 dB，但 dBmV、dBmW 都不能略写，尤其是 dBmV 不能简写为 dBm。

2.2.2 电视信号场强的确定

空间中电视信号的场强是有线电视系统设计的重要依据，也是对电视信号采取何种处理方法的依据。确定电视信号场强的方法通常有测量法、目测法和估算法，我们主要介绍前两种。

1. 测量法

测量法是指使用场强仪或信号电平表测量用半波振子天线（增益为0dB）接收的信号电平，这种方法是一种既简便、直观又比较准确的方法。

用于测量信号电平的仪器有许多种，如 LFG－944D、945D 场强仪，国产 DS1130 手持场强仪，有线电视综合测试仪，DS1120 手持式数字场强仪，DS1870 型电视信号电平表等。

如图 2-9 所示为国产 DS1870 型有线电视信号电平表的外形图。该仪器频率测量范围是

45～870MHz；电平测量范围是30～120dBμV，误差小于±1.5dBμV；输入阻抗为75Ω；可采用直流供电。

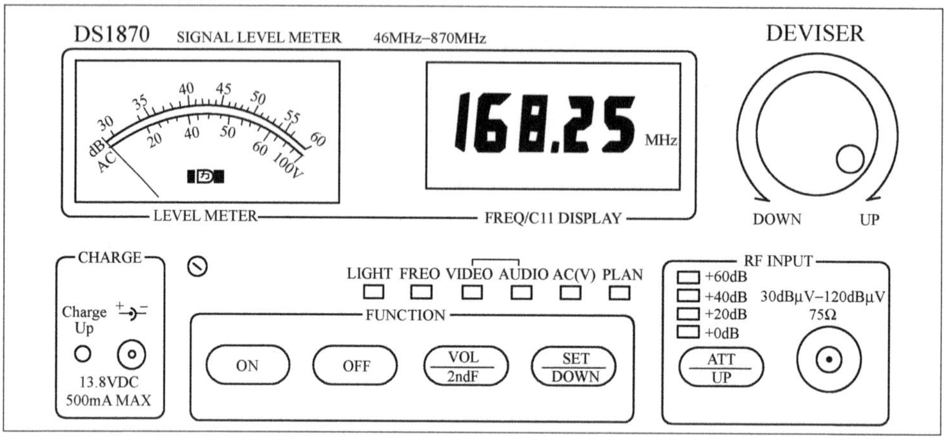

图2-9　DS1870型电视信号电平表外形图

由于DS1870具有多国频道记忆功能，使用它测量电视信号电平非常简便。下面以测量6频道场强为例说明测量过程。

（1）开机仪器自检完毕后，按下SET/DOWN键，同时旋动多功能调节旋钮（右上方）到PLAN指示灯处，停止按键和旋动，使仪器进入国家制式选择工作状态。

（2）旋动多功能调节旋钮至液晶显示为CHINA处停止旋动，按下SET/DOWN键，设置中国电视频道为工作频道，此时仪器将显示第一频道“01－CH”。（注意：如仪器已设置在中国电视频道，则（1）、（2）两步可省略）

（3）将6频道天线馈线接入仪器的RF INPUT射频输入口，旋动多功能调节钮至液晶显示为06CH或168.25MHz处停止。

（4）此时测量值为6频道的电平值，如果电平表（左上方）读数为45dBμV，而此时输入衰减指示+40dB处灯亮，则实际电平值为：

$$E=45+40=85(\text{dB}\mu\text{V})$$

注意：此时测量的电平值实际上包括了天线的增益，若要得知接收点6频道空间场强，则需减去天线增益。

有线电视系统中，对接收电视信号进行处理通常是依据天线馈线引入前端时的信号电平值。

2. 目测法

目测法是依据观察者的眼睛看到的电视图像来判断空中电视信号场强的方法。由于人眼的分辨精度较低，加之观察环境不同，其感觉也不相同，以及不同灵敏度的电视机接收相同场强的信号其图像清晰度也不相同，因此目测法是一种粗略的估计方法。采用目测法要求观察者具有一定的实践经验。

表2-3列出了电视机图像质量与接收场强对照情况，可根据图像收看质量大致估计出接收电视信号的场强值。

表 2-3　图像质量与接收场强对照表

图像等级	图像质量	电场强度	
		VHF (dBμV)	UHF (dBμV)
五（优）	同步稳定，无干扰，对比度强，清晰度高	>54	>73
四（良）	同步稳定，稍有干扰，对比度尚有余量，图像可以	47~54	59~73
三（中）	同步可靠，干扰明显，对比度和清晰度一般	40~47	42~59
二（差）	勉强同步，干扰严重，对比度和清晰度差	34~40	<42
一（劣）	不能同步，无法成像	<34	

2.2.3　电视信号的处理

（一）干扰信号的处理

天线在接收无线传播的电视信号时，难免会受到空间的其他杂波干扰，其中也包括相近频道信号的干扰，为了抑制各种干扰，就需接入各种滤波器，如带通滤波器、陷波器等。带通滤波器也称频道滤波器，只可通过f_1 ~f_2两个频率点之间的信号，阻止除f_1 ~f_2之外的信号通过。陷波器也称带阻滤波器，只通过频率在f_1 ~f_2以外的信号，阻止频率在f_1 ~f_2之间的信号通过。实际上带通滤波器和陷波器都需要标定应用频率。如果在接收点分别用两副单频道天线接收6、8频道电视节目，经测量6频道信号场强高于8频道信号场强，因而在8频道接收天线端能测到6频道信号，使两频道信号产生交扰或重影，这时，可以在6频道接收天线至前端之间加装6频道带通滤波器，而在8频道接收天线与前端之间加装6频道陷波器以衰减6频道信号，如图2-10所示。

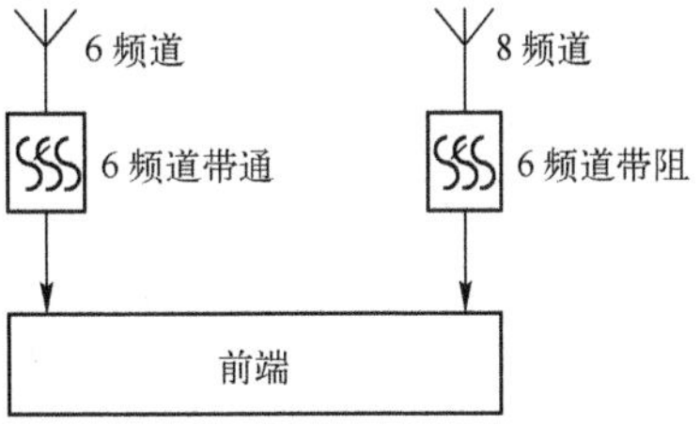

图2-10　带通、带阻滤波器的应用

（二）转换频道处理

如果在接收点某电视频道的信号场强超过其他频道的电视信号场强20dBμV以上，或接收点距离发射天线太近，强信号在宽带放大器中对弱信号会产生严重的交调和互调，使其他频道电视节目无法收看。此外，强信号所处电视接收天线附近的反射回来的信号也相当强，并且被天线接收进入系统形成严重的重影，严重时系统的馈线等都能感应到该电视信号，从而形成难以消除的重影，即使加衰减或移动天线位置以及转动天线方向都不能解决。

重影分为前重影和后重影。重影出现在主图像的左侧，称为前重影，说明该干扰信号超前于主信号，通常是馈线感应的信号。重影出现在主图像的右侧，称为后重影，说明该干扰信号滞后于主信号，通常是反射感应的信号。造成重影的干扰信号由于与接收信号同频，无法用滤波器消除，因此，这类问题最好的处理方法是加装频道转换器，将该频道的节目转换到其他频道上去。

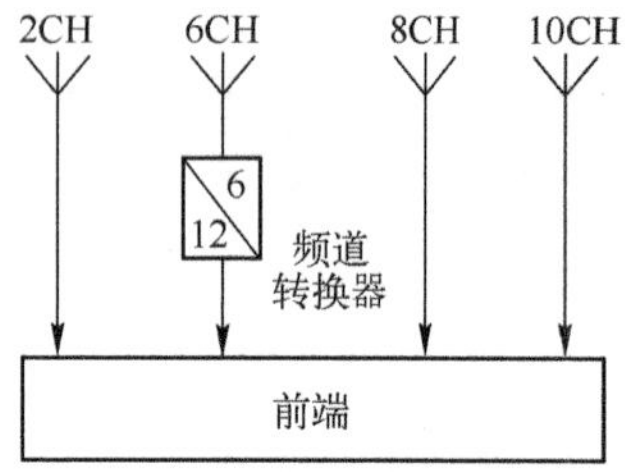

图2-11 转换频道示意图

在各路信号中，假设6频道信号场强高于其他频道场强20dBμV以上，需要进行频道转换，如图2-11所示。

在图2-11中，由天线接收到的6频道信号经频道转换器转到12频道（或者其他某个频道），然后再同2、8、10频道的信号送入前端。这样，一方面远离了2、8、10频道，不易发生交调和互调；另一方面，由于6频道空置，也就避开了重影现象。

（三）信号的放大或衰减处理

1. 信号电平的放大

如果接收点的数个电视频道中，只有一个（或几个）频道电视信号场强较弱（50～62dBμV），可以在该频道天线馈线与前端之间加天线放大器，将信号电平提高，克服强弱信号间的交调和互调。

有线电视系统所用的天线放大器，为了保证选择性和抑制干扰的能力，通常采用频道型天线放大器，而很少采用宽带型天线放大器。为了保证系统的载噪比，要求天线放大器的噪声系数要低（应小于5dB），增益要高，最大输出电平不小于90dBμV。

天线放大器有室外馈电型和室内型两种。为了减少接收天线到天线放大器之间的馈线所造成的损耗，天线放大器一般都安装在室外天线杆上距接收天线1m左右位置，这时需要使用外馈电型，其供电方式如图2-12所示。

当接收天线距离前端较近时，可使用室内型天线放大器。如图2-13所示为信号电平放大（10频道）示意图。

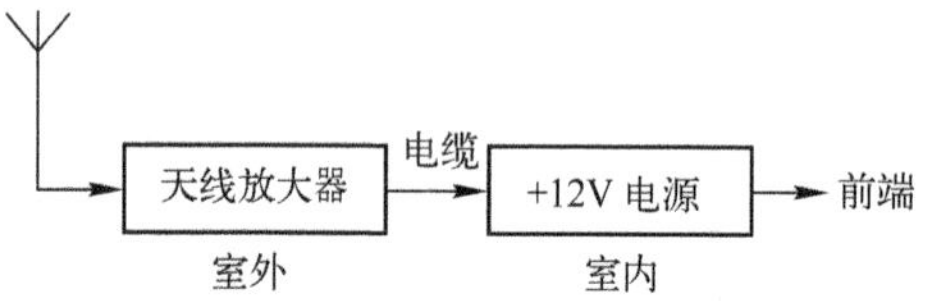

图2-12 天线放大器与电源连接示意图

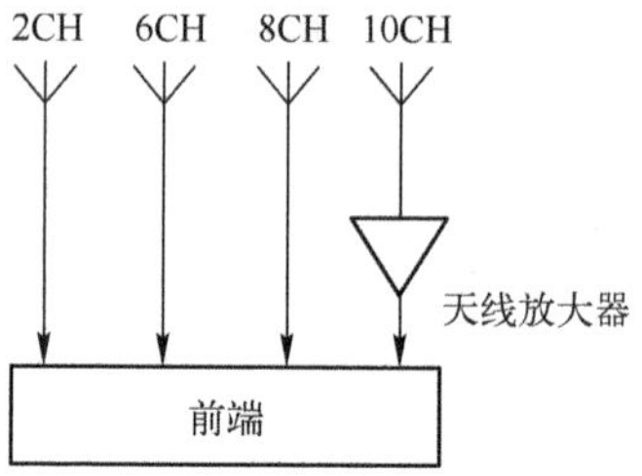

图2-13 信号电平放大示意图

2. 信号电平的衰减

当接收点几个电视频道的信号场强值差别小于20dBμV时，使用单频道天线接收，可以将强信号先接入衰减器进行适当的衰减。假设接收的各路信号中6频道信号场强高于其他频道15dBμV，可以在接收天线至前端之间加一个衰减器，衰减量为15dBμV左右，使6频道信号电平与其他频道信号电平大小基本相同，如图2-14所示。这样，由于各路强弱保持在同一水平上，就防止了强弱信号间的交调与互调现象发生。

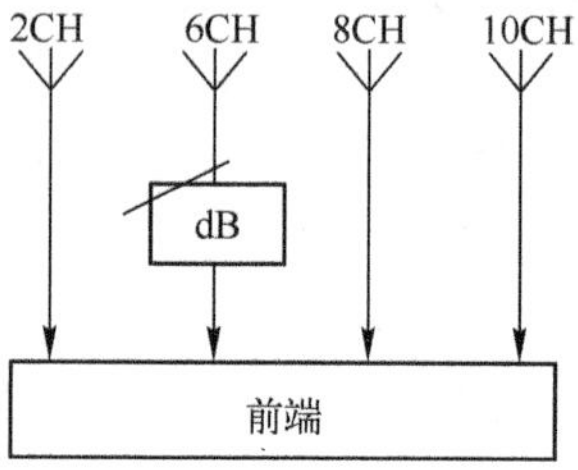

图2-14 信号电平衰减示意图

衰减器分为固定衰减器和可调衰减器两种，可调衰减器调整比较方便，常见的规格是0～20dB范围可调。有些混合器上带可调衰减器，这样，在混合器输出端将各信号电平调在同一水平上即可。

2.3　卫星电视广播的接收天线

近年来卫星电视广播发展很快，从中央到地方通过卫星转发的电视节目已有几百套之多，卫星电视节目已成为我国有线电视系统的重要节目源。在我国推行的“村村通广播电视”的计划中，卫星电视节目更是主要节目源，例如近几年发展的直播卫星“中星 6B”、“中星 9 号”。卫星电视节目的转发频段已从 C 波段向 Ku 波段发展，模拟向数字过渡，并已采用数字压缩编码技术（主要是 MPEG 系列，如 MPEG - 2）及卫星数字电视广播 DVB - S (Digital Video Broadcasting-Satellite，数字卫星广播系统标准)。

2.3.1　卫星电视广播的特点

卫星电视广播是由设置在赤道上空的地球同步卫星，先接收上行站送出的电视信号（称上行)，再把它转发到地球上指定区域（称下行)，如此实现电视信号的传播的。

为保证地面接收设备能够长期稳定地接收卫星电视信号，作为电视广播的卫星必须是沿着地球赤道上空的同步轨道运行的同步卫星。该卫星绕地球一周的时间正好等于地球自转的周期，以达到卫星公转与地球自转的同步。这时，从地球上看，这种同步卫星显然是在空中静止不动的，故也称为“静止卫星”。这样，在地面接收点只要将接收天线对准卫星，就可以收到该卫星发出的电视广播信号。

同步卫星只可能在地球赤道平面上和距赤道 35 800km 这条唯一的同步轨道上运行，而且每颗卫星之间要保持一定距离。目前，各国发射的同步卫星的同步轨道位置和使用频段分配都由国际电信联盟（ITV）卫星组织决定和批准。该组织把全世界分为三个区域：第一区包括欧洲、非洲、前苏联的欧洲部分、蒙古以及伊朗西部边界以西的亚洲部分；第二区包括南、北美洲；第三区包括亚洲的大部分国家和大洋洲。我国属于第三区。

1. 卫星电视广播覆盖面积

卫星电视广播的覆盖面积很大，从理论上讲，设置三颗间隔为 120°的同步卫星便可覆盖全球。卫星转发器的主要参数有：输出功率（发射功率）、波束中心的等效全向辐射功率（EIRP，Effective Isotropic Radiated Power）、带宽等。覆盖区是指在无干扰的情况下地球表面能达到所需接收质量的 EIRP 等值线所包围的区域，这个覆盖区场强又可用俗称的脚印图表示，如图 2-15 所示为鑫诺 1 号卫星脚印图。转发器天线的波束指向地面，在其服务区内（指卫星电视广播所服务的行政区）辐射均匀覆盖，中心区与边远区场强的差异可以做到仅 3 ~ 4dB。

2. 卫星电视广播频段及容量

卫星电视广播主要使用 SHF 频段（3 ~ 30GHz)，其中亚洲地区主要使用 C 波段（3.7 ~ 4.2GHz)，频带宽度为 500MHz。若波段从 3.7GHz 扩展为 3.4GHz，即 C 波段（3.4 ~ 4.2GHz)，相应的频带也由原来的 500MHz 带宽扩展到 800MHz。对 Ku 波段（10.7 ~ 12.2GHz、12.2 ~ 12.7GHz)，带宽达 2.05GHz，这比 C 波段带宽宽 4 倍。每个波段当以频率隔离方式（假设 40MHz 为间隔）安排频道时，可安排 12 个以上频道。若再用极化隔离等方式可使频道数提高到24个以上。随着数字压缩编码技术的发展，每一频道内可压缩N套节目（如$N=4$，8，…，16的技术），这样，卫星电视节目的套数将呈N倍的增加。

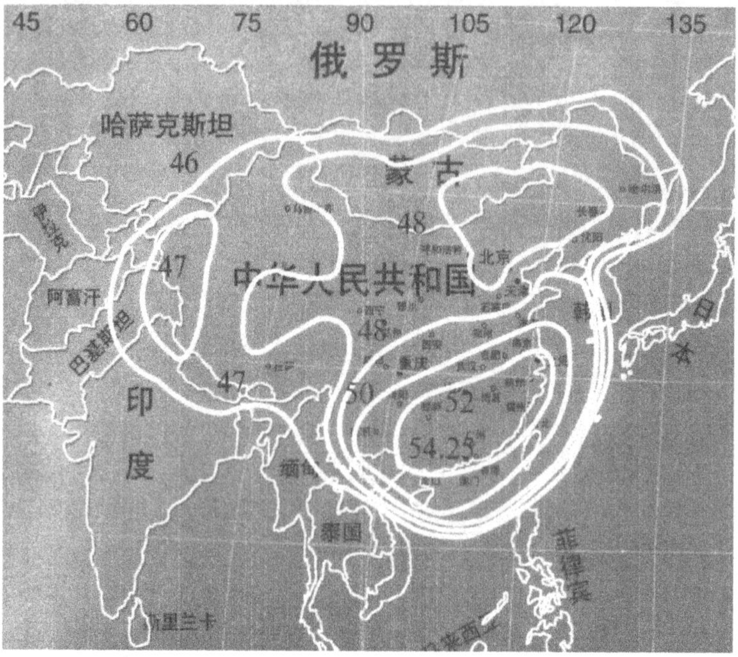

图2-15　鑫诺1号卫星电视脚印图

目前世界上许多国家都在发展数字卫星电视系统，其原因在于：第一，数字电视通过卫星传输后，接收端的信号质量可与发送端的相比拟，这是因为它采用了数字传输和误码保护技术，而普通模拟电视信号采用的是模拟处理和传输方式，接收质量容易受噪声及干扰的影响；第二，数字卫星电视系统由于采用数字压缩技术及数字调制技术，在只能传一路模拟电视节目的一个卫星转发器上（假设36MHz），可传输5～6路数字电视节目，从而大大节约了空间频率资源；第三，采用大规模集成电路，使设备功耗降低、体积减小、可靠性提高，并易于与计算机联网。由于数字卫星电视具有上述突出的优点，再加上近年来高速信号处理技术和超大规模集成电路技术的发展，为实现数字卫星电视系统提供了基础。

3. 卫星电视广播信号的传播

卫星电视广播的电磁波穿越大气层直接进入卫星接收天线，属于视线接收，因而避免了重影现象。卫星电视信号工作频率高，在SHF频段内的工业干扰、汽车火花干扰等小，因此，图像信号信噪比高，图像质量好。

目前，卫星电视广播采用了三种方式：一是通过普通的通信卫星将模拟或数字电视信号转发到本地电视台、有线电视网或集体接收站进入千家万户；二是采用模拟技术，使用大功率电视直播卫星直接向家庭广播电视信号，由于这种电视信号未经数字压缩处理，每个转发器只能直播一路电视节目信号，每颗卫星一般只能直播几路电视节目；三是采用Ku频段数字视频压缩卫星电视直播。每个卫星转发器可向装有小口径（约为0.5～0.8m）卫星接收天线的家庭直播5～8路电视节目，一颗卫星可以直播100多路电视信号，这种业务亦称卫星数字电视直播（DVB－S）。

依据现行的数字视频广播（DVB——Digital Video Broadcast）标准，卫星数字电视广播（DVB－S）正进入一个更加广泛的实施和发展阶段。DVB 标准的核心内容是在信源编码、视音频压缩和复用部分采用了 MPEG 标准，而在信道编码和调制部分制定了一系列标准。其中，DVB－S 系统的视频采用标准的 MPEG－2 压缩编码，MPEG－2 视频编码系统由一个大家族构成，每一个子系统之间都有兼容性和共同性，根据图像清晰度的不同，它分成四种信源格式或称“等级”（Level），从录像带（VCR）的低图像清晰度，到高清晰度电视；DVB－S 系统的音频编码使用 MPEG－2 LayerII 第二层音频编码，也称 MUSICAM。音频的 MPEG－2 LayerII 编码压缩系统利用了声音的低声音频谱掩蔽效应，这一人体生理学效应允许我们对于人耳不太敏感的频率进行低码率编码，此技术的采用可以大大地降低音频编码速率，MPEG－2 LayerII 音频编码可用于单音、立体声、环绕声和多路多语言声音的编码。MPEG 是活动图像专家组（Moving Picture Expert Group）的缩写，主要包括 MPEG－1、MPEG－2、MPEG－4 等标准。DVB－S 的信道编码主要使用卷积码、RS 码等方式，调制方式为 QPSK 调制，输出 70MHz，最后上变频到卫星频道，其传播仍为电磁波。

4. 卫星的使用寿命

卫星在轨运行工作也是有期限的，影响卫星寿命的主要因素有：卫星各部件的使用寿命、空间环境、轨道高度等。通常，卫星的使用寿命从几年到几十年不等。因此，在选择接收卫星电视广播时还要注意播出卫星的使用寿命，以便安排相应的接收天线和接收机等。

2.3.2 我国卫星电视广播现状

我国从 1985 年 9 月开始进行卫星电视广播，经过二十多年的发展，能收看的节目由几十套增加到几百套之多，截止到 2010 年我国主要收看的卫星有亚太系列、中星系列、鑫诺系列，如亚太 2R、中星 6B、鑫诺 1 号。

近几年来中央及部分省市（区）卫星广播电视技术参数见表 2-4。

表 2-4　中央及部分省区卫星广播电视技术参数

卫星名称	轨位 E	节目	制式	转发器	下行频率 MHz	极化方式	波段	传输方式	前向纠错	备　注
亚太 1A	134	CCTV－1	PAL	4B	3860	垂直	C	模拟	—	带中，1 中 2 单声道数字声广播
	134	CCTV－2	PAL	12B	4180	垂直	C	模拟	—	带中 3 数字立体声广播
	134	CCTV－7	PAL	12A	416	水平	C	A 模拟	—	
亚太 2 号	105.5	CCTV－4	NTSC	11H	4120	水平	C	模拟	—	北波东
	105.5	CCTV2－8[①]	PAL	K4	12305	垂直	Ku	数字压缩	—	不含 CCTV－4，7，有加扰
	105.5	CCTV－4	NTSC	K9	12470	水平	Ku	模拟	—	数字伴音
	105.5	CCTV－4	PAL	9B	3960	水平	C	模拟	—	
	105.5	32 路数字广播	MUSICAM	K5	1250	水平	C	数字压缩	—	
鑫诺 1 号	110.5	CCTV1－8[②]	PAL	2A	12380	水平	Ku	数字压缩	1/2	带中央 8 套广播，符号率 41.53Mbps

续表

卫星名称	轨位 E	节目	制式	转发器	下行频率 MHz	极化方式	波段	传输方式	前向纠错	备　注
亚太 1A	134	浙江	PAL	8B	4020	垂直	C	模拟	—	
	134	山东	PAL	10B	4100	垂直	模拟	—		带省广播
	134	贵州	PAL	7A	3960	水平	C	模拟	—	带省广播
	134	云南	PAL	8A	4000	水平	C	模拟	—	带省广播
	134	四川	PAL	10A	4080	水平	C	模拟	—	带省广播
	134	新疆[3]	PAL	11A	4120	水平	C	数字压缩	4/3	带区广播符号率27.5Mbps
	134	宁夏	PAL	2B	3731	垂直	C	数字压缩	1/2	带区广播符号率6.93Mbps
	134	甘肃	PAL	2B	3765	垂直	C	数字压缩	1/2	带省广播符号率6.93Mbps
亚洲 2号	105.5	重庆	PAL	2B	3779	垂直	C	数字压缩	1/2	带区广播符号率6.93Mbps
	105.5	河南	PAL	3B	3706	垂直	C	数字压缩	1/2	带区广播符号率4.42Mbps
	105.5	青海	PAL	3B	3713	水平	C	数字压缩	3/4	带省广播符号率4.42Mbps
	105.5	福建	PAL	3B	3720	水平	C	数字压缩	3/4	带省广播符号率4.42Mbps
	105.5	江西	PAL	3B	3727	水平	C	数字压缩	3/4	带省广播符号率4.42Mbps
	105.5	辽宁	PAL	3B	3734	水平	C	数字压缩	3/4	带省广播符号率4.42Mbps
	105.5	内蒙古[4]	PAL	6B	3829.5	水平	C	数字压缩	3/4	带区广播符号率4.42Mbps
	105.5	广东	PAL	6B	3840	水平	C	数字压缩	3/4	带省广播符号率4.42Mbps
	105.5	湖南	PAL	6B	3847	水平	C	数字压缩	3/4	带省广播符号率4.42Mbps
	105.5	湖北	PAL	6B	3856	水平	C	数字压缩	3/4	带省广播符号率4.42Mbps
	105.5	广西	PAL	5A	3806	垂直	C	数字压缩	3/4	带区广播符号率4.42Mbps
	105.5	陕西	PAL	5A	3813	垂直	C	数字压缩	3/4	带省广播符号率4.42Mbps
	105.5	安徽	PAL	5A	3820	垂直	C	数字压缩	3/4	带省广播符号率4.42Mbps
	105.5	江苏	PAL	5A	3827	垂直	C	数字压缩	3/4	带省广播符号率4.42Mbps
	100.5	黑龙江	PAL	5A	3834	垂直	C	数字压缩	3/4	带省广播符号率4.42Mbps
	100.5	北京	PAL	K5	12329	垂直	C	数字压缩	1/2	带市广播符号率4.42Mbps
	100.5	山西	PAL	K5	12339	水平	Ku	数字压缩	1/2	带省广播符号率4.42Mbps
	100.5	河北	PAL	K5	12349	水平	Ku	数字压缩	1/2	带省广播符号率4.42Mbps
	100.5	天津	PAL	K5	12371	水平	Ku	数字压缩	1/2	带市广播符号率4.42Mbps
鑫诺 1号	110.5	上海	PAL	11A	4106.25	垂直	C	数字压缩	2/3	带市广播符号率4.42Mbps
亚太 3R	76.5	西藏[5]	PAL	2B	12368.7	垂直	Ku	数字压缩	3/4	带区广播符号率4.42Mbps

2.3.3 卫星电视接收天线的类型和性能

卫星转发器发射的信号可以是C波段，也可以是Ku波段，这些信号经过空间进入地面卫星电视接收系统。卫星地面接收天线的作用是接收从空间传播到地面的微弱的卫星信号，并还原成高频电流，而后送至接收机进一步放大和处理，最终在电视机上获得图像和伴音。因而，接收天线性能的优劣，直接影响地面接收的质量。

在卫星电视接收中，除接收 L 波段信号可选用螺旋天线外，C 波段和 Ku 波段普遍采用抛物面天线。抛物面天线是由初级辐射器（也称馈源）和抛物面反射器两部分组成，通常将馈源的相位中心置于抛物面的焦点。

抛物面天线按结构分为板状和网状，所用材料通常是铝合金。板状天线可由模具压力成型为整体结构，也可由多瓣拼装而成。板状天线增益较高，应用较多；但在风力大的地方（如我国南方沿海地区，雨季有热带风暴），也可选用铝合金网状天线。虽然网状天线增益比板状天线低，但其抗风力强，价格也较低。

根据馈源的安装位置，抛物面天线可分为前馈式天线、后馈式天线及偏馈式天线。

（一）前馈式抛物面天线

前馈式抛物面天线为一次反射型天线，其基本原理如图 2-16 所示。

馈源放置在抛物面的前方焦点下处，当天线对位卫星时，抛物面将卫星来波反射并聚焦至馈源。

馈源分为 C 波段单馈源、Ku 波段单馈源、双极化馈源（能同时接收同一卫星转发的水平极化和垂直极化波）、C 和 Ku 波段双馈源（能同时接收同一卫星转发的 C、Ku 波段节目）等。如图 2-17 所示为馈源的外形图。

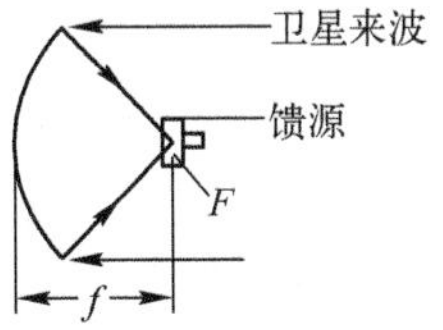

图 2-16 前馈式抛物面天线原理

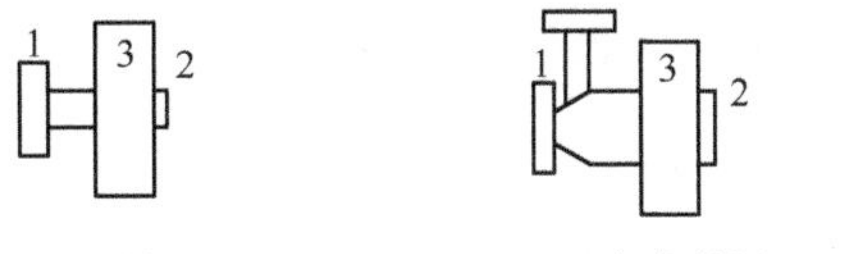

（a）单馈源 （b）双极化馈源

1—法兰盘（接高频头）；2—圆波导；3—波纹盘

图 2-17 馈源的外形图

前馈式抛物面天线常见于口径小于 5m 的天线。对大口径天线而言，高频头置于反射面焦点，会因聚焦作用使太阳照射的影响加强，导致环境温度增高，从而降低了信噪比。另外，高频头的安装、拆换也很不方便。

（二）后馈式抛物面天线

后馈式抛物面天线是二次反射型天线，由主反射面、副反射面及馈源组成，如卡塞格伦天线。其基本原理如图 2-18 所示。

后馈式抛物面天线在有线电视系统中主要用于接收很弱的卫星电视信号，与前馈式天线相比，它的效率可提高 10% ~15%。它的主反射面是抛物面，而副反射面是一个双曲面，副反射面位于主反射面的焦点和顶点之间，用金属支杆固定在主反射面上。双曲面有两个焦点，一个焦点 F_1（虚焦点）与主反射面的焦点 F 重合，馈源装在它的另一个焦点 F_2（实焦点）处，如图 2-18 所示，卫星来波经

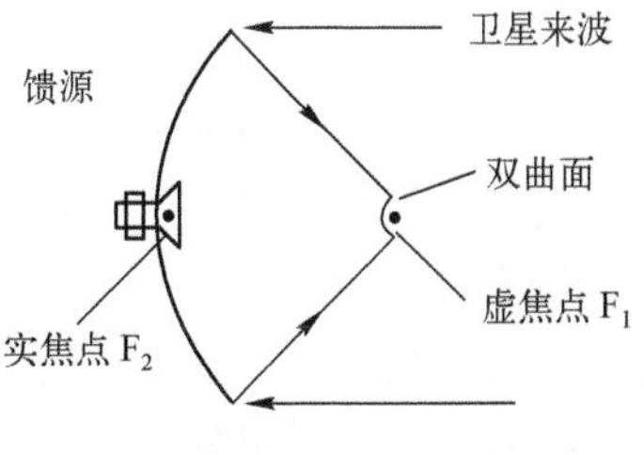

图 2-18 后馈式抛物面天线原理

过主反射面和副反射面的两次反射到达馈源。

后馈式的高频头装在主反射面的背后，缩短了馈线长度，减小了传输损耗；另外还可以防止阳光照射，特别适用于热带光照时间长的地区。

（三）偏馈式天线

在前馈式抛物面天线的结构上，将主反射面切割掉一半以上，焦点位置偏在剩余反射面的一边，这种结构的天线称为偏馈式天线，如图2-19所示。如图2-20所示为Ku天线的外观图。

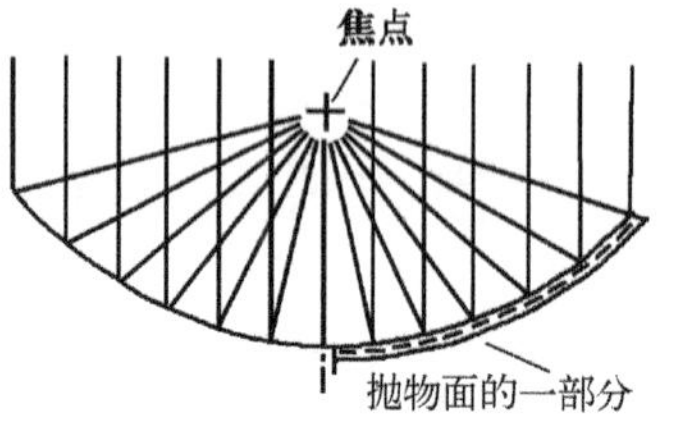

图2-19 偏馈式天线

图2-20 Ku天线的外观图

（四）卫星接收天线的性能

1. 天线的增益

天线增益与天线的口面直径、工作波长和天线的效率有关。天线增益工程计算式为：

$$G = 10\lg\left[\left(\frac{\pi D}{\lambda}\right)^2 \cdot \eta\right] \quad \text{(dB)}$$

式中，λ——波长；

D——天线口径；

η——天线效率。

一般的天线效率为55%～70%，性能好的天线可达75%以上。

2. 极化

卫星转发器发射的信号可采用圆极化和线极化方式，因此，天线馈源要适应各种极化方式，而且要方便易调。

3. 天线的旋转性

天线根据指向角确定接收不同卫星的电视信号，指向角包括仰角和方位角。在我国，要求天线仰角应能在5°～70°范围内旋转变化，天线方位角为0°～360°。

4. 机械强度

天线的机械结构要具有足够的强度和精度。要求能抗风（设计抗风能力范围内）、防腐蚀、不易变形、耐寒耐热（工作环境）等。

表2-5列出了国产3m前馈式抛物面天线的主要技术参数。

表 2-5　3m 天线主要技术参数

项　目	性能指标
工作波段	C 波段：3.7～4.2GHz
天线增益	≥40dB（优等）
天线工作范围	仰角 0°～90°，方位角 0°～360°
抗风能力	8 级风正常工作，12 级风不破坏
工作环境	-40℃～+50℃

2.4　卫星电视接收系统的安装与调试

2.3 节所述的卫星电视接收天线，实际上是卫星电视接收系统的首要组成部分，在系统的安装和调试工作中，天线的安装和调整将占很大比重。

2.4.1　卫星电视接收系统的组成

卫星电视地面接收系统主要由天线、高频头、馈线、功率分配器、卫星电视接收机等组成，如图 2-21 所示。

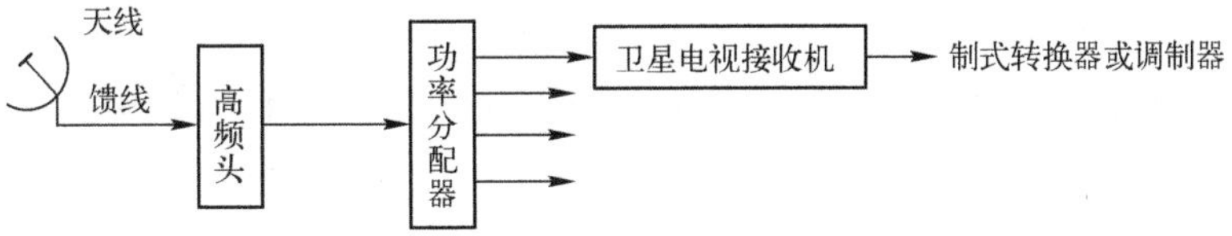

图 2-21　卫星电视接收系统方框图

（一）高频头

在卫星电视接收系统的室外单元中，连接着馈源的是高频头。它是一种灵敏度极高的高频放大、变频电路，故又称为低噪声下变频器（LNB）。高频头的产品品种主要有：C/Ku 波段单本振单极化高频头、单本振双极化高频头、双本振双极化高频头等几种类型。

高频头在卫星电视接收系统中的作用是将来自馈源的微弱信号进行低噪声宽带放大、下变频到第一中频和中频放大，然后通过射频电缆送至卫星电视接收机。

第一中频的频率范围是：C 波段 0.95～2.05GHz；Ku 波段 0.95～2.15GHz。

高频头按接收的波段又分为 C 波段和 Ku 波段。在选择高频头时，一定要以接收卫星电视信号下行频率为依据。比如，要接收亚洲 1 号卫星电视节目，可选用接收 3.7～4.2GHz 的 C 波段普通高频头，噪声温度在 20～25°K；而要接收亚洲 2 号上 Ku 波段的电视节目，就需要选择数字式 Ku 波段（12.2～12.7GHz）的高频头，噪声系数约 0.7dB。

双本振高频头是指高频头内有两个本振频率。

对于 Ku 波段来说，频率范围在 10.5～12.75GHz，带宽超过 2 000MHz，超出了接收机的频率范围。为了达到全频段接收，Ku 双本振高频头把 Ku 波段频率分为高低两段，即

10.7～11.8GHz 和 11.7～12.75GHz。对应的双本振频率分别为 9.75GHz 和 10.6GHz，两个本振的工作由 0/22kHz 开关来切换，两个本振始终只有一个在工作，这样可以把整个 Ku 波段频率转变到接收机所能接收的 950～2 150MHz 中频范围内。

而在 C 波段，双本振高频头的双本振是同时工作的，不需要切换。高频头内水平极化探针和垂直极化探针分别连接着一个本振。接收到的双极化信号分别进入两个本振，比如，水平信号对应的本振为 5 150MHz，则输出的中频在 950～1 450MHz 范围内；垂直信号对应的本振频率为 5 750MHz，输出的中频为 1 550～2 050MHz，如果把高频头转动 90°，高频头两个本振输出的中频频率则刚好相反。这样就可以把 3.7～4.2GHz 范围内的双极化 C 波段信号转变为 950～2 050MHz 的中频信号同时输出，无需 0/22kHz 或 13/18V 开关切换。这样做就不需要双极化馈源和两个高频头，只需一根电缆（也有双缆）就可同时输出水平、垂直双极化信号。使用这种高频头的前提条件是：接收机的中频带宽一定要保证在 950～2 050MHz 范围内，才能保证节目不遗漏。使用这种高频头，对于模拟卫星电视接收机，只要接收机带宽足够，不管有无双极化切换功能，都能收到双极化信号，这对于早期不具备 13V/18V 切换功能的接收机来说非常适用，但对于现在的数字卫星电视接收机来说较麻烦。由于双本振同时工作，因此首先要搞清楚两个极化方向各自对应的本振频率，如让水平极化信号连接低本振 5 150MHz，垂直极化信号连接高本振 5 750MHz（当然也可以相反，只要转动高频头 90°），然后在设置接收机参数时就要注意把水平的信号本振设在 5 150MHz，垂直信号的本振频率设在 5 750MHz。至于参数中的极化方式可任意设置，对接收都没有影响，这样就可把双极化信号收齐。

高频头的输出阻抗为 75Ω，同轴电缆作为馈线将第一中频信号引入功率分配器或卫星电视接收机。馈线的长度应在 30m 以内，衰减以不超过 12dB 为宜。若因选址原因而使馈线长度超长时，应增加能补偿电缆损耗的卫星电视用线路放大器（有增益 10dB、20dB 等品种）。

（二）功率分配器

功率分配器简称功分器，它是将一路卫星电视第一中频输入信号分成几路信号输出的装置，使一副地面卫星接收天线能同时带几台卫星电视接收机。

功分器的工作频率应能覆盖第一中频的频率范围，即与高频头的输出频率范围一致。

功分器的主要技术参数有：工作频率范围、分配损耗、隔离度（要求在 20dB 以上）等。

功分器分为无源功分器和有源功分器。无源功分器要求能馈电，以保证卫星电视接收机能向高频头供电。有源功分器实际上是由无源功分器加上相同工作频段的放大器组成，其提供的增益用于补偿分配损耗，也可同时向水平极化和垂直极化的高频头供电。

功分器按输出几路称为几功分器，图 2-21 中的功分器就是四功分器，无源四功分器在工作频率高端的分配损耗约为 9dB。

（三）卫星电视接收机

卫星电视接收机的主要功能是将来自高频头（或功分器）的第一中频信号进行放大、变频（第二中频）和解调处理后输出视、音频信号或射频信号提供给电视机。

卫星电视接收机分为模拟式和数字式，包括 C 波段、Ku 波段接收。

1. 卫星模拟电视接收机

卫星电视接收机可接 L 波段、C 波段、Ku 波段高频头输出的第一中频信号，并且是高频头的供电电源。目前常见的接收机是 C/Ku 兼容的卫星电视接收机。

接收机的输入电平范围为 -45±15dBm，其输出口有视、音频和射频。在有线电视系统中常将接收机的视频、音频输出接到前端的电视调制器，而不用射频输出口。为了能与今后的 PCM（PCM——Pulse Code Modulation）数字伴音兼容，接收机还有输出全电视的复合基带信号接口，需要接收 PCM 数字伴音时，可再附加一个数字伴音解调单元。

接收机内有 +15～+24V 的直流电源，从接收机输入端（射频输入端）通过同轴电缆向高频头馈电。

目前，国内市场上有采用塑料壳的中低档接收机和采用金属壳的 19 英寸标准机柜型工程用接收机。

卫星电视接收机在选用时应注意下列问题。

（1）宽范围开关电源。电压范围一般为 150～260V（AC）。

（2）极化控制。若选用一体化馈源高频头，应能输出 13/18V 或 5～6V 直流电源，以改变水平或垂直极化方式。

（3）极轴控制。若选用自动控制极轴的天线，需输出 18～36V 直流电源到电动极轴，以驱动天线旋转并定位。

（4）C/Ku 波段兼容。此时要求接收机能输出直流电源或脉冲信号到高频头，切换工作频段。

（5）视频、音频处理多样化。可选择中频带宽，如 15/27/32MHz 等；PAL/NTSC 制式兼容；可选择音频带宽，如 130/180/200/280/380/560/600kHz；音频去加重方式有 50μs、75μs、J17、PANDA1 等。

（6）掉电记忆功能。为了防止因断电使接收机调谐频道丢失，要求接收机具有记忆功能，最好还应具备节目锁定功能。

2. 卫星数字电视接收机

由于数字压缩编码技术的发展，使原有模拟式频道带宽内可容纳多套电视节目，并可传输语音、数据等。

接收卫星数字压缩电视节目，必须使用数字压缩卫星电视接收机（综合接收解码器 IRD——Integratd Receiver Decoder）。我国暂定了 IRD 的标准，即《数字压缩卫星接收 IRD 暂行技术要求》。标准规定：信源编码部分符合 MPEG-2；信道部分符合 ISO/IEC IS13818，ISO/IEC IS 11172，ETS 300 421 DVB-S；压缩码率 2～15Mb/s 连续可调；图像分辨率 704/576、544/576、480/576、480/288、352/288 可调；输入频率范围 950～2 150MHz 或者 950～1 750MHz，具有频谱倒置控制等。

如果接收亚洲 2 号 C 波段的河南、青海、福建、江西、辽宁等省卫星节目可采用荷兰飞利浦 DVS3950/11 接收机；接收内蒙古、广东、湖北、江西等省卫星节目采用韩国现代 HSS-100C 接收机；若接收亚洲 2 号 Ku 波段的中央电视台加密频道，则必须经过授权。

下面介绍一种 19 英寸标准机柜型工程用数字卫星电视接收机。该接收机是 PBI 生产的型号为 DVR-1000 工程专用数字卫星电视接收机，采用交流 220V 电源供电，输入频率范围 950～2 150MHz，输入电平范围为 -25～65dBm；机内采用 STi-5518/5118/5105/5119 芯片，完全符合广电总局颁发的 MPEG-2 标准和 DVB-S 标准，可以预存国内大量的数字压缩的卫星电视节目，具有图文接收功能、视/音频 PID 手动输入功能、断电记忆功能和 EPG 电子节目指南显示功能；采用 QPSK 解调一体调谐器，门限低；有网络和转发器自动搜索功能，可方便地接收卫星数字电视信号。它可满足国内有线电视系统前端卫星数字电视接收的各项要求。

（四）制式转换器

我国的电视采用 PAL－D 制式，有线电视系统所传送的电视信号也必须是 PAL－D 制。制式转换器（简称制转器）是一种将不同制式的电视信号经过解码后再重新编码而形成另一种制式的专用设备。制式转换器有模拟式和数字式两种。当接收亚洲 1 号 C 波段卫星电视节目时，由于节目的制式为 NTSC 制，就需要在卫星接收机输出至电视调制器之间加装制转器（个人用户需视电视机功能而定）将 NTSC 制信号转换成 PAL－D 制信号之后再送入系统。

为提高接收卫星电视节目后的转发质量，有线电视系统通常采用数字式制转器。数字式制转器的外形结构有塑料型和 19 英寸标准机柜金属外壳型两种。常用的制转器有国产的利国 CST－9003NPA，进口的 AN－200C、PBI－2000NP 等。

2.4.2 卫星电视接收天线的安装与调整

（一）天线安置地点的选择

在有线电视系统中，架设卫星接收天线，首先需要考虑的是安置地点的选择，它关系到图像质量和日常维护等多方面的问题。

在选址过程中，根据接收卫星的轨道位置，需要考虑如地理位置、视野范围、电磁干扰、地质和气象情况等多种因素。不仅要进行实地勘察和测试，还要进行综合分析，最终确定接收天线基座的位置。

1. 天线仰角及方位角计算

仰角是指天线对准卫星时，波束主轴与地平面之间的夹角。

$$仰角 = \mathrm{arctg}\frac{\cos\beta - 0.1513}{\sin\beta} \quad （度）$$

方位角是指波束主轴在地面上的投影与天线架设点的正南（特指北半球）方向线之间的夹角。

$$方位角 = \mathrm{arctg}\frac{\mathrm{tg}\varphi}{\sin\theta} \quad （度）$$

式中，φ —— 接收站经度与卫星经度之差；

θ —— 接收站纬度；

β —— $\cos^{-1}(\cos\varphi - \cos\theta)$。

计算结果是正角为正南偏西角度，负角则为正南偏东角度。

例如，在北京（东经 116°27′，北纬 39°55′）接收亚洲 1 号卫星电视节目，计算天线的仰角及方位角为：天线的仰角约为 42°26′，方位角为正南偏西 16°47′。

2. 天线指向前方应视野开阔

当已知天线的仰角和方位角后，观察接收前方视野是否开阔空旷，要求无树木、铁塔、高压线、建筑物和高山等障碍物阻挡。

3. 选址应避开干扰

目前我国的地面微波中继通信干线所采用的波段（4GHz）与卫星 C 波段重合。因而，在选址时应注意周围是否存在地面微波站、微波通道、雷达站或其他电气设备的干扰，特别要注意避免同频干扰。一般要用微波干扰场强仪进行测试，要求干扰信号比最小的接收信号低 30dB 以上，才能保证卫星地面接收系统的正常工作。

4. 选址应考虑安全因素

选址尽量避开多雷区、强风口区。应重视接收天线的避雷措施，以保证安全可靠；天线基座位置要避开风口和地质松软的地方，若天线架设在建筑物顶上，天线基座应尽可能选在有梁（承重梁）部位。总之，要考虑抗风性能及不发生基底倾陷情况，以保证天线指向的长期精确度。

（二）天线口径的选择

在选择卫星接收天线的口径时，应根据所接收卫星电视信号的波段及 EIRP 值、信噪比要求等因素来确定。

由于 C 波段卫星电视转发器发射的 EIRP 较小，需要使用 3m 左右的天线才能满意地接收卫星电视节目；Ku 波段转发功率较强，天线口径可以小些。

在满足信噪比的条件下，口径大的天线由于半功率角小使其方向性强，而对卫星的定位要求较高。当因风雨雪原因造成天线晃动时，就会偏离卫星方向，使信号明显变差。而口径小的天线，如 3m 天线的半功率角是 6m 天线的两倍，对卫星的定位要求就低一些。但也不是天线口径越小越好，天线口径太小时，输入信号载噪比达不到门限值，就无法正常收视卫星电视节目，这涉及一个最小允许口径，所谓最小允许口径是指图像画面上基本不出现拖尾噪点时的天线口径。

配用不同噪声温度的高频头，对天线口径大小也有影响，比如采用 25°K 高频头时，2. 1m 的天线就接近使用 65°K 高频头时的 3m 天线的接收效果。

从目前情况看，有线电视系统集体接收 C 波段卫星电视节目选用 3 ~4. 5m 口径的天线较为合适，超过 6m 时，需要加装卫星自动跟踪装置。家庭个体接收，只要不小于最小允许口径即可。

（三）天线的安装

厂家生产天线都配有天线结构安装图和安装说明书，一般应按照说明书给定的步骤进行安装。尤其是 6m 以上的大口径天线包含跟踪装置，安装复杂，更要仔细对照各部件的安装位置，正确安装。

对任何一种天线，在安装时都要严格控制反射面形状精度、主（副）反射面和馈源之间的尺寸关系，使馈源相位中心准确放置在焦点上，以保证天线增益不会因为安装不当而降低。在安装过程中，不允许反射面有任何碰伤或变形，不应有灰尘、水汽和异物进入馈源内部。

下面以国产 3m 天线为例介绍安装过程。

1. 预制天线基座

在选定的接收地点按图 2-22 所示预制天线基座。基座下面的底层应由大于 $1kg/cm^2$ 压强的坚实土质（顶层）组成。基座中采用 ϕ12mm 的螺纹钢筋，钢筋间相互扎紧固定。浇注混凝土前，将地脚螺栓按图 2-22 所示尺寸正确安放。混凝土按 300 级考虑，1m^3材料比为：425 号水泥 430kg；中砂 623kg；碎石 1 245kg；水 0. 18m^3。水的比例要严格控制，否则影响混凝土质量。在浇注过程中必须震动捣实，保养期 15 天，以达到 210kg/cm^2的压强。

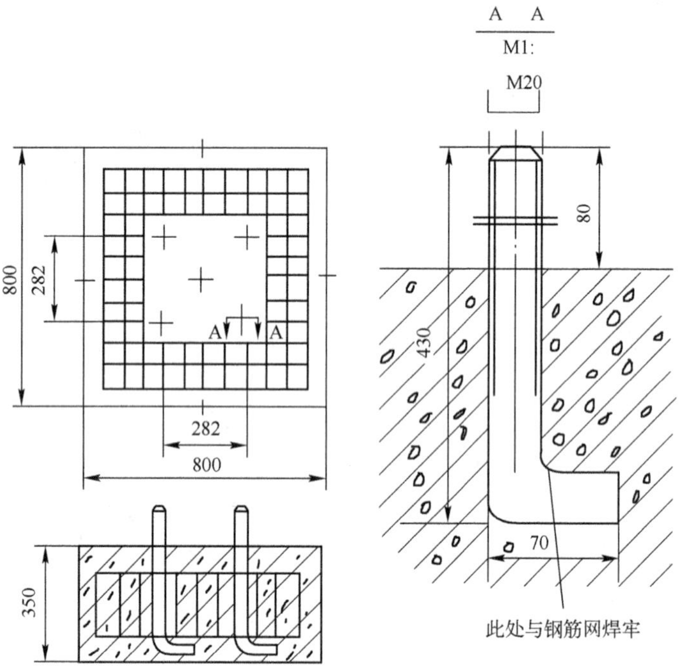

图 2-22 天线基座结构图

2. 天线的安装

3m 天线结构如图 2-23 所示，主要部件见表 2-6。

表 2-6 3m 天线安装零部件明细表

序号	零部件名称	规格	3m（件）	备注
1	立柱		1	
2	固定夹		1	厂方装配
3	固定螺栓	M20×60 M12×60	1 3	厂方装配 厂方装配
4	方位微调装置		1	厂方装配
5	俯仰调节装置		1	厂方装配
6	中心筒		1	厂方装配，按用户需要
7	辐射梁		12	无编号、任意安装
8	反射面（主面）		12	无编号、任意安装
9	馈源杆		1	厂方装配
10	调节螺帽	M24	2	
11	馈源座		1	

续表

序 号	零部件名称	规 格	3m（件）	备 注
12	馈源		1	
13	高频头		1	
14	地角螺栓 螺母	M20×410 M20	4 4	厂方供 厂方供
15	撑杆		12	
16	夹紧螺栓		1	厂方装配
17	螺栓	M8×20	63	标准件袋装
18	螺栓	M8×20	60	标准件袋装
	平垫	ϕ8	153	标准件袋装
	螺母	M8	28	标准件袋装
19	螺栓	M12×30	6	厂方装配
20	固定夹螺栓	M12×35	1	厂方装配
21	调节手轮		1	厂方装配
22	方位调节座螺帽	M12	2	厂方装配
	3 米焦距 C 波段	1 065～1 068mm		

清除基座上的水泥灰渣，并将地脚螺栓涂上黄油后，按如下步骤进行安装。

（1）安装立柱。用4 个 M20 螺母（14）将立柱（1）固定在地脚螺栓上，注意保持中心和地面垂直。

（2）安装辐射梁。将 12 片辐射梁（7）用 M8×20 螺钉与中心筒（6）顺序连成整体，辐射梁无编号可任意互换。

（3）反射面安装。将反射面（8）用 M8×20 螺钉依次（无编号）与辐射梁连接好，保证反射面边接平滑、圆整。

（4）馈源组安装。先将馈源（12）与高频头（13）连成整体，高频头不得错位，再将馈源组用哈夫夹固定在弓形架（10）上，然后再把弓形架安装到馈源杆（9）上。

（5）总装。将馈源支架用 M8×20 螺钉安装到反射面中间的中心筒上，按极化方式的要求调整好馈源的角度；将同轴电缆一端接在高频头上，另一端从馈源杆上端孔穿入而从天线背后引出至前端；调整方位、俯仰两个角度的松紧，并固定在所需的工作位置上。

（四）防雷与接地

卫星接收天线的防雷与接地要符合国家有关规定。

当卫星接收天线位于开路电视接收天线避雷针保护范围之外，或单独位于空旷之处时，则要单独竖一根比卫星接收天线高出 2～3m 的避雷针，并使卫星接收天线在其 45°角的保护范围之内。避雷针接地电阻要不大于 4Ω。

位于建筑物顶层上的卫星接收天线，其防雷与建筑物的防雷可使用同一防雷系统，所有引下线及天线基座相应与建筑物顶部的避雷网可靠连接，并至少有两个不同方向的泄流引下线。在多雷地区，主反射面上沿或副反射面顶端应加装避雷针。

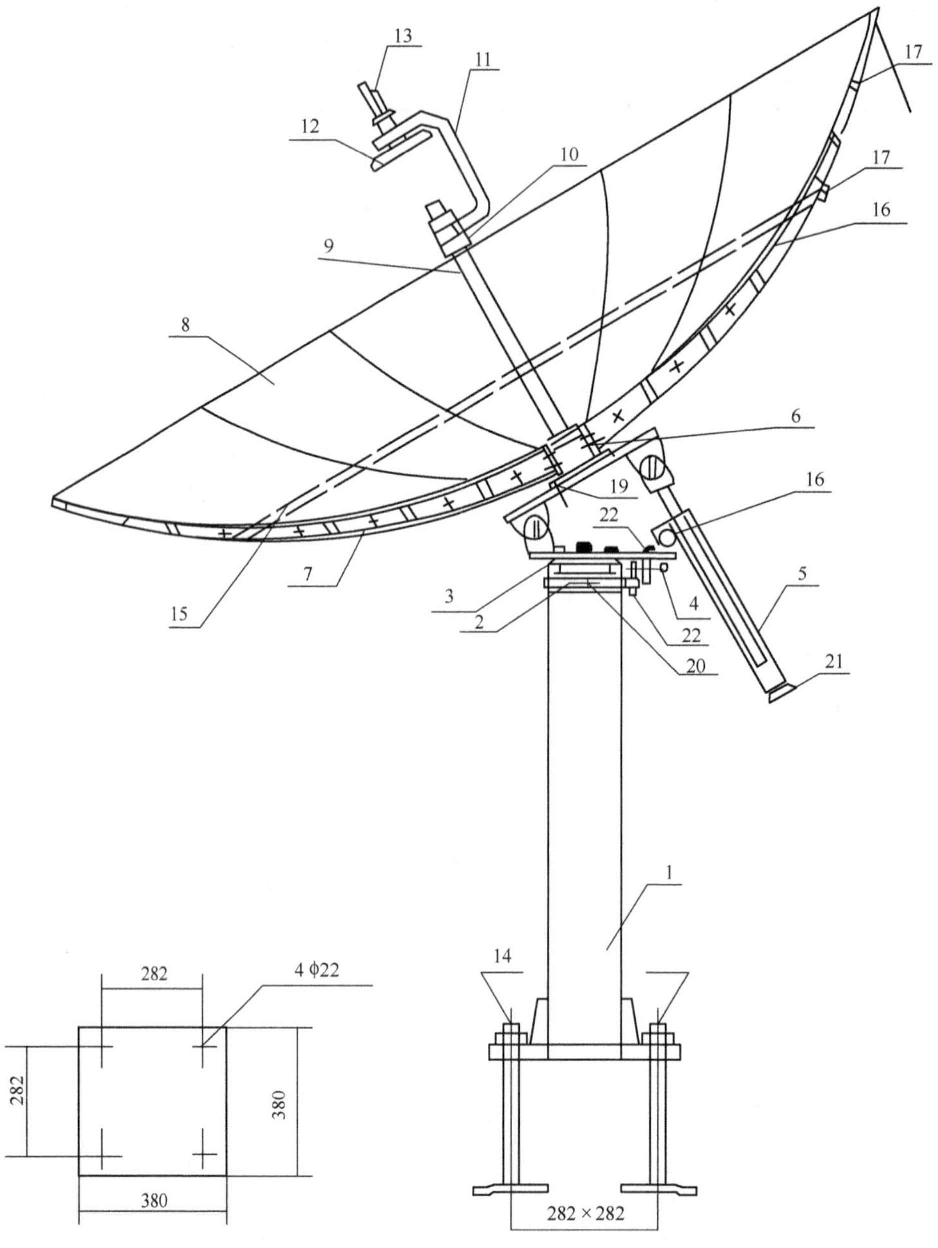

图 2-23　3m 天线结构图

当卫星接收天线安装在地面上时，由于离建筑物（前端机房）较近且高度低，可不装避雷针，而通过天线基座直接与大地相连形成地线，但要求接地电阻不大于4Ω。

（五）天线的保养

天线的使用效果和寿命与日常保养密不可分，在使用中应定期时进行保养和维护。比如天线的调整机构（丝杆、轴承、手轮等）要涂上黄油以防生锈；脱落的漆层应及时修补；非正常使用造成的反射面机械变形要及时排除；天线对卫星指向角（仰角和方位角）的变动，馈源与反射面相对位置的变动，馈源密封性变差使异物或水汽进入高频头等均会引起天线接收性能下降，在定期维护时都应特别注意。当天气预报有 10 级以上大风时，卫星天线最好停止工作，并将其仰角调到 90°角，以减小风阻，增大安全系数。在冬季，如果馈源口或反射面内有积雪或冰块，也应及时清除。

2.4.3 卫星电视接收系统的调试

目前，进口和国产的卫星电视接收机品种很多，不同厂家生产的产品其调整方法会有所不同，因此，在选定卫星接收机品种后，应按产品说明书介绍的方法进行调整。

1. 调试前的准备工作

（1）检查卫星接收天线是否依据所要接收的卫星，大致对好了仰角、方位角和极化方式。

（2）在不通电的情况下，将高频头连接电缆的另一端（做好连接头）接到卫星接收机 RF 或 LNB 输入插口上，这根电缆在接收机工作时会将直流电压馈送给高频头。

（3）用 SYWY－75－5 同轴电缆，将接收机的 RF 输出端与电视机连接，或用视、音频电缆从接收机视、音频输出口接到监视器。

高频头、接收机及电视的连接示意如图 2-24 所示。

图 2-24　卫星接收系统调试连接方框图

2. 安装现场的系统调试

卫星接收天线的安装位置一般离前端机房有一定距离，系统调试情况如何应及时反馈给调试者。因此，按图 2-24 所连接的设备最好放置在天线的安装现场。

（1）按下接收机电源开关，接收机面板上的电源指示、频道指示等均应有显示，表明电源已接通；观察电视机或监视器，如有大量雪花、沙沙声，说明接收系统已连通。

（2）按下频道选择键（也可用遥控器操作），选择所接收的频道位置，观察电视机（监视器）是否有微弱图像显示或有伴音。

（3）对接收天线的方位角做 ±2°～ ±5°的调整，同时观察电视机（监视器）有无图像。如收到了图像再微动天线方位，调到图像最佳为止；然后，固定方位；再微调仰角，直到图像最清晰（无雪花点、画面干净）、伴音最宏亮（无噪声）时为止。

（4）固定方位角、仰角的位置，然后调整馈源的位置，使其准确置于天线反馈面焦点处，同时细调极化角度，最终使卫星接收机输入信号指示电平为最大值，图像、伴音均达到最佳。

（5）将以上调整过的方位角、仰角位置及馈源位置全部固定，并将现场调试的设备撤除，按前端设计方式进行恢复，至此，卫星接收系统的调试工作即告完成。

在接收 Ku 波段卫星电视节目时，由于 Ku 波段卫星接收解码器在收到信号后要进行标志、状态检索、识别判断，视、音频输出需几秒钟的延迟时间，容易使调试者误认为没有捕捉到信号而继续调整天线。因此，遇到接收 Ku 波段卫星电视节目时，调整天线应有几秒钟的间歇。例如接收卫星上有C波段节目，可先调整天线良好接收C波段节目，以使天线定位，然后再调整Ku波段节目的接收状态。

习 题 二

一、是非判断题（正确画“√”，错误画“×”）

1. 接收电磁波必须要有接收天线。（ ）
2. 电场方向与地面垂直的电磁波称为水平极化波。（ ）
3. 电视信号场强的单位是dBμV。（ ）
4. 天线的主振子也称反射器。（ ）
5. 引向器的长度比主振子约短5% ~10%。（ ）
6. 半波折合振子天线的输入阻抗为75Ω。（ ）
7. 接收天线单元数越少，其增益越高。（ ）
8. 天线方向性保护越小，抗干扰能力越强。（ ）
9. 架设天线必须注意防雷措施。（ ）
10. 重影出现在主像的右侧，称为前重影。（ ）
11. 接收场强大于73dBμV，可使电视图像质量达到4级。（ ）
12. 带通滤波器实际上是阻止标定频率范围的信号通过。（ ）
13. 如果接收信号场强小于40dBμV，可接入两级天线放大器进行放大。（ ）
14. 同步卫星接收地面发送的电视信号称为上行。（ ）
15. 卫星上的电视发射天线向地球辐射电磁波，它通过电离层要产生衰减和反射，地面站接收的电视信号会产生重影。（ ）
16. 卫星电视广播的电波穿越大气层进入卫星天线，由于大气层的遮挡，可能产生接收重影。（ ）
17. 前馈式抛物面天线是将馈源放置在抛物面的前方焦点处。（ ）
18. 后馈式抛物天线的实焦点处于双曲反射面。（ ）
19. 偏馈天线馈源必须装在天线的下方。（ ）
20. 由于Ku波段频率高于C波段，因此可用Ku波段接收天线兼收C波段节目。（ ）
21. 卫星电视接收机通过射频输出口向高频头供电。（ ）
22. 将信号功率分成多路信号功率输出的微波网络称为功分器。（ ）
23. 将一种制式的电视信号经过解码后再重新编码而形成另一种制式的设备称为解调器。（ ）

二、选择题（将正确答案的序号填入括号中）

1. 电视信号的传播途径通常是（ ）。

   A. 地面波　　B. 天波　　C. 空间波　　D. 超短波

2. 无线电视接收天线的结构形式中，最常用的是（ ）。

A. 八木天线　　B. 对数周期天线　　C. 环形天线　　D. X 形天线

3. 对于单频道接收天线一般要满足（　　）带宽。

A. 40MHz　　B. 60MHz　　C. 8MHz　　D. 6MHz

4. 有线广播电视网络中，功率电平的单位为（　　）。

A. dB　　B. dBmV　　C. dBm　　D. dBμV

5. 空间电磁场的电场矢量平行于地面时称为（　　）极化波。

A. 线性　　B. 垂直　　C. 圆型　　D. 水平

6. 天线通常架设在天线杆上，各天线的安装间距在（　　）之间。

A. 0.5～1m　　B. 1～2.5m　　C. 2.5～3.5m　　D. 3.5～4.5m

7. 架设在天线杆上部的天线必须在避雷针的（　　）保护角内。

A. 5°　　B. 15°　　C. 25°　　D. 45°

8. 如果在接收点某电视频道信号场强超过其他频道信号场强（　　）以上，最好采用转换频道处理。

A. 10dBμV　　B. 20dBμV　　C. 5dBμV　　D. 15dBμV

9. 馈源的极化匹配就是把馈源旋转一个（　　）。

A. 方位角　　B. 仰角　　C. 极化角　　D. 倾斜角

10. 卫星电视 C 波段的频率范围是（　　）。

A. 3.7～4.2GHz　　B. 11.7～12.2GHz

C. 12.2～12.7GHz　　D. 12.7～13.2GHz

11. 卫星电视接收机向 C 波段高频头供电的电源为（　　）。

A. 直流 +15～+24V　　B. 交流 15～24V

C. 直流 +24～+36V　　D. 交流 24～36V

12. 卫星数字压缩电视节目信源编码采用（　　）方式。

A. MPEG－1　　B. MPEG－2　　C. J17　　D. PANDA1

13. 天线基座接地电阻不大于（　　）。

A. 4Ω　　B. 6Ω　　C. 8Ω　　D. 10Ω

三、画图题

画出有线台（站）接收“亚太 1A”（3 套节目即可）卫星电视的地面接收方框图。

四、计算题

1. 某接收点距电视台发射天线（高 320m）90km，计算接收天线架高应不低于多少米？

2. 某接收点（东经 116°27′，北纬 39°55′）接收“亚太 1A”卫星电视节目，计算天线的仰角及方位角。

五、问答题

1. 接收天线的主要作用是什么？

2. 架设接收天线有哪些注意事项？

3. 馈线与天线接触不良，可能会出现哪些现象？

4. 在某一接收点可接收 2、6、8、10 频道节目，其中 8 频道的信号场强为 105dBμV，而 2 频道为 70dBμV，6 频道为 87dBμV，10 频道为 89dBμV，请问如何进行信号处理？并画出示意图。

5. 前馈式抛物天线的接收原理是什么？

6. 卫星接收天线安置点的选择应注意哪些问题？

7. 卫星接收天线的调试应注意哪些问题？

第三章

前端系统的组成与主要设备

前端系统的功能是接收信号和处理信号，分为单向前端和双向前端，它是有线电视系统的核心，位于各种电视、广播信号源（包括地面无线电视和 FM 广播接收、卫星电视接收及摄、录像机、LD、VCD、DVD 和计算机等信号）与干线传输系统之间。它的作用是将经过处理（包括频率变换、解调、调制、低噪声放大等）的各路高品质、无干扰杂波的信号，在阻抗匹配的前提下转换成一路宽带复合信号接入传输系统。前端系统的设备质量与调试效果，会直接影响有线电视系统传输的图像和伴音质量。

3.1 前端系统的组成

单向前端用于只有下行电视频道的有线广播电视系统。在单向系统中，用户的电视接收机接收的电视节目源于前端之前的信号源。为了保证用户的合法权益，国家有关部门制定了有线广播电视广播系统技术规范（GY/T—106—1999），规定了下行传输系统的主要技术参数和系统质量的主观评价方法。信号源的质量和接收机的优劣不列入测评范围，因而前端、干线传输、用户分配系统才是有线广播电视系统工程的三个组成部分。根据 GB50200 提供的系统指标分配和计算原理，计算出前端、干线、用户分配系统应该达到的主要技术参数。

单向前端还应包含调频广播的接收和处理设备。我国 FM 广播频段为 87 ~ 108MHz，在频谱分布上距离标准电视频道的 5 频道很近，所以，前端不应设置 5 频道。用工程接收天线接收 FM 广播，信号处理过程和处理电视伴音的方式一样，因为它们的电平可以比图像载波电平低 10dB 以上，一般不需要再去计算它们的技术指标。以后章节就不讨论它们的接收和处理过程。在系统输出口，对于单声道 FM 信号，电平为 37 ~ 70dBμV；对于立体声 FM 信号，电平为 47 ~ 70dBμV。在前端，保证 FM 信号电平永远比电视图像载波电平低 10 ~ 15dB 即可。

双向前端也称宽带综合业务网前端，简称交互式前端。下行和上行通信是数字载波信号，充分利用有线广播电视系统的宽带特性，进行增值业务的开发。前端中需增加的主要设备之一是电缆调制解调端接装置，其英文缩写为 CMTS（Cable Modem Termination System）。CMTS 接收电信网、计算机网的信号，并进行数据交换；接收有线广播电视网的下行数据；CMTS 输出数字信号与下行前端混合器的输出信号用数模混合器混合后，用一根电缆送入下行网络。CMTS 内部必须有网络接口协议与接口转换过程，数据解调和数据调制。CMTS 的控制作用通过接口协议（软件）实施。

3.1.1 前端系统的发展状况

前端系统的发展与有线电视系统的发展紧密相关。早期的有线电视系统，多数以隔频传输有线电视系统形式体现，通常是用单频道天线配上滤波器、衰减器、天线放大器等来接收VHF、UHF 频段的电视信号；用卫星地面接收系统接收 C 波段、Ku 波段卫星电视信号；用录像机播放自办电视节目并配置普通电视调制器调制到选定频道上。这种系统的前端采用直传式，其设备用量少、成本低，但频道容量小、非线性失真较大，现在已很少采用。

随着有线电视系统规模的扩大，对节目数量和质量的要求日益提高，人们开发了邻频传输的有线电视系统。邻频传输的有线电视系统的关键在于采用了邻频前端，从而使有线电视系统的频道容量、稳定性大幅提高；同时减小了干扰。有关内容将在第二节介绍。

目前，国内外竞相发展的城镇综合信息网及有线数字电视系统，将集电视、电话、计算机于融合的网络中，其前端必将有相应的变化，但数字化、双向传输还是最基本的形式。

1. 同频直传前端

同频直传前端是指不对电视信号进行频率变换，依据电视台发射信号频率直接传输到混合器（卫星节目除外）。例如，中央电视台第一套节目在 2 频道播出，由天线接收 2 频道信号后，经放大（或衰减）至合适的电平，直接送入混合器，这样，用户在收视中央电视台第一套节目时，仍然是将电视机调谐到 2 频道位置。

下面以北京地区某单位 300 户小规模有线电视系统为例，说明同频直传前端系统的组成。该系统建于 1992 年，由开路电视接收、卫星电视接收和自办节目三部分组成，如图 3-1 所示。

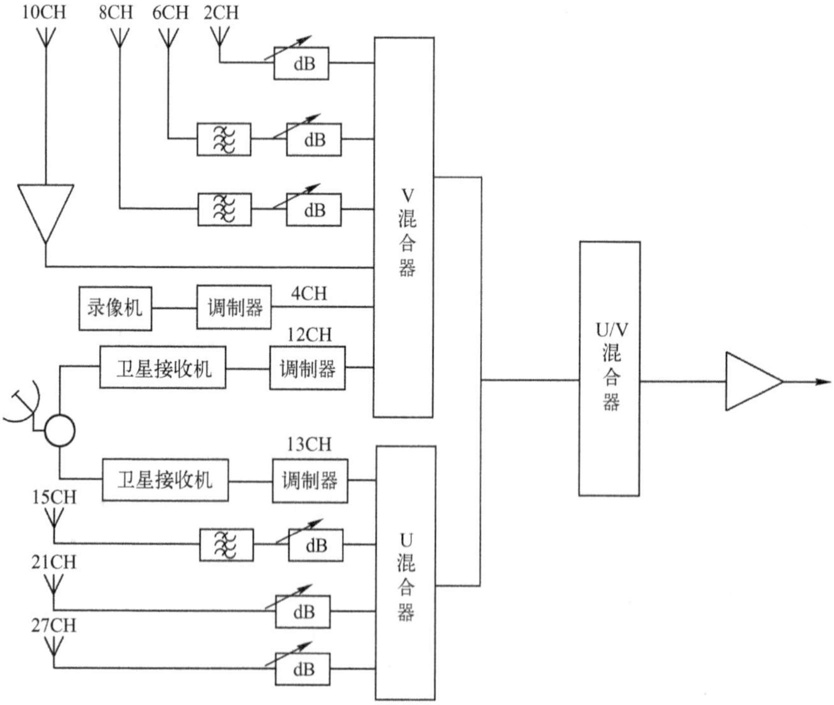

图 3-1　同频直传前端系统

该前端系统采用单频道八木天线接收 VHF 频段 2 频道（CCTV－1）、6 频道（BTV－1）、8 频道（CCTV－2）、10 频道（HBTV－1）及 UHF 频段 15 频道（CCTV－3）、21 频道（BTV－2）、27 频道（BTV－3）的电视信号，并把接收到的信号送入各自的天线放大器、带通滤波器、衰减器以平衡信号电平。采用 2.4m 卫星电视接收天线，接收亚太 1 号卫星上的中国教育电视台节目（CETV－1、CETV－2，现已转至亚太 1A 卫星播发），用普通电视调制器，设定在 12 频道和 13 频道。自办节目用录像机视、音频输出接普通电视调制器，设定在 4 频道输出。

该系统采用六路 V 段混合器将 2、4、6、8、10、12 频道信号混合为一路，再用四路 U 段混合器将 13、15、21、27 频道信号混合为一路，经 U/V 混合器最终混合为一路复合信号，由宽带放大器放大输出到传输系统。如果采用分段输入（VHF、UHF）的放大器，U/V 混合器可以省略。

同频直传前端系统中各路信号送入混合器的信号电平相差应小于 5dBμV。

2. 频道变换前端

早期的有线电视系统基本上在 VHF 频段内传输信号，对于个别在 UHF 频段内播出的节目，可使用频道变换器，将其从 UHF 频段转换到 VHF 频道内传输，这样还可以减少电缆对高频段信号的衰减。此外，对于距离电视台发射塔较近的地区，由于电视信号很强，用户的电视机会直接感应到强信号，该感应电视信号与有线电视前端接收下来的同一电视信号都会进入电视机，但两者存在时间差，将在电视机图像上形成不易消除的前重影。因此，也需要将该频道信号转换成另一频道信号。典型的频道变换前端如图 3-2 所示。

该前端系统采用单频道八木天线接收 2 频道（CCTV－1）、8 频道（CCTV－2）信号，经带通滤波器和衰减器处理后送入混合器，接收 6 频道（BTV－1）信号，经衰减器加至频道变换器转成 12 频道信号送入混合器，接收 10 频道（HBTV－1）信号，经天线放大器放大后送入混合器，接收 15 频道（CCTV－3）信号，经频道变换器变成 4 频道信号送入混合器。

频道变换前端只适用于早期频道数较少的情况，现已很少采用。

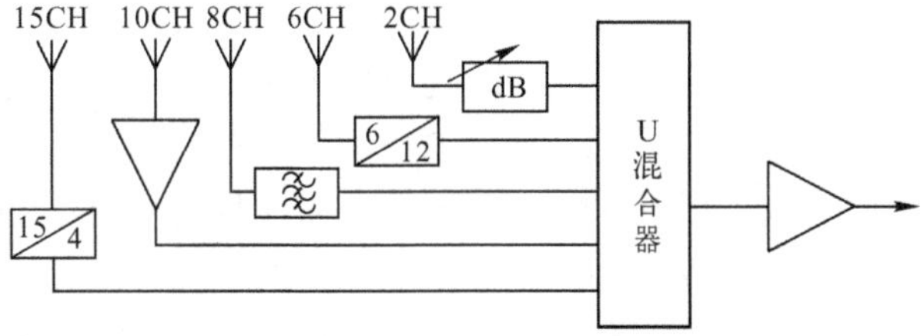

图 3-2　频道变换前端

3. 邻频前端

邻频前端采用了很多满足邻频传输要求的信号处理方法，比如采用声表面波滤波器（SAWF）、锁相环路（PLL）频率合成技术、图像和伴音分通道处理、A/V 比可调技术，用来完成调制、解调、频率变换、混合等功能。详细内容见第二、三节。

4. 数字前端

目前，世界各国正在大力发展各种基于 DVB 标准的数字视频广播系统，作为有线数字电视（DVB－C），由于其信号在光纤和同轴电缆中传输，受外界干扰小，正以其独有的特点受到广泛关注，相信在不远的将来会大量普及。

有线数字电视前端如图 3-3 所示。

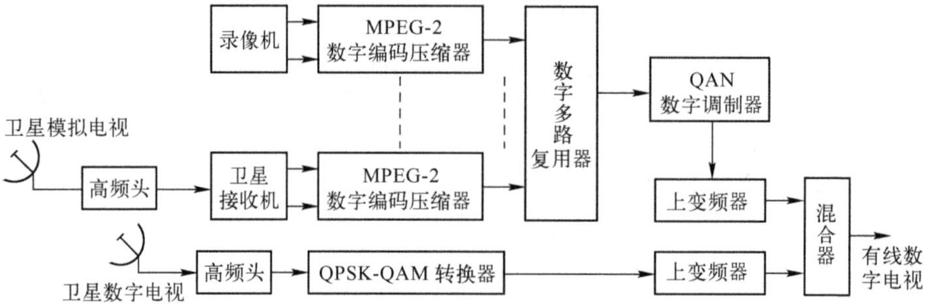

图 3-3　有线数字电视前端

对于模拟电视信号，均需要采用数字编码压缩技术进行处理。例如摄像、录像节目需将视频、音频信号用 MPEG－2 编码压缩器转换成数据流；如果是卫星模拟电视信号，从卫星接收机输出视频、音频信号同样需 MPEG－2 编码压缩器转换成数据流，多路数据流经数字多路复用器混合成 MPEG－2 码流，采用 QAM（QAM——Quadrature Amplitude Modulation）调制，输出中频信号再上变频到电视频道。QAM 称正交振幅调制，这是近年来被国际移动通信技术专家十分重视的一种信号调制方式。QAM 是数字信号的一种调制方式，在调制过程中，同时以载波信号的幅度和相位来代表不同的数字比特编码，把多进制与正交载波技术结合起来，进一步提高频带利用率（读者可参阅有关资料详细了解）。对于接收卫星数字电视，经过高频头下变频后送入 QPSK－QAM（QPSK——Quadrature Phase Shift Keying）调制转换器，将 QPSK 转换为 QAM 调制信号，再通过上变频器上变频到电视频道。多路电视频道经混合后送入光发射机或传输系统。

3.1.2　前端系统的技术指标

为了保证有线电视系统质量，国家规定了系统的各种电气参数和技术指标。前端在有线电视系统中处于核心地位，对于系统指标的影响也最大。要满足系统技术指标，有些是靠设备质量来保证，如微分增益、相互隔离、输入输出阻抗等；有些技术指标靠系统设计来保证，如载噪比、交互调比、载波组合三次差拍比等，而这些技术参数还需进行指标分配。有线电视系统的指标分配主要有前端系统、传输系统、分配系统三部分。

有线电视系统的主要参数依据 GY/T106—1992 中的规定，将系统参数分为两类：一类是电平参数；另一类是信号质量要求。

（一）系统输出口电平参数

规定系统输出口电平参数，其目的是提供给电视机一个最佳输入电平的范围，使电视机处于最佳工作状态。

1. 电平范围

电视广播：60～80dBμV；调频广播：47～70dBμV。

2. 电平差

系统输出口频道间电平差见表 3-1。

表 3-1 系统输出口频道间电平差

项目	电视广播	调频广播
任意频道	≤10dB ≤8dB（任意 60MHz）	≤8（VHF 段）
相邻频道	≤3dB	≤6dB（任意 600kHz 内）
图像与伴音差	-14～-23（邻频传输系统） -7～-20（其他）	

3. 幅频特性

频带内幅频特性见表 3-2。

表 3-2 频带内幅频特性

项目	电视广播	调频广播
频带内幅频特性	任何频道内幅度变化不大于 ±2dB；在任何 0.5MHz 内幅度变化不大于 0.5dB	任何频道内幅度变化不大于 2dB；在载频的 75kHz 范围内，变化斜率每 10kHz 不大于 0.26dB

频带内幅频特性不好，主要是前端系统中的频道滤波器、频道放大器等设备造成的。

（二）信号质量要求

有线电视系统的信号质量指标关系到信号质量，即使电平很合适也不一定保证图像质量。表 3-3 列出了关于信号质量的指标。

表 3-3 信号质量指标

项目		电视广播	调频广播
载噪比（dB）		≥43（B=5.75MHz）	≥41（单声道） ≥51（立体声）
载波互调比（dB）		≥57（宽带系统单频干扰） ≥54（频道内干扰）	>60
交扰调制比（dB）		46+10lg（N-1） （N 为电视频道数）	—
载波组合三次差拍比（dB）		≥54	—
带外寄生输出抑制（dB）		≥60	
邻频道抑制（dB）		≥60	
信号交流声比（dB）		≥46	
回波值（%）		≤7	
微分增益（%）		≤10	
微分相位（度）		≤10	
色/亮时延差（ns）		≤100	
频率稳定度	频道频率（kHz）	±25	±10（24 小时） ±20（长时间内）
	图像伴音频率间隔（kHz）	±5	
系统输出口相互隔离（dB）		≥30（VHF） ≥22（其他）	

表3-3中所列的各项指标与电视机收视效果的关系如下：

- 载噪比（C/N）不合格在图像上表现为雪花状干扰；
- 载波互调比（C/IM）不合格在图像上表现为网纹干扰；
- 交扰调制比（CM）不合格在图像上表现为雨刷状干扰或背景图像；
- 载波组合三次差拍比（C/CTB）不合格在图像上表现为随机噪声状干扰；
- 信号交流声比（HM，有的称载波交流声比或哼声调制）不合格在图像表现为滚道（即水平横道的滚动）；
- 回波值（E）不合格在图像上表现为重影；
- 微分增益（DG）不合格在图像上表现为饱和度随亮度而变化；
- 微分相位（DP）不合格在图像上表现为色度随亮度而变化；
- 色/亮时延差（$\Delta\tau$）不合格在图像上表现为图像拖影、超白、色镶边；
- 频道频率不合格在图像上表现为频道间互相干扰或图像伴音质量的劣度；
- 图像伴音频率差不合格表现为伴音失真；
- 系统输出口相互隔离不合格可能引起电视机间的相互干扰。

在表3-3所列指标中，前四项与系统设计和调试有关；带外寄生输出抑制、邻频道抑制取决于邻频前端设备；信号交流声比主要用于衡量器件对50Hz及其谐波的抗干扰能力，主要取决于器件水平；频率稳定度也只与调制器、解调器及信号处理器的本振频率稳定度有关，而与系统设计无关。

微分增益、微分相位和色/亮时延差，主要由前端设备的调制器、解调器、信号处理器、滤波器等引起，与系统设计无关。

回波值则与传输系统器件的反射阻抗有关。

系统输出口相互隔离也只与分支、分配器的相互隔离指标有关。

综上所述，在进行系统设计与调试时只涉及载噪比、载波互调比、交扰调制比和载波组合三次差拍比等指标。

1. 载噪比

载噪比（C/N）定义为：在系统的指定点（可以是前端系统、传输系统或分配系统），图像或声音载波电平与噪波电平之比，通常用分贝表示。

用户电视机收视效果与图像信噪比（S/N）有关。载噪比和信噪比是两个不同的概念，但又具有一定的内在联系。其关系式如下：

$$C/N = S/N + 6.4(\text{dB}) \tag{3-1}$$

通常对于射频信号以载噪比计算；视、音频信号以信噪比计算，然后可换算为载噪比。

对于前端而言，天线输出端的载噪比为：

$$(C/N)_a = S_{ao} - 2.4 \quad (\text{dB}) \tag{3-2}$$

式中，S_{ao}——天线输出信号电平。

若加有天线放大器，则单台天线放大器输出端的载噪比为：

$$(C/N)_{am} = S_{am} - 2.4 - N_F \quad (\text{dB}) \tag{3-3}$$

式中，S_{am}——放大器输入信号电平（dBμV）；

N_F——放大器噪声系数（dB）。

2. 交扰调制比

交扰调制比（CM）定义为：在系统指定点，指定载波上有用调制信号峰－峰值对交扰调制成分峰－峰值之比，通常用分贝表示。其值为正，值越大表明交调失真越小。

有线电视系统内传输多个频道的电视信号，由于有放大器和频率变换等设备，总会存在非线性失真，使得一些频道的调制信号转移到另一些频道上去，产生寄生调制，这就是交扰调制。交扰调制在两个频道发生干扰时，在图像上表现为白色竖条会向右或向左缓慢地做水平移动，即“雨刷”交调。如有多个频道发生交扰调制时，就会出现多条“雨刷”，严重时，会有两幅或多幅背景图像出现在电视机屏幕上。

有线电视系统的总交调比，分配在前端、传输、分配三个子系统，与放大器的级联数目、放大器本身的CM指标、传输电视频道的个数有关。此外，交调比还与放大器的输出电平有关，在实际设计和调试时，如果放大器输出电平降低NdB，则交调比将增大2NdB。

由于交调比的情况比较复杂，在系统传输频道超过30个以上时，组合三次差拍产物很大，因此常用CTB来取代CM。

3. 载波互调比

载波互调比（C/IM）定义为：在系统指定点，载波电平对规定的互调产物电平之比，通常以分贝表示。

载波互调比通常以互调比（IM）表示。互调可能由二次非线性失真产生，也可能由三次非线性失真产生，目前在有线电视系统设计时常采用组合三次差拍比（CTB）和复合二次差拍比（CSO）来表征互调特性。CSO指标在传输系统中占比例较大，届时再做介绍。

4. 载波组合三次差拍比

载波组合三次差拍比（C/CTB）定义为：在系统指定点，图像载波电平与围绕在图像载波中心附近群集的组合三次差拍产物的峰值电平之比（多簇产物时应取叠加功率），以分贝表示。

组合三次差拍（CTB）指：在多频道传输系统中，由于设备非线性传输特性中的三阶项引起的所有互调产物。

有时为了方便起见，将C/CTB简称为CTB。

CTB指标与系统放大器数目、系统传输频道数量及信号电平有关。比如，对于信号电平CTB遵循平方律，即信号电平增加1dB，CTB变劣2dB；当频道增多时，CTB产物按指数规律上升，当频道数为9个时，一个频道内CTB产物仅为20个；而当频道数为30个时，CTB产物猛增至226个。因此，当频道数不多时，CM是主要矛盾，当频道数增多后CTB逐渐成为主要矛盾。

有线电视系统指标要根据不同的网型结构进行分配。《民用建筑电缆电视系统工程技术规范》中给出了几种网型结构的指标分配例子，为了使读者对指标分配有一个初步了解，现将其列于表3-4～表3-7中。

表3-4 具有远地前端、分前端的系统指标分配系数

部分 / 项目 分配系数	本地前端	远地前端 中心前端	本地干线 （超干线）	中心干线	分配网络
载噪比	2.5/10	2.5/10	2/10	2/10	1/10

续表

项目 \ 分配系数 \ 部分	本地前端	远地前端中心前端	本地干线（超干线）	中心干线	分配网络
交扰调制比	0.5/10	0.5/10	2.5/10	2.5/10	4/10
载波互调比	0.5/10	0.5/10	2.5/10	2.5/10	4/10

表3-5　独立前端系统、干线电长度大于100dB

项目 \ 分配系数 \ 部分	前　端	传输干线	分配网络
载噪比	5/10	4/10	1/10
交扰调制比	1/10	5/10	4/10
载波互比	1/10	5/10	4/10

表3-6　独立前端系统干线电长度小于100dB

项目 \ 分配系数 \ 部分	前　端	传输干线	分配网络
载噪比	7/10	2/10	1/10
交扰调制比	2/10	2/10	6/10
载波调互比	2/10	2/10	6/10

表3-7　无干线系统

项目 \ 分配系数 \ 部分	前　端	分配网络
载噪比	4/5	1/5
交扰调制比	1/5	4/5
载波调互比	1/5	4/5

3.2　邻频前端系统的工作原理

邻频前端系统主要采用了符合邻频传输要求的信号处理方法，其主要特征是：对于射频信号采取下变频器变换成38MHz中频信号，经中频处理器对图像、伴音信号分别进行处理，再送至上变频器，变换成电视频道中某一设定频道信号输出；对于视、音频信号采取中频调制器变换成中频信号，经中频处理器对图像、伴音信号分别处理，再经上变频器变换成电视频道中某一设定频道信号输出。在处理过程中可以大大提高边带特性及带外抑制能力，同时，可以合理选择A/V比，使伴音信号不对邻频图像信号产生干扰。

3.2.1　邻频前端系统的组成

目前，我国常见的邻频前端系统是在前端机房内安置19″标准机柜（机箱），将调制器、信号处理器、解调器、多路混合器等设备及它们的供电电源安装在其中。典型的邻频前端系统原理框图如图 3-4 所示。

由图 3-4 中可以看出，输入前端的信号源不同，处理方式就不同。

- 接收卫星电视节目，是由卫星接收机将接收的信号以视、音频方式输出到邻频调制器，调制到 VHF、UHF 或增补频道的某一设定频道，然后送入混合器。
- 接收电视台发射的 VHF、UHF 电视信号，由天线接收经带通滤波器滤除干扰、天线放大器平衡信号电平后，可送入信号处理器转成设定频道；或送入解调器再接调制器转成设定频道，然后送入混合器。
- 自办节目的信号来自摄像机、录像机、LD 机等，用视频、音频信号接邻频调制器调制成设定频道送入混合器。

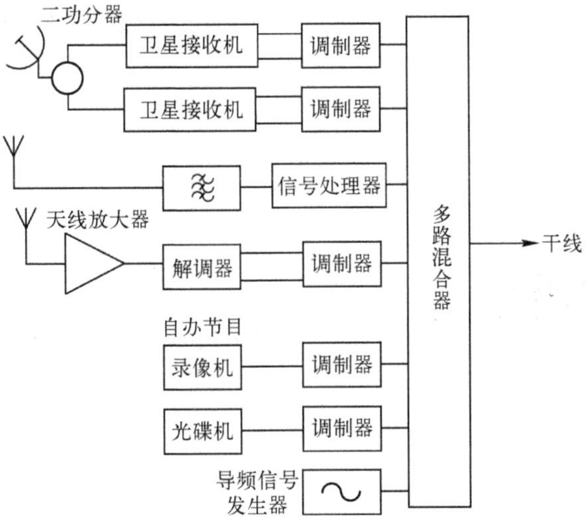

图 3-4　邻频前端系统原理框图

（一）信号处理器

信号处理器（也称频道处理器）由下变频器、中频处理器和上变频器组成，是一种将无线电视信号引入有线电视系统的设备。信号处理器的作用与早期的频道变换器有相近之处，但它的功能更全、性能指标更高。

目前，各厂家生产的信号处理器性能指标有所差异，输出方式也有所不同，分为固定频道输出和可变频道输出（捷变频）。无论是何种信号处理器，其主要特点如下。

（1）频率稳定性好。对于邻频传输频率变化精度在 20kHz 内，通常采用以石英晶体振荡做基准的锁相频率合成器为本振源。

（2）邻频道干扰抑制高。一般要求对邻频道干扰抑制大于 60dB。通常在中频处理中采用声表面波滤波器对图像和伴音分别处理，以得到良好的邻频道抑制。

（3）A/V 比可调。对于 A/V 比可调整范围为 −20 ~ −10dB，不但要求图像信号电平能调整，也要求伴音电平能调整。

（4）自动增益控制（AGC）范围宽、稳定性好。在邻频系统中，要求信号幅度十分稳定。因此，在信号处理器中不仅有图像自动增益控制，而且有伴音自动增益控制。

（5）寄生输出小。要求寄生输出小于 −60dBc。

（6）动态范围足够大。输入电平范围要宽，以适应强弱不同的射频输入信号。

下面以美国JERROLD公司生产的信号处理器S450PC为例，说明实际设备的主要技术指标。S450PC输入频率为48～855MHz，可覆盖VHF、UHF和增补频道；输出48～446MHz，可以每档0.25MHz的增量步进调整；A/V比可调，伴音电平低于图像电平-17～-12dB连续可调。具体指标见表3-8。

表3-8　S450PC主要技术指标

项　目	指　标	项　目	指　标
信号电平范围	-15～+25dBmV	邻频道抑制	>60dB
AGC范围	-15～+25dBmV	输出频率	48～446MHz
频率稳定度	±15kHz	输出电平	+55dBmV～+60dBmV
输出电平控制	10dB	寄生输出	低于图像载频电平等60dB
输入阻抗	75Ω	带外输出	低于图像载频电平80dB
电源	AC：220V，0.1A	输出阻抗	75Ω

注：0dBmV = +60dBμV

（二）电视调制器

电视调制器（简称调制器）是有线电视系统中将视频、音频信号调制成电视射频信号的设备。调制器输入的视频、音频信号，可以来自摄像机、录像机、视盘机等设备，也可以来自卫星接收机和解调器解调出来的视、音频信号。输出的射频信号常常与多路混合器相连。

从调制方式划分，电视调制器可分为直接调制和中频调制两大类。直接调制方式常见于非邻频系统所用的普通调制器，而邻频前端系统所用的高、中档调制器，则采用中频调制方式。所谓中频调制方式，是将视频信号和音频信号调制在图像中频为38MHz、伴音中频为31.5MHz的电视中频上，然后再经上变频器，将中频变为VHF、UHF或增补频段任一频道的电视信号。实际上是视频、音频信号经中频调制、中频处理、上变频成射频的过程。

邻频前端系统所用的调制器，其输出方式分为固定频道输出和可变频道输出（捷变频）。依据国标GB11318对邻频系统的调制器主要的技术要求介绍如下。

1. 视频参数

（1）调制度。调制度表示输出信号中有用信号功率所占比例，国标规定调制度为87.5%。调制度越大，对信号的传输和解调越有利。

（2）带内平坦度。要求为±1dB。

（3）微分增益（DG）。微分增益是视频信号中亮度信号由黑电平变化到白电平时，所引起的彩色副载频的增益变化，国标规定$DG \leqslant 5\%$。

（4）微分相位（DP）。微分相位是视频信号中的亮度信号由黑电平变化到白电平时，所引起的彩色副载频的相位变化，规定$DP \leqslant 5°$。

（5）色/亮时延差（$\Delta\tau$）。色/亮时延差是在视频信号中色度信号与亮度信号之间的时延差，规定其$\Delta\tau \leqslant 45$ns。

（6）视频信噪比。视频信噪比是视频电压有效值与噪声电压有效值之比，用分贝表示。

此值应≥45dB。

2. 音频参数

（1）最大频偏。

（2）音频最大频偏规定为 ±50kHz。

（3）失真度。伴音失真度规定为≤1%。

（4）带内平坦度。伴音带内平坦度为 ±1.5dB（40Hz～10kHz）。

（5）信噪比。音频信噪比为≥50dB。

3. 射频参数

（1）图像、伴音载频间距。规定为 6 500 ±5kHz。

（2）图像伴音功率比。要求 -20～-10dB 可调。

（3）频率准确度和频率稳定度。频率准确度是在基准温度（+20℃）下设备输出信号载频与标称频率之差。频率稳定度是输出信号频率由于温度、电压等外界因素影响所引起偏移与标准条件下频率之差。规定为 VHF 频段，频率准确度≤5kHz，频率稳定度≤20kHz。

（4）射频反射输出损耗。规定为≥12dB（VHF），≥10dB（UHF）。

（5）带外寄生输出抑制。为了避免任何一个频道的杂散输出对其他频道的干扰，要求带外寄生输出抑制≥60dB。

下面分别以进口和国产的三种调制器为例，介绍实际产品的技术参数。

美国 UNIKA 公司生产的 CA-65C 调制器技术参数如下

- 视频
  - ➢ 输入信号：$1V_{P-P}$ · 75Ω
  - ➢ 调制度：>87.5%
  - ➢ 带内平坦度：0.5dB（0.25～5.0MHz）
  - ➢ 微分增益：<2%
  - ➢ 微分相位：<2°
  - ➢ 色/亮时延差：<20ns
  - ➢ 视频信噪比：>50dB
- 音频
  - ➢ 输入信号：0.775V · >10kΩ
  - ➢ 最大频偏：±50kHz
  - ➢ 带内平坦度：±1dB
  - ➢ 失真度：1%
  - ➢ 音频信噪比：>60dB
- 射频
  - ➢ 频率准确度：<5kHz
  - ➢ 图像输出电平：115dBμV（标准），120dBμV（最大）
  - ➢ 图像/伴音比：10～20dB 可调
  - ➢ 图像/伴音间距：6 500 ±5kHz
  - ➢ 带外输出抑制：65dB
  - ➢ 残留边带抑制：60dB

➢ 输出反射损耗：18dB

CA－65 型调制器为固定频道输出，在设计选型时需指定输出频道代号。

国产 JS－450MC 型调制器技术参数如下

- 视频
  - ➢ 输入电平：≥0.7V_{P-P}·75Ω
  - ➢ 调制度：(80±7.5)%
  - ➢ 带内平坦度：±1dB
  - ➢ 微分增益：≤5%
  - ➢ 微分相位：≤3°
  - ➢ 色/亮时延差：≤20ns
  - ➢ 视频信噪比：≥50dB
- 音频
  - ➢ 输入电平：0.775V·600Ω
  - ➢ 最大频偏：±50kHz
  - ➢ 带内平坦度：±1.5dB
  - ➢ 失真度：≤1.5%
  - ➢ 音频信噪比：≥55dB
- 射频
  - ➢ 输出电平：100dBμV，15dB 可调
  - ➢ 带外抑制：≥60dB
  - ➢ 带内 C/N：≥60dB
  - ➢ 频率准确度：±5kHz
  - ➢ 输出反射损耗：≥12dB
  - ➢ 图像/伴音功率比：18dB

JS－450MC 型调制器输出频率为 47～450MHz，固定频道输出。

美国 JERROLD 公司 S550M－C 型捷变频调制器，其输出频率为 49.5～543.25MHz，0.25MHz 可调，由滑动盖板后的开关选择。主要技术参数如下

- 视频
  - ➢ 输入电平：0.7V_{P-P}（87.5% 调制度），75Ω
  - ➢ 微分增益：<5%
  - ➢ 微分相位：<3°
  - ➢ 平坦度：±1dB（25Hz～4.8MHz）
- 音频
  - ➢ 基带输入电平：－10dBm（250mV）～＋10dBm
  - ➢ 基带输入阻抗：600Ω（平衡/不平衡）
  - ➢ 失真：1.5%（50kHz），50Hz～15kHz
  - ➢ 平坦度：2.0dB（50Hz～15kHz）
- 射频
  - ➢ 输出电平：＋55dBμV，10dB 可调

- 寄生输出：>60dB
- 带内 C/N：>64dB
- 带外抑制：>80dB
- 频率准确度：±10kHz
- 输出反射损耗：>12dB
- A/V 比：-25～-12dB 可调

(三) 电视解调器

电视解调器（简称解调器）是将输入的射频信号解调为视频、音频信号输出的设备。它与电视调制器的工作过程恰好相反。邻频前端系统中，解调器大多与调制器配合使用，完成信号处理器的功能。

解调器输入射频电视信号（VHF、UHF 及增补频段），输入电平范围 60～90dBμV，输出的视频、音频信号幅度满足调制器输入信号电平要求。

邻频前端系统所用解调器的技术指标应包括：邻频抑制、噪声系数、输入频率偏差、AGC 类型和范围、微分增益、微分相位、音频失真等。具体含义可参照信号处理器和调制器。

近几年前，国内已建成的邻频系统中常用的解调器有：JERROLD 公司 S890D-C、UNIKA 公司 TU-1120CH、PBI 公司 PBI-2000D、NEXUS 公司 TD-1、VM-2000 等。

(四) 混合器

混合器是将多路射频信号混合成一路复合信号的设备。混合器的种类很多，从电路结构方面可分为两类：一类是滤波器式；另一类是宽带传输线变压器式。滤波器式混合器按输入接收频带来分，可分为频道混合、频段混合、频道和频段混合三类。这种混合器实际上是由若干个带通滤波器并联而成的，带通滤波器的个数与要混合的频道或频段数一致。早期的有线电视系统，如同频直传、频率变换前端等使用的就是这类混合器。传输线变压器式混合器的每一路输入都是宽带的，不需要区分哪一个频道必须接入哪一路，多用于邻频前端的信号混合。它具有较大的隔离和反射损耗，其缺点是插入损耗较大。为了弥补插入损耗，某些邻频用混合器内加装了放大器。实际上，在无源混合器基础上增加宽带放大器就成为有源混合器。

混合器有工作频率、插入损耗、相互隔离、带内平坦度、反射损耗等参数。

1. 工作频率

根据不同的需要，混合器的工作频率也不相同。特别是滤波器式混合器，其工作频带必须与所需混合的频道相匹配。邻频传输系统则分：45～450MHz，45～550MHz，5～862MHz，5～1000MHz 等。

2. 插入损耗

混合器的输入端电平与输出端电平之差为插入损耗，用分贝表示。

3. 相互隔离

在理想情况下，混合器任一输入端加入信号时，其他输入端不应出现该信号，任一输入端有开路或短路现象时也不应影响其他输入端。实际情况中总有一定的影响。在某一输入端加入一信号，该信号电平与其他输入端出现的该信号电平之差，用分贝表示，称为相互隔离。一般要大于20dB，邻频系统最好大于30dB。

4. 带外衰减和带内平坦度

带外衰减是指对频带外信号的衰减值，用分贝表示。该值越大说明混合器受带外频道的干扰越小，一般要求大于20dB。带内平坦度要求 ±1dB 或 ±2dB。

5. 反射损耗

混合器输入、输出阻抗匹配程度，以反射损耗表示。一般要求应不小于10dB。

下面以进口和国产的三种混合器为例，实际列出产品的技术参数。

UNIKA 公司的 MX－550 型混合器技术参数见表3-9。

表3-9　MX－550型混合器技术参数

项　目	参　数	项　目	参　数
输入	12路	插入损耗	20.5dB
输出	1路	反射损耗	>16dB
频率范围	45～550MHz	输入、输出阻抗	75Ω
相互隔离	>35dB	带内平坦度	±1.0dB

国产九洲 HD16－1 无源混合器，有16个输入端口，能输入15路射频信号和1路导频信号。它内装独立二混合器，当输入射频信号多于15路时，可用二台 HD16－1 型混合器，使每台输出口经同一二混合输出。HD16－1 型混合器技术参数见表3-10、表3－11。

表3-10　HD16－1 多路无源混合器技术参数

项　目	单位	性能参数	项　目	单位	性能参数
频率范围	MHz	45～550	输入端口电平差	dB	≤3
相互隔离	dB	≥30	输入路数	路	16
反射损耗	dB	≥12	监测口输出电平	dB	25
插入损耗	dB	≤22	外形尺寸	mm	483×222×89
导频端插入损耗	dBμV	≤12			

表3-11　内藏二混合器技术参数

项　目	单　位	性能参数	项　目	单　位	性能参数
频率范围	MHz	45～550	插入损耗	dB	<4
频率响应	dB	2（峰－峰值）	反射损耗	dB	>12

PBI 公司的16路有源混合器 PBI－2016C 的技术参数见表3-12。国产九洲 HDY16－1 型有源混合器技术参数见表3-13。

表3-12　PBI－2016C 型混合器技术参数

项　目	参　数	项　目	参　数
频率范围	48～550MHz	增益	10dB
相互隔离	>40dB	最大输出电平	120dBμV
输入口反射损耗	－20dB	输出口反射损耗	－16dB

表 3-13　HDY16－1 型有源混合器技术参数

项　目	单　位	性能参数	备　注
频率范围	MHz	45～550	
增益	dB	14^{+3}_{-1}	
导频口增益	dB	21^{+3}_{-1}	
反射损耗	dB	≥12	
带内平坦度	dB	≤3	
最大输出电平	dBμV	115	
相互隔离	dB	≥30	
输出电平调整范围	dB	－15～0	指比输出口电平低 30dB
测试口电平	dBμV	－30	21W
供电（50Hz）	V	220V±10%	

（五）导频信号发生器

导频信号发生器是干线为同轴电缆的邻频传输的大中型有线电视系统所用设备，它为干线传输系统提供实现自动增益控制（AGC）和自动斜率控制（ASC）作用的基准信号，即导频信号。对于 HFC 系统由于干线采用光缆传输则无需导频信号发生器。

当有线电视系统采用同轴电缆作为干线传输时，由于干线可能长达几千米，随着四季的气温变化，会使同轴电缆的衰减量产生变化。同时，电缆中传输的电视信号的衰减和幅频特性的倾斜都要发生变化。如果要使信号质量保持不变，则必须在干线放大器中进行自动增益控制和自动斜率控制。对应电缆衰减量的变化来控制放大器的增益，它是自动电平控制的一种方式。由于一般的自动增益控制是以输出信号电平恒定为条件工作的，而在干线放大器中，因为所用的信号不是恒定的，这就不能把输出信号从放大器取出来实现自动增益控制，以补偿电缆衰减的变化。采用了导频信号发生器，就可以将导频信号从前端同电视信号一起送入干线传输系统，通过干线放大器放大，并在干线放大器的输出端取出一小部分导频信号，经处理后再对放大器增益特性进行自动控制。当导频信号电平降低时，控制信号使放大器增益提高，反之使放大器增益降低，达到稳定输出电平的目的。

按我国《有线电视广播系统技术规范》中规定，可采用的导频信号频率有三个：第一导频为 65.75MHz 或 77.25MHz；第二导频为 110.00MHz；第三导频为 288.25MHz 或 296.25MHz，适用于 5～450MHz 系统为 440.25MHz 或 448.25MHz。一般第一导频和第三导频为双导频信号频率；第二导频为单导频信号频率。

为了使自动电平控制和自动斜率控制同时进行工作，一般采用两种方式。

（1）采用单导频信号进行自动电平控制，再用检温器（如热敏电阻检温器）来控制斜率。

（2）采用双导频信号，一个控制增益，另一个控制斜率。

对于 5km 左右干线传输距离的有线电视系统，可以采用单导频信号发生器，控制干线电平变化值；而对近距离的小型有线电视系统可以不用导频信号发生器。

导频信号发生器提供基准信号，因此对其输出频率和电平的稳定性有着严格的要求：一般应满足频率准确度 < ±10kHz；输出电平稳定在 ±0.5dB 以内；寄生信号抑制 >60dB。

表3-14 列出了国产九洲 TZ110PG 导频信号发生器的技术参数。

表3-14　TZ110PG 型导频信号发生器的技术参数

导频频率（MHz）	输出电平标称值（dB）	输出电平温度稳定度（dB）	频率总偏差（kHz）	寄生信号抑制比（dB）	工作电压（V）
110 ±0.01	102_{0}^{+1}	±0.5	±50	≤ -60	220V 50Hz

3.2.2 邻频前端系统的技术要求

邻频前端系统的技术指标很多是由前端设备的技术指标来保证的。其主要设备有邻频调制器、信号处理器和解调器，主要技术参数已做过介绍，但上述设备都应有如下的共同技术要求。

（1）要采用严格的残留边带滤波器，使相邻频道之间的频谱不相交织，对于信号处理器还必须采用取出声音信号的滤波器。

残留边带的要求如图3-5 所示，图中 f_v 为图像中频，由图可见，在 -6.25MHz 至 -5.75MHz范围内需衰减 20dB，这用一般的 LC 滤波器很难实现，因此，取出图像信号的滤波器和取出声音信号的滤波器均宜采用声表面波滤波器。

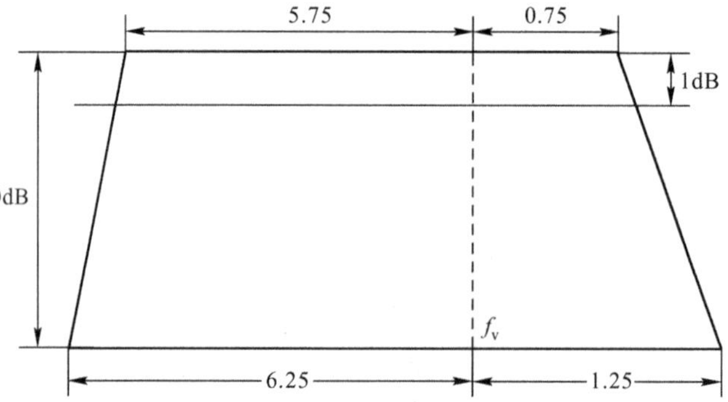

图3-5　残留边带的要求

（2）图像载波功率与伴音载波功率之比可以调整，一般称 V/A 比。由于下邻频道的伴音载波与上邻频道的图像载波相隔很近，只有 1.5MHz，因此图像载波与伴音载波功率比不仅对本频道有影响，同时对上一个频道也有影响。一般有线电视系统邻频道传输使用的 V/A 比大于广播电视发射机送出的 V/A 比（典型值约为 10dB）。试验表明，在 V/A 比为 10dB 时干扰网纹明显可见，V/A 比为 14dB 时网纹基本消失，在 V/A 比为 17dB 时比较理想。因而 V/A 比应在 14 ~ 23dB，其调节范围大约在 10 ~ 20dB 之间。本项指标若以 A/V 比表示时，则为负分贝数。

（3）对载波频率偏差有比较严格的要求，如在 VHF 频段，要求图像载频与标准值的偏差不超过 20kHz，这就要求设备的所有本机振荡器均应采用晶体振荡器。

（4）对设备内变频器的非线性失真必须进行严格控制。有些信号处理器加有陷波器，以抑制不需要的差拍分量。

（5）对微分增益、微分相位和色/亮时延差有严格要求。由于上述指标主要由前端设备决定，这就要求设备的上述指标必须符合标准。

3.3 邻频前端系统设备的选用

有线电视系统的服务对象是当地用户，系统规模和类型的选择一定要与当地经济发展的状况相吻合，当地可利用的节目源的多少、收视人口的多少等情况都应综合考虑，既不能过于超前，还要留有一定的余量。

3.3.1 邻频前端系统设备的选用原则

邻频前端系统设备的选用，应注意有线电视系统规划、满足邻频传输技术要求及性能价格比等方面的问题。

（一）有线电视系统规划

近年来，我国的有线电视事业发展迅猛，其特点是频道容量不断增加，功能不断增多。传输 40 套以上节目的有线电视系统相当普遍，随着卫星电视节目、各地自办节目的增多，扩大频道容量的需求将日益迫切。解决扩容问题的方法有两种：其一是采用扩展有线电视系统的频带，如邻频系统的 450MHz、550MHz、750MHz、862MHz、1 000MHz，频带的扩展伴随着对前端系统、传输系统都有相应的要求；其二是采用数字压缩技术，在一个电视频道带宽内传送多套节目，到终端通过解压装置解压，完成电视节目的接收。

做好有线电视系统规划是系统选择的基本原则，而规划需考虑下列因素。

1. 服务区基本情况调查

（1）服务区居民住宅分布（平面图）及居住户数。根据分布情况和户数决定系统规模大小，传输系统采用光缆、MMDS 或同轴电缆作为干线。系统越大，对前端的要求就越高。

（2）当地可利用的节目源。主要指可收到的卫星电视节目数量（必须是符合国家有关规定的节目）；当地或邻近电视台发射的电视信号数量及场强；微波传输的电视信号数量等。

（3）服务区用户电视机功能情况。主要考虑普通电视机、遥控电视机及 CATV 兼容的电视机的拥有量。

（4）服务区用户的经济承受能力。

（5）服务区目前准备进入系统的频道容量和今后系统扩展情况。

2. 邻频传输频带的选择

目前，成熟的邻频传输系统有 450MHz、550MHz、750MHz、862MHz，理论上分别可传送 47、59、85、93 套模拟电视节目，频带越宽，系统成本越高。实际上，在新建系统中，450MHz 和 550MHz 系统已很少采用。

3. 传输方向的选择

随着城镇宽带综合网的发展，双向传输有线电视系统将越来越多。因此，在进行系统规划时必须考虑传输方向的问题，以便在前端系统、传输系统和分配系统设计时做出要求。

4. 加扰与解扰的选择

系统规划时需考虑加、解扰的问题，有线电视系统加解扰方式有非寻址加解扰和可寻址加解扰两种。加扰器和用户管理系统安装在前端，解扰器安装在用户终端。

根据服务区调查和频带选择，就可以确定系统规划，包括系统带宽、系统功能、服务区域和户数、传输节目套数等。

（二）前端设备应满足邻频传输要求

邻频前端使用的设备，如调制器、信号处理器、解调器等必须是采用中频处理方式的设备。其标志是有中频接口和 A/V 比可调旋钮，国内使用的制式应是 PAL－D 制。

邻频前端使用的设备应满足邻频传输要求，以保证前端系统的输出电平、载噪比、非线性失真等指标符合要求。

（三）前端设备的性能价格比

目前，市场上邻频前端设备品种繁多，有进口的也有国产的，有些设备性能指标只有微小差异，但价格却相差很多。这就需要在选择前端设备时，进行充分的市场调研，认真比较同类设备之间的指标差异，在满足系统规划和传输技术要求的前提下，选择性能价格比最高的设备。一般情况下，对于大型系统可选高档设备；而中小型系统可选既满足要求又较为便宜的设备，只要达到国家标准就可使用，不会有什么问题。

3.3.2 邻频前端系统应用实例

某地区有线模拟电视系统，近期传输 28 套节目：通过三副卫星接收天线，分别接收三颗卫星传送的 16 套节目；通过接收天线接收当地及邻近电视台发射的电视信号 9 套；自办节目 3 套。采用 550MHz 邻频系统，使用普通彩色电视机可直接接收的频道有：1～12 频道，Z4～Z8 增补频道，13～22 频道、Z35～Z37 共 30 个频道。如果 1、2 频道不用（考虑到机上变换器通常使用 1、2 频道），正好为 28 个频道。

1. 邻频前端系统设计

如图 3-6 所示为该有线电视系统的前端系统框图。卫星接收部分采用的卫星电视接收机应根据该卫星传送节目的技术指标选择，如 C 波段、Ku 波段，模拟式、数字式。无线接收部分采用单频道天线接收，对有干扰的频道加装带通滤波器；如接收 5 频道电视信号，若存在调频广播，应加装相应的调频陷波器，以抑制调频干扰；对场强较弱的频道加装低噪声（噪声系数为 3dB）天线放大器。射频信号经解调器处理后，以视、音频信号形式送至邻频调制器。所有邻频调制器均采用固定频道输出，前端机房内可备有一、二台捷变频式调制器作为应急备份。一般不提倡使用捷变频式调制器，因为捷变频式调制器的噪声会影响其他调制器。

2. 邻频前端系统指标计算

有线电视系统总载噪比和 CTB 等指标，要在各子系统中进行分配，各子系统指标与总指标之间的关系见下式：

$$(C/N)_Z = (C/N)_Q - 10\lg K \tag{3-4}$$

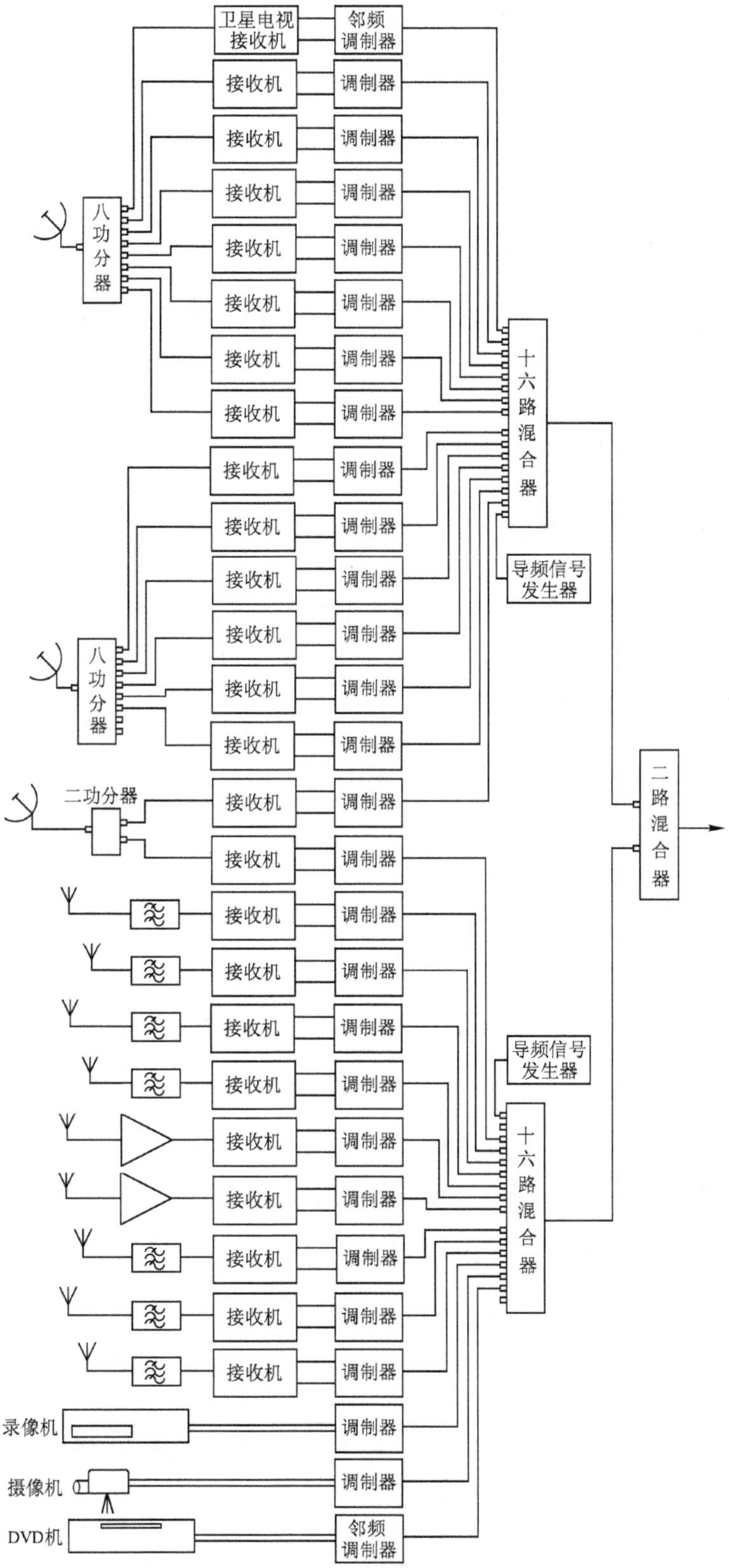

图 3-6　邻频前端系统框图

式中，$(C/N)_Z$—— 子系统的载噪比指标；

$(C/N)_Q$—— 全系统总载噪比指标；

K —— 分配系数。

$$CTB_Z = CTB_Q - 20\lg K \tag{3-5}$$

式中，CTB_Z—— 子系统的 CTB 指标；

CTB_Q——全系统总 CTB 指标；

K —— 分配系数。

国家规定标准有线电视系统，C/N 为≥43dB，CTB≥54dB。按表 3.5 所列指标分配，前端 C/N 的分配系数为 $K=5/10=0.5$。代入式 3-4，得前端 C/N 为 46dB。

实际上，邻频前端的主要设备，如信号处理器、固定频道调制器都采用了选择性良好的滤波电路，所以宽带互调和交扰调制等非线性失真可以忽略。但由于加装了天线放大器后，需重点计算 C/N。

对于空间无线电视信号接收，当信号场强较弱时，需要加入低噪声天线放大器，但是天线放大器输入口电平应有最小允许值，否则将不能达到系统载噪比的要求。如果天线放大器的增益为 25dB，噪声系数为 3dB，解调器噪声系数为 8dB，若要满足前端载噪比达到 46dB，则需要天线放大器输入口电平至少应为 51.4dBμV，此时天线放大器输出口电平为 76.4dBμV。由式 3-3 计算天线放大器输出口的载噪比为：

$$(C/N)_{am} = 51.4 - 2.4 - 3 = 46\ (\text{dB})$$

事实上，只有当系统中每一个环节的指标均高于系统指标时，才能保证系统指标满足要求。

3.3.3 邻频前端系统的调整

邻频前端系统在设计、选型和安装完成后，需要进行设备调整和测试工作。调整工作比较简单，而测试工作则很复杂，需要频谱仪、系统分析仪等昂贵的设备，这里就不做介绍了，而只介绍前端系统的调整。

1. V/A 的调整

在前端，每一支路的 V/A 都需要按照规定调整在 14～23dB 之间，通常以 17dB 为宜。调整时用电视综合测试仪测量，旋转 V/A 调节钮，使其达到要求即可。如果没有电视综合测试仪，也可以用 DS1870 型（或类似产品）场强仪间接测量（参见图 2.9）。测量方法如下。

（1）将被测支路接入场强仪的 RF INPUT 口后开机。

（2）按下 SET/DOWN 键使 VIDEO 指示灯点亮，旋动多功能调节旋钮至液晶显示出被测频道处。

（3）此时测量值为该频道图像载频的电平值，如果电平表读数为 48dBμV，而此时输入衰减指示 40dB 处灯亮，则实际电平值为：

$$E_V = 48 + 40 = 88\ (\text{dB}\mu\text{V})$$

（4）按下 SET/DOWN 键，此时 AUDIO 指示灯点亮，测量值为该频道伴音载频的电平值，如电平表指示值为 51dBμV，而输入衰减指示 20dB 处灯亮，则实际电平值为：

$$E_A = 51 + 20 = 71\ (dB\mu V)$$

（5）依据以上测量值可以算出该频道的 V/A 为：

$$V/A = 88 - 71 = 17\ (dB)$$

2. 输出电平的调整

前端对每一支路的输出电平一般应与干线放大器的输出电平和倾斜方式一致。也就是说，前端的输出电平应等于干线放大器的输出电平，若采用平坦输出型干线放大器，则前端的输出电平也是平坦型；若采用倾斜输出型干线放大器，则前端的输出电平亦为倾斜型。

由于信号处理器、调制器的输出电平是可调的，满足上面的要求并不难。

3.4　三网融合的前端层次结构

有线电视系统由模拟向数字的转换为三网融合提供了技术发展的可能和方便，为了实施三网融合首先要实现电视前端的数字化。在《中华人民共和国国民经济和社会发展第十一个五年规划纲要》中提出如下内容："积极推进《三网融合》。建设和完善宽带通信网，加快发展宽带用户接入网，稳步推进新一代移动通信网络建设。建设集有线、地面、卫星传输于一体的数字电视网络。构建下一代互联网，加快商业化应用。制定和完善网络标准，促进互联互通和资源共享。"规划纲要于 2006 年 3 月 14 日颁布实施。《纲要》中提到四种网络：宽带通信网、移动通信网、下一代互联网和集有线、地面、卫星传输于一体的数字电视网络。宽带通信网和移动通信网是数字通信网（电话网），互联网（Internet）是数据（计算机）通信网（接入网为以太网），集有线、地面、卫星传输于一体的数字电视网络是流媒体网（电视网）。对各种网络业务的要求是三网融合、互联互通、资源共享。《纲要》确立了有线电视在国民经济和社会发展中的地位，同时指明了发展方向。四种网络之间既是共存关系，又是竞争关系。三个网络之间技术融合，业务竞争。当前，与有线电视网络竞争的技术方案，一个是互联网协议电视（IPTV），另一个是卫星直播电视（DBS）。三类宽带网络开展数字通信、数据（计算机）通信和电视（TV）业务各有优势和劣势：数字电话网用户多，但是，设备配置需升级、线路老化需更新；以太网是最集约化的网络，但是需全线更新为更高比特率的线速路由交换机；移动通信网是最方便的随身网络，但是流量小、价格高。卫星直播电视的优点是接收方便、节目量大；缺点是没有用户喜闻乐见的本地节目，难以实现交互电视。有线数字电视网络是大容量透明传输网，是最佳广播网，是唯一兼容模拟和数字信号的网络，是目前唯一可传输高清晰度电视（HDTV）的现实网络。其缺点是：非数字基带信号传输必须使用大量调制解调器；信号幅度小，容易被干扰。

3.4.1　数字电视前端的组成

在有线数字电视广播系统未进入市场之前，所谓的有线电视系统就是有线模拟电视广播系统，传输模拟电视信号。但是随着数字技术的发展，有线数字电视信号使图像质量升级；为了保证图像质量，并能控制图像质量的劣化程度和用户收视情况，设备和技术参数的变动非常之大。按照信号流程，系统分成前端、传输网和接入网。如图3-7所示为数字前端信号流程。

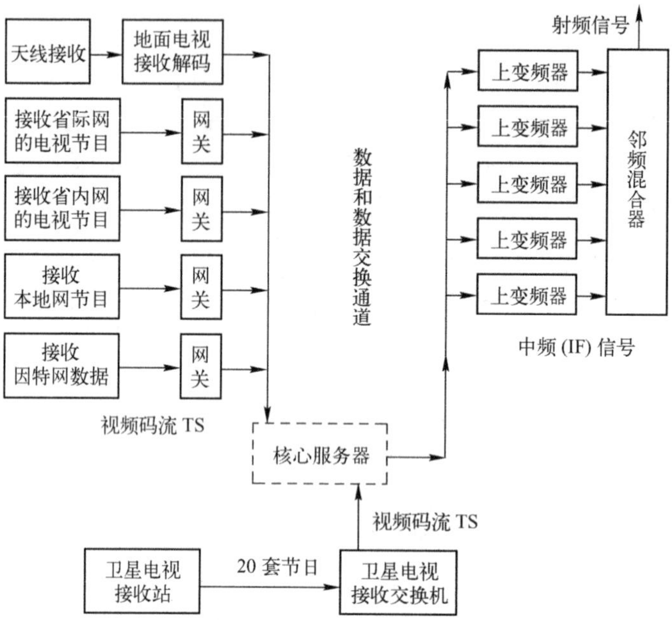

图3-7　数字前端信号流程

数字前端的信号源有数字电视节目、模拟电视节目和互联网（Internet）数据。

（1）接收卫星电视节目来自卫星的数字电视节目，分为单套节目流和多套节目复合流，经过卫星节目交换机处理，转换成异步串行码流（ASI）送入核心服务器。

（2）接收地面开路信号，地面电视发射台广播的数字电视节目，有高清（HDTV）和标清（SDTV）之分。

（3）来自省际、省内和本地广电光纤网的节目必须把这些传输流转换成异步串行码流（ASI）。

（4）现场直播节目，用数字电视摄像机采集。

（5）自办节目用数字录像机、视盘机播放节目时，必须把单节目流转换成异步串行码流（ASI），也可以经过多路复用器转换成复合节目流。

（6）采集调频立体声信号，卫星广播、地面广播、广电光纤网上都有调频立体声信号。

3.4.2　数字电视前端系统设备

1. 信号处理部分

信号处理应包括：传输码流的监视、解扰、加扰、复用与服务信息（SI）处理等环节。信号处理部分是前端的核心，将各个环节集成为一体的设备叫做核心服务器。机顶盒搜索节目必须靠服务信息（SI）引导。正确地插入与随时更新服务信息（SI），才能保证用户正常收视。例如，要增加一套节目，在模拟和数字前端中增加节目的方式完全不同。在模拟前端中只要增加一台解调器和一台调制器。数字前端中增加节目以虚拟方式进行。从节目库（媒体服务器）中调出一套节目加到任意一台复用器中，任意设置节目包在传输流中的位置；只要在传输流中正确地插入了这一套节目的服务信息（SI），机顶盒会自动搜索到这一套节目。

（1）监视、检查处理的主要内容。信号源输出的传输码流（TS），在送入 MQAM 调制器之前，必须检查 TS 中的如下内容：同步数据包、同步字节、TS 流连续性、节目关联表（PAT）、节目映射表（PMT）、信息包的标志符（PID），更改、更新节目特定信息（PSI）和服务信息（SI）。在采集的 TS 流中，要进行解扰处理，对 PSI 与 SI 要重新定义。

（2）复用处理。复用器是将多个异步串行码流（ASI）转换成一个新的 ASI，新 ASI 的比特率会大得多，实现充分利用有限比特率的目的，完成更改、更新节目特定信息（PSI）和服务信息（SI）任务。前端里的各个复用器之间要通信，与其他设备也要通信。只有这样，才能保证各个数据流的相关性、一致性。另外，电子节目指南（EPG）由独立的发生器生成，起向导作用。

（3）数据和数据通道：指数据交换机，要管理、编辑几百套电视节目；运营型前端要管理到户，与机顶盒进行数据通信。必须有数据交换机，运营型前端由一个百兆比特以太网和一个千兆比特以太网组成。在传输过程中，数字电视节目的表现形式也是数据。因此，把有线数字电视系统理解为数据通信系统、计算机通信系统也是可以的。

2. 信号输出部分

信号输出部分的对象是基带数字信号和传输码流（TS），不能在空间传播。在线缆中，基带数字信号只能传输几百米，转化成射频（RF）信号，不单能在空间传播，在同轴电缆中的传输距离扩大到几十千米，在光纤中的传输距离可达上百千米。完成转化过程的设备叫做调制器，起频分复用作用的设备是混合器。

数字调制器的输入信号是 TS 流，模拟调制器的输入信号是视/音频信号。数字调制器中的转化过程又有数字和模拟两种调制方案。顾名思义，数字调制器特指采用数字调制方案的设备。例如，巴可（Bar co）公司的 QAM 调制器的属性为数字调制方案，而有些标志 QAM 调制器的属性为模拟调制方案。数字调制方案的优点：正交（相位差为 90°的两个载波）调制使传输比特率增加一倍；两个载波的幅度一致，误码率大大降低；彻底抑制载波，减少功耗；最实用的特性是无非线性失真。QAM 是正交幅度调制的英文缩写。

调制器的载波频率定为中间频率（IF），有利于标准化生产与提高产品质量，但是，各国的中频（IF）是不同的。直接把载波频率选择为射频（RF），在有线电视中不宜用这类射频调制器，应该用中频调制器。上变频器的功能是把中频信号变换成射频信号。多路射频信号送入混合器，使多路射频信号复合在一起，输出一路频分复用信号。

有线数字电视系统的射频频道表见表 1-3。与有线模拟电视系统的射频频道表相比较，不同之处是中心频率代替了图像载波频率。中心频率是频率范围的中心值，也就是上变频器输出信号的载波频率。

3. 系统管理部分

数字前端的功能分为数据处理和用户管理两类，用户信息数据化才能使用计算机进行管理。站在用户的立场，从技术角度说，数字电视节目为数字通信，管理是数据通信。站在经营者的立场，从市场经济的角度说，应赋予“运营前端”或“运营平台”

之称。节目信息和用户信息的记录、更改、更新及加密、解密任务由各种管理服务器完成。在图3-8中用核心服务器代表各种管理服务器，分别有视频编码器、视频服务器、TS流复用器、媒体服务器、素材服务器、有条件接收（CAS）服务器、用户管理（SMS）服务器、播出控制服务器等。总之，系统管理必须做到：①实时监控前端工作状态；②监视输入码流与输出码流和节目质量；③轮番检查受众收视状况；④核查计费信息；⑤即时打印故障报表及日志。

如图3-8所示为系统软件的功能示意图。

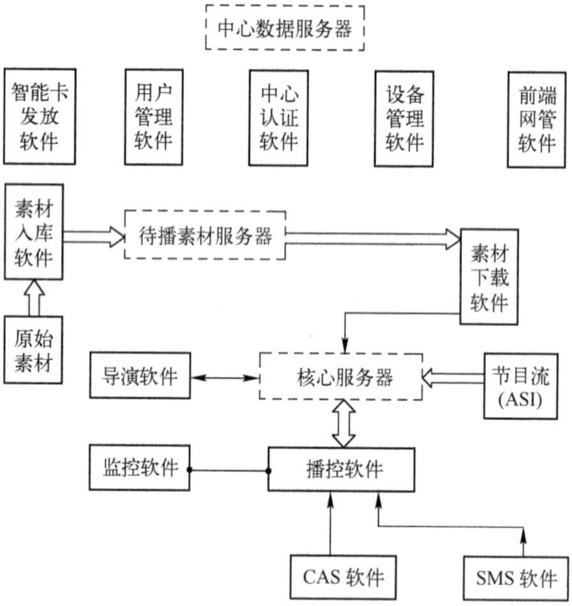

图3-8　系统软件功能示意图

图3-7相当于计算机的硬件，图3-8是计算机的软件平台。软件是功能、性能相对完备的程序系统。程序就是软件，但软件不仅仅包括程序，还包括功能、性能说明信息、应用指南、维护说明和培训教材。程序的结构是嵌套的，程序的功能是叠加的。简而言之，图3-7和图3-8表达的是信号和管理信息的逻辑关系。

习　题　三

一、是非判断题（正确画“√”，错误画“×”）

1. 前端系统的功能是接收信号。(　　)

2. 前端系统位于各种信号源与干线传输系统之间。(　　)

3. 有线数字电视前端主要是将各种信号进行数字编码压缩处理，调制后再上变频到电视频道。(　　)

4. 有线电视系统输出口电平只要满足规定要求，信号质量就能得到保证。(　　)

5. 所有用户电视机图像上都有网纹干扰，说明系统载噪比不合格。(　　)
6. 信号交流声比不合格在图像上表现为有水平横道的滚动。(　　)
7. 载噪比和信噪比是两个不同的概念，它们之间没有内在联系。(　　)
8. 信号处理器与邻频调制器的功能恰好相反。(　　)
9. 直接调制方式的调制器常用于非邻频系统。(　　)
10. 传输线变压器式混合器插入损耗较大，不能用于邻频系统。(　　)
11. 导频信号发生器是为干线传输系统提供实现 AGC、ASC 作用的基准信号。(　　)
12. 前端设备在选用时，主要是满足系统指标要求，而与电视制式无关。(　　)
13. 前端系统输出电平倾斜方式应与干线放大器输出电平倾斜方式一致。(　　)
14. 前端系统的输出电平应与系统输出口电平一致。(　　)

二、选择题（将正确答案的序号填入括号中）

1. 当用户的电视机接收电视节目时，所调谐频道与电视节目播出频道完全一致，说明有线电视系统的前端采用的是（　　）方式。

A. 同频直传　B. 频道转换　C. 隔频传输　D. 邻频传输

2. 前端系统指标中的（　　）是靠设备质量来保证的。

A. 系统输出口电平　B. 回波值　C. 微分增益　D. 载噪比

3. 前端系统指标中的（　　）是由设计来保证的。

A. 回波值　B. 微分增益　C. 输入输出阻抗　D. 交扰调制比

4. 各用户电视机的图像上都有雨刷状干扰或背景图案，说明（　　）指标不合格。

A. C/N　B. CM　C. HM　D. DP

5. 在系统传输频道超过（　　）个以上时，常用 CTB 来取代 CM。

A. 12　B. 18　C. 24　D. 30

6. 邻频系统的调制器，国标规定其调制度为（　　）。

A. 60%　B. 67.5%　C. 80%　D. 87.5%

7. 一般有线电视系统邻频传输使用的 A/V 比应在（　　）。

A. −0.23 ~ −0.14dB　B. −2.3 ~ −1.4dB

C. −14 ~ −10dB　D. −23 ~ −14dB

三、画图题

1. 某高层宿舍楼（120 户）位于 6 频道、21 频道、27 频道发射塔附近，该地区还可接收 2 频道、8 频道、10 频道、15 频道、33 频道电视节目，拟自办一套节目（4 频道），请画出传送 9 套电视节目的前端系统设计框图。

2. 某系统前端接收无线电视节目 8 套，卫星电视节目 14 套（分三颗卫星，各为 6、6、2 套），自办节目 2 套，请画出前端系统设计框图。

四、计算题

1. 系统接收 10 频道信号场强较弱，天线引下线输出端电平为 53dBμV，如果天线放大器的噪声系数为 3dB，增益为 26dB，试计算天线放大器输出口的载噪比。

2. 有线电视系统的 CTB 指标为 54dB，前端分配系统 $K = 0.2$，试计算前端系统的 CTBz。

五、问答题

1. 进行前端系统设计时，主要涉及哪些技术指标？
2. 邻频前端系统信号处理的主要特征是什么？
3. 邻频前端对信号处理器的主要要求有哪些？
4. 邻频调制器的主要技术要求有哪些？
5. 混合器常用种类有哪些？其主要用途是什么？
6. 邻频前端系统的技术要求有哪些？
7. 邻频前端系统设备的选用原则有哪些？
8. 数字前端系统设备的选用原则有哪些？

第四章

传输系统

干线传输系统是有线电视系统的重要子系统。它位于前端和分配系统之间，其作用是将前端系统输出的各种信号不失真地、稳定地传输给分配系统。干线传输系统由传输媒介组成。目前常见的传输媒介有：同轴电缆，微波，光缆以及多种混合型媒介。

具有双向传输通道的有线电视系统简称双向系统。电视信号从前端传送到用户的电视机，受众是被动地得到信息，这是单向信息传输过程，路径称为下行传输通道；为了交换信息必须有上行传输通道。双向系统的波段划分见表4-1。上行通道的频率范围是5～65MHz，中间有22MHz的隔离频带；下行通道的频率范围是110～750（或862）MHz，其中110～550MHz是模拟电视频道占用的频率范围。波段B、（B）、C、（C）的上限频率依次升高，根据业务发展需要，双向系统可逐步展宽下行频率范围。

表4-1　有线电视系统（双向）的波段划分

波　段	频率范围 MHz	业务范围	信号流向
R	5～65	多功能业务	上行
X	65～87	隔离频带	无信号
FM	87～108	调频声音广播业务	下行
A1	110～167	电视广播业务	下行
I	167～223	电视广播业务	下行
A2	223～463	电视广播业务	下行
Ⅱ	470～550	电视广播业务	下行
B	550～750	多功能业务	下行数字
(B)	550～862	多功能业务	下行
C	750～1 000	未来发展业务	上行数字
(C)	862～1 000	未来发展业务	上行数据

从表4-1中可以看出R和C是上行通道，其余是下行通道。显然，在频率轴上是不对称的，下行信号占的频带宽度远超过上行信号。下行信号不论是模拟电视，还是数字电视信号，主要任务是进行射频信号的分配，还是单向传输。

4.1　同轴电缆传输系统

干线放大器、同轴电缆是构成同轴电缆传输系统的主要设备和器材，它们质量的优劣将直接影响到传输信号的质量和稳定性。因此，在传输系统中一定要选用技术性能好、品质优良的设备和器材。同轴电缆的型号、长度及干线放大器的型号、台数，则与系统规模、传输频道及带宽等因素有关，需要进行合理设计。

一根电缆里如何进行信号的双向传输，由于上行和下行载波使用不同的频段，需要用双向滤波器来实现双向传输功能。双向滤波器分别按 5～65MHz 和 110～1 000MHz 来设置上行通道和下行通道的频段，这里的频段分别代表的是滤波器的通频带，通带内对载波的衰耗只有 5dB，对通带外的载波衰耗值在 65dB 以上，或称为阻带。从频率轴上分类，双向滤波器中低通滤波器（L）为上行通道，高通滤波器（H）为下行通道。将双向滤波器和放大器做到一个壳体内就是双向放大器，方框图如图 4-1 所示。简言之，一根电缆中，接入双向放大器，就能实现双向传输。

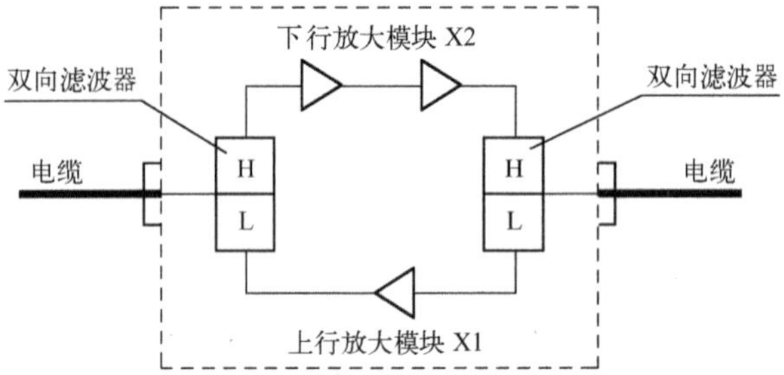

图 4-1　双向干线放大器

4.1.1　同轴电缆传输系统的构成

采用同轴电缆做传输媒介的有线电视系统，其干线传输系统一般采用树枝型网络结构。树枝型网络结构类似于树的形状，树干是系统中的干线部分，树枝即分支出的支线、分配线部分，如图 4-2 所示。

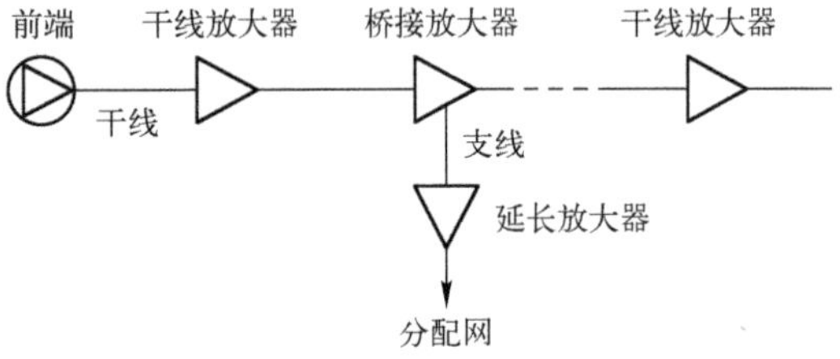

图 4-2　树枝型网络结构

从图 4-2 中可以看出，同轴电缆传输系统是由多级干线放大器通过同轴电缆级联构成的，其中由桥接放大器分出几路支线信号传输到用户分配系统。干线放大器在传输系统中的主要作用是对信号进行放大，以补偿干线电缆的损耗，使传输线路进一步延伸。由于干线放大器均安装在室外，其供电采用低压交流电通过同轴电缆馈电的供电方式，因此，在传输系统中还包括电源供给器和电源插入器等设备。

对于小型有线电视系统，由于传输距离短，使用的放大器不多，一般采用全频道传输方式，其网络结构非常简单。

对于中型有线电视系统，其干线半径为 1～3km 的范围，宜采用邻频传输系统，分单向、双向传输两种。干线放大器根据需要选择单向、双向放大器，对电缆的斜率补偿和温度补偿要求不很高。

对于大型有线电视系统，其干线半径大于 3km，通常采用邻频传输系统，分单向、双向传输两种。由于系统大、传输距离远，在干线传输中主要是要尽量减少传输失真，也就是在保证信号电平的基础上，抑制信号中的非线性失真。在实际设计和调试中，要做好干线电缆的斜率补偿和温度补偿，稳定放大器的输入、输出电平，采用具有 ALC 或具有 AGC、ASC 功能的放大器，在前端应加有导频信号发生器。

4.1.2 常用同轴电缆

同轴电缆在有线电视系统中使用量很大，掌握其有关结构、特性指标，对保证有线电视系统的信号传输质量有很大关系。

（一）同轴电缆的结构和特性

同轴电缆由同轴结构的内外导体构成，具体分内导体、绝缘介质、外导体和护套（保护层）四部分，绝缘介质使内、外导体绝缘且保持轴心重合，如图 4-3 所示。

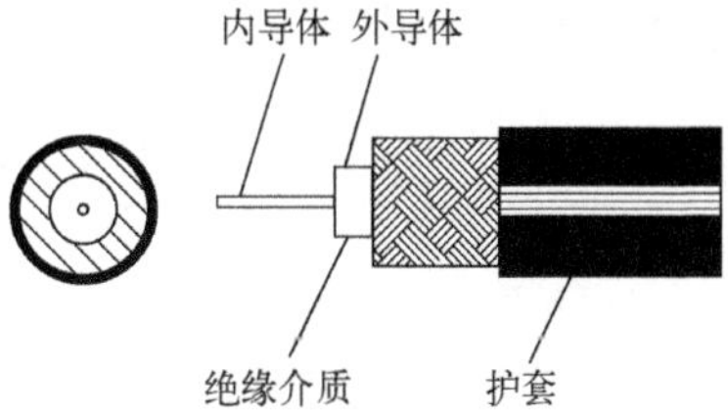

图 4-3 同轴电缆结构图

内导体（又称芯线）可以用铜线、铜包铝线、铜包钢线制成。外导体（又称屏蔽层）一般由铜丝编织而成，或由镀锡铜丝编织网内加一层铝箔而成，也有用金属管（铝管）或用波状铜管制成的。外导体与内导体之间是绝缘介质，其介质的电特性在很大程度上决定着同轴电缆的传输和损耗特性。经常使用的绝缘介质有干燥空气、聚乙烯（PEV）、聚丙烯、聚氯乙烯（PVC）和氟塑料材料的混合物，其结构形式有竹节、纵孔（藕式）、高发泡等。外导体外层有一层护套，常用聚乙烯式乙烯基类材料，由于填充物的不同分为黑色和白色。

同轴电缆的主要技术指标如下。

1. 特性阻抗

同轴电缆的特性阻抗与外导体直径、内导体直径和绝缘介质的相对介电常数有关。有线电视系统采用 75Ω 特性阻抗的同轴电缆。

2. 衰减常数

射频信号在同轴电缆中传输时的损耗与同轴电缆的结构尺寸、介电常数、工作频率有关。衰减常数（α）表示单位长度（如 100m）电缆对射频信号衰减的分贝数，以 dB/100m 表示。电缆的内、外导体直径越大，其衰减常数就越小。衰减常数与信号频率的平方根成正比，即频率越高，衰减常数越大；频率越低，衰减常数越小。通常在电缆产品说明书上都会以表格形式或曲线形式给出 20℃ 常温下的衰减常数和频率之间的对应关系。

3. 温度系数

温度系数表示一年四季温度变化对同轴电缆损耗值的影响。温度增加，电缆损耗增加；温度降低，电缆损耗减小。

温度系数定义为温度每升高 1℃，电缆对信号衰减增加的百分数。比如，温度系数为 0.2 (dB)%/℃ 表示温度每升高 1℃，电缆衰减值在原基础上增加 0.2%。如果温度变化 ±25℃，电缆衰减值在原基础上变化 ±25 ×0.2% = ±5%（电缆衰减值）(dB)。

4. 回路电阻

回路电阻（也称环路电阻）是指单位长度（如 1km）内导体与外导体形成的回路的电

阻值（通常以 Ω/km 表示）。由于干线放大器是经电缆馈电的，电流经过内导体到达放大器（作为电源的负载），再由放大器经过外导体返回电源，形成一个回路，当需要确定由电源到任一电源负载的电压降时，就要考虑回路电阻的影响。

5. 屏蔽特性

屏蔽特性以屏蔽衰减（dB）表示，dB 数越大表明电缆的屏蔽性能越好。电缆的屏蔽特性好，不但可防止周围环境中的电磁干扰影响本系统，也可防止电缆的传输信号泄漏而干扰其他设备。一般来说，金属管状的外导体具有最好的屏蔽特性，采用双层铝塑带和金属网也能获得较好的屏蔽效果。现在为了发展有线电视宽带综合业务网，生产了具有四层屏蔽的接入网同轴电缆，其屏蔽特性很好。表 4-2 列出了国产四层屏蔽接入网同轴电缆的技术参数。

表 4-2　国产四层屏蔽接入网同轴电缆技术参数

<table>
<tr><th colspan="3" rowspan="2">项　目</th><th rowspan="2">单　位</th><th colspan="2">参　数</th></tr>
<tr><th>FKA-5-P（RG6）</th><th>FKA-7-P（RG11）</th></tr>
<tr><td rowspan="6">结构</td><td>内导体</td><td>铜线外径</td><td>mm</td><td>1.02±0.02</td><td>1.63±0.02</td></tr>
<tr><td>绝缘</td><td>氮气注入物理发泡</td><td>mm</td><td>4.57±0.2</td><td>7.1±0.2</td></tr>
<tr><td rowspan="3">外导体</td><td>内层</td><td></td><td colspan="2">单面自粘铝塑带，覆盖率100%</td></tr>
<tr><td>外层</td><td></td><td colspan="2">双面塑带，覆盖率100%，两层包叉口不重合</td></tr>
<tr><td>编织屏蔽层</td><td></td><td>0.12mm 镀锡铜线，内层96网，外层64网，编织角<45°。内层编织密度65%，外层编织密度42%</td><td>0.12mm 镀锡铜线，内层120网，外层72网，编织角<45°。内层编织密度60%外层编织密度40%</td></tr>
<tr><td colspan="2">外护套（PVC 黑、白）</td><td>mm</td><td>7.54±0.2 厚度≥0.86</td><td>10.34±0.2 厚度≥1.0</td></tr>
<tr><td rowspan="17">电器性能</td><td colspan="2">特性阻抗</td><td>Ω</td><td>75±3</td><td>75±2.5</td></tr>
<tr><td colspan="2">缆芯介电强度</td><td>kV</td><td colspan="2">1.6</td></tr>
<tr><td colspan="2">绝缘电阻</td><td>MΩ/km</td><td colspan="2">10000</td></tr>
<tr><td rowspan="2">护套介电强度</td><td>火花</td><td rowspan="2">kV</td><td>3</td><td>3</td></tr>
<tr><td>浸水</td><td>2</td><td>5</td></tr>
<tr><td rowspan="8">衰减20℃
测量值（MHz）</td><td>5</td><td rowspan="8">≯
dB/100m</td><td>1.90</td><td>1.25</td></tr>
<tr><td>55</td><td>5.25</td><td>3.15</td></tr>
<tr><td>211</td><td>10.00</td><td>6.25</td></tr>
<tr><td>300</td><td>11.64</td><td>7.88</td></tr>
<tr><td>450</td><td>14.43</td><td>9.02</td></tr>
<tr><td>550</td><td>16.08</td><td>9.97</td></tr>
<tr><td>800</td><td>19.0</td><td>12.4</td></tr>
<tr><td>1000</td><td>21.49</td><td>14.25</td></tr>
<tr><td rowspan="2">回波损耗</td><td>VHF（min）</td><td rowspan="2">dB</td><td colspan="2">20</td></tr>
<tr><td>UHF（min）</td><td colspan="2">20</td></tr>
<tr><td colspan="2">屏蔽衰减（5～1000MHz）</td><td>dB</td><td>>102</td><td>>102</td></tr>
</table>

续表

项目		单位	参数	
			FKA－5－P（RG6）	FKA－7－P（RG11）
机械强度	断裂伸长强度	kgf	＞50	＞65
	低温试验，－25℃，20h		介质和护套无任何损伤	
	高温试验，80℃，168h			
	温度特性（max）		2.5%/10%℃	
	发泡气体		高纯度氮气	
	最小弯曲半径	mm	70	100

6. 最小弯曲半径

国内外生产的各种同轴电缆的最小弯曲半径差别很大，一般在电缆产品说明书上都会标明。在安装时特别要注意指标，如果电缆某处弯曲程度太大或被夹扁，特性阻抗就不均匀，将会使该处的驻波比增大，产生反射。因此弯曲电缆时，一定要按照产品给定的最小弯曲半径，对于未标明最小弯曲半径的电缆，其半径一般应为电缆直径的6～10倍。

此外，随着时间的推移，安装在室外的电缆会出现老化，各项性能指标都要发生变化。其中电缆衰减特性改变很大，例如三年后，电缆衰减大约增加1.2倍，而六年后增加1.5倍。这一点在考虑系统使用寿命时必须注意。

表4-3中列出了国内外部分同轴电缆主要技术指标，供读者参考。75－5、75－7主要用于分配网；75－9、75－12主要用于支线及分配线；干线传输应使用75－12以上的电缆。

表4-3 国内外部分同轴电缆主要技术指标

电缆型号		内导体直径（mm）	绝缘直径（mm）	外导体结构	护套材料	护套最大外径（mm）	特性阻抗（Ω）	最大衰减系数 20℃ dB/100m				最小回波损耗（dB）	
								50MHz	200MHz	550MHz	800MHz	VHF	UHF
75－5	SYWV－75－5	1.00	4.8	铝塑带＋编织	PVC	7.5	75±3	4.8	9.7	16.8	20.3	20	18
	RG6系列	1.02	4.57	铝塑带＋编织	PVC	6.91	75±3	4.7	9.0	15.4	18.8	20	20
	5C－HFL	1.20	5.0	铝塑带＋编织	PVC	8.0	75±3	—	9.0	—	—	20.8	20.8
	FK－5－P	1.00	4.8	铝塑带＋编织	PVC	7.2	75±3	4.6	8.9	15.8	19.0	20	20
75－7	SYWV－75－7	1.66	7.25	铝塑带＋编织	PVC	10.3	75±2.5	3.2	6.4	10.7	13.3	20	18
	RG11系列	1.63	7.11	铝塑带＋编织	PVC	13.16	75±3	3.0	5.6	10.0	12.3	20	20
	7C－HFL	1.80	7.0	铝塑带＋编织	PVC	10.5	75±3	—	6.2	—	—	20.8	20.8
	FK－7－P	1.60	7.0	铝塑带＋编织	PVC	10.3	75±2.5	3.0	5.8	10.3	12.8	20	20
75－9	SYWV（Y）－75－5	2.15	9.0	铝塑带＋编织或铝管	PVC	12.2	75±2.5	2.4	5.0	8.5	10.4	20	18
	ACW9PTC、412	2.26	9.3	铝管	中密度聚乙烯	12.5	75±2	2.13	4.36	7.44	9.14	24	22
	FK－9－P	2.05	8.8	铝塑带＋编织	PVC	12.0	75±2	2.3	4.5	8.0	9.9	20	20
	FK－9－L	2.05	8.8	铝管	高密度聚乙烯	12.0	75±2	2.3	4.5	8.0	9.9	24	22
	BK－9－L	2.18	8.8	铝管	高密度聚乙烯	12.0	75±2	2.1	4.2	7.4	9.2	26	24
75－12	SYWV（Y）－75－12	2.77	11.5	铝管	PVC或低密度聚乙烯	16.7	75±2	1.9	3.9	6.7	8.2	20	18
	ACE7PTC、500	2.78	11.5	铝管	中密度聚乙烯	14.7	75±2	1.69	3.48	5.99	7.35	24	22
	BK－12－L	2.85	11.7	铝管	高密度聚乙烯	14.7	75±2	1.65	3.41	5.94	7.20	26	24

续表

电缆型号		内导体直径（mm）	绝缘直径（mm）	外导体结构	护套材料	护套最大外径（mm）	特性阻抗（Ω）	最大衰减系数 20℃ dB/100m				最小回波损耗（dB）	
								50MHz	200MHz	550MHz	800MHz	VHF	UHF
75－13	QR540	3.15 铜包铝	13.03	铝管	高密度聚乙烯	15.49	75±2	1.44	3.04	5.18	6.30	26	26
	MC^2500	3.10 铜包铝	11.9	铝管	高密度聚乙烯	14.90	75±2	1.48	3.04	5.09	6.28	26	26
	TX10565J	3.28 铜包铝	13.2	铝管	高密度聚乙烯	15.90	75±2	1.48	3.0	5.12	6.30	26	26
75－14	BK－14－L	3.28 铜	13.3	铝管	高密度聚乙烯	16.5	75±1.5	1.42	2.85	5.10	6.25	26	26

（二）有线电视系统对同轴电缆的要求

在有线电视系统的建设中，如果采用同轴电缆作为传输干线，则敷设传输电缆的费用在总投资中占的比例最大。电缆性能的优劣将直接影响系统的寿命和质量。为了保证电视信号在同轴电缆中长期稳定、有效地传输，同轴电缆的电气特性和机械性能应符合如下的要求。

1. 频率特性要平坦

同轴电缆一般对射频信号在低频端衰减小，高频端衰减大。在传输过程中，由于电缆本身的频率特性，将产生电平的倾斜，而邻频传输系统要求各频道的输出电平要基本一致，这就要通过均衡器加以校正，以高频端的衰减量为参照，降低低频端的电平，达到平坦输出的目的。均衡量越大，对系统的载噪比影响也越大。因此，在同样传输距离和使用相同数量的干线放大器的条件下，采用在高频端衰减量小的同轴电缆传输信号可以得到更高的载噪比。

2. 电缆损耗要小

电视信号通过电缆的衰减小，就可以在相同条件下，减少干线放大器级数；若在相同的放大器级数的条件下，有效传输距离可更远一些。

3. 传输稳定性要好

由于干线电缆安装在室外，要求电缆特性不随或少随时间和气候的变化而变化，即衰减常数稳定和温度系数小。一般用做干线传输的电缆的温度系数为0.1%～0.18%（dB）/℃。

4. 屏蔽特性要好

有线电视系统传输要求同轴电缆本身具有良好的屏蔽性和无信号泄漏，以提高系统的抗干扰能力和避免信号干扰其他设备。

5. 回路电阻要小

在干线传输系统中，干线放大器均采用集中供电，电缆回路电阻小，则可多供几级放大器。

6. 电缆的防水性能要好

同轴电缆要能长期使用，最关键的问题就是性能要稳定不变。破坏性能的最主要因素是水分子的浸入，水分子会使电缆的损耗急剧增加，导致电缆失效。在电缆的防水性能方面，竹节式最好，高发泡式次之，藕式的最差。

7. 机械性能

有线电视系统用的同轴电缆分为架空型和铠装型（埋地型）两类。它们要求电缆本身具有良好的机械性能，如抗拉、耐压、耐弯曲、不变形和良好的防护性能等。例如，MC^2500

型电缆在外导体和护套之间灌注了一种油质复合物，长期保持液体状态。当电缆受到外来破坏时，这种油质复合物会自动流出将破口封住，使电缆免受侵害。

4.1.3 干线放大器

由于同轴电缆对电视信号的衰减程度与所传输的信号频率的平方根成正比，因此，电缆的衰耗－频率曲线是倾斜的。要在整个工作频段内取得平坦的响应特性，必须对电缆衰减的频率特性予以适当的补偿。补偿方法有两种：一种是把放大器增益－频率曲线设计成与电缆衰耗－频率曲线互补，即放大器对低频端放大量小而对高频端放大量大；另一种方法是设计一个均衡器，使其较多地衰减低频端电平而较少地衰减高频端电平，再在均衡器的输出端设置一个具有平坦特性的放大器，即可将信号电平恢复到原来的水平。干线放大器的主要作用是以其对信号的放大量（增益）来抵消传输媒介（电缆）对信号的衰减量。因此在有线电视系统中，放大器的配置是以放大器的增益与电缆的损耗来决定的。这里面当然要包括均衡器部分。

（一）均衡器

（a）固定均衡器　　（b）可变均衡器

图 4-4　均衡器的图形符号

均衡器的图形符号如图 4-4 所示。

1. 均衡器的分类

均衡器可按工作频带分为 V 段、U 段和邻频用三类。V 段、U 段均衡器常见于隔频传输系统；而邻频用的则相应有 450MHz，550MHz，750MHz，1000MHz 均衡器；使用时只有在这些频率范围内，均衡器才具有相应的补偿作用。

在某一频带内工作的均衡器又分为固定均衡器和可变均衡器。固定均衡器是指均衡量固定，可变均衡器指均衡量在一定范围内可变。有线电视系统中使用较多的是固定均衡器。均衡器可以独立地外接在放大器的输入端（或输出端），也可以插片形式安装于放大器内部，成为放大器的一部分。为了适应放大器的集中供电，多数均衡器是过流型的。

此外，在实际系统中若出现中间某个频道电平比其他频道电平高的情况，这时就需要采用针对某点频率的频率响应均衡器。频响均衡器有某点向上均衡或向下均衡两种方式，如某点以上均衡量为 0.8dB、某点以下均衡量为 2dB 等。

2. 均衡器的主要技术参数

均衡器常用插入损耗、均衡值、均衡偏差、反射损耗、载流量等项指标来衡量其性能。

（1）插入损耗。在工作频带的上限频率处，均衡器输入功率与输出功率分贝数之差即为插入损耗。国标规定：VHF 频段插入损耗≤1.5dB，UHF 频段插入损耗≤2dB。

（2）均衡值。均衡值有两种表示方法：一种是均衡量，另一种是当量均衡值。各生产厂家的表示方法不同，在选用时必须注意。

均衡量为工作频带内下限频率与上限频率点间衰减量之差，采用不同的均衡量，可以补偿不同长度电缆的损耗。

当量均衡值是放大器级间的电缆长度在工作频带的上限频率处的衰耗分贝数。

均衡量和当量均衡值有如下关系：

$$E = E_{\mathrm{d}}\left(1 - \sqrt{\frac{f_{\mathrm{L}}}{f_{\mathrm{H}}}}\right)$$

式中，E —— 均衡量；

E_d——当量均衡值；

f_L——下限频率；

f_H——上限频率。

（3）均衡偏差。均衡偏差为工作频带内规定频率点均衡值与理论均衡值的差，均衡偏差值越小，补偿的效果越好。国标规定为 ±0.5 ~ ±1dB。

（4）反射损耗。它是衡量均衡器输入端和输出端匹配程度的指标。反射损耗值越大，端口的阻抗匹配越好。国标规定，VHF 频段反射损耗≥16dB，UHF 频段反射损耗≥10dB。

（5）载流量。在采用集中供电方式的有线电视系统中，均衡器应能为后续放大器提供供电通路，也就是要能过流，其载流量有 1A，2A，4A，6A，10A 等。若均衡器是专为放大器配接使用的，则不需载流量要求。

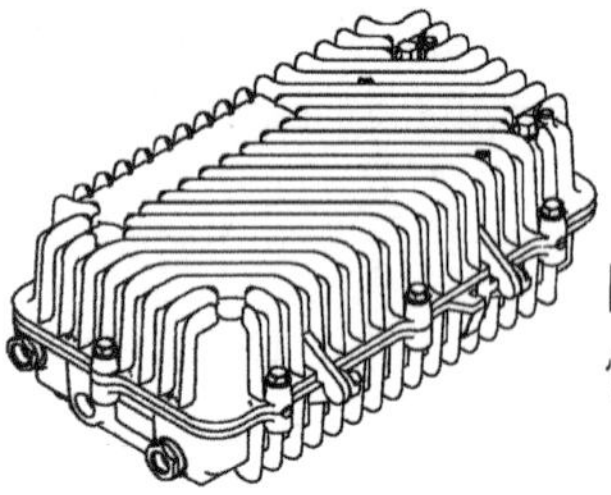

图 4-5　干线放大器

（二）干线放大器

干线放大器通常安装在室外，要求采用压铸铝合金机盒，能防水，耐腐蚀，强度好，耐气候变化，重量轻和导热性能及避雷性能好，工作寿命长，如图 4-5 所示为其外形图。

干线放大器、桥接放大器及双向放大器的图形符号如图 4-6 所示。

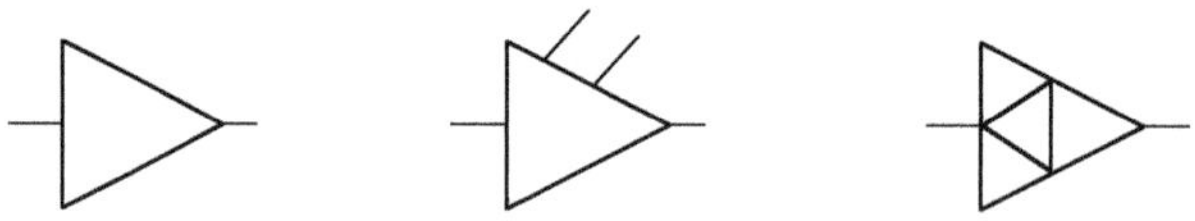

（a）干线放大器　（b）桥接放大器　（c）双向放大器

图 4-6　常用放大器图形符号

1. 干线放大器的特点

干线放大器主要用于干线传输系统，由于工作性质和环境的要求，干线放大器具有如下特点。

（1）增益可调。一般来说，在干线中有几台或几十台放大器级联工作。原则上，放大器的增益正好等于两台放大器之间的连接电缆的损耗。即对传输干线来说，输出信号电平应该等于输入电平，也就是所谓的“0”增益。如果放大器的增益大于电缆损耗，则通过系统的信号电平将逐级增大，最终将导致系统中某一级放大器因过载而发生信号失真、交调等现象。倘若放大器的增益小于电缆损耗，则通过系统的信号电平将逐级变低，这将最终导致在系统中某一级载噪比不合格。为此，对干线放大器提出了增益可调的要求。

（2）斜率补偿。电缆对传输信号的衰耗与频率呈一斜率直线，放大器若补偿电缆损耗，也包括斜率补偿。因此，要求放大器的幅频特性曲线的斜率正好与电缆的衰耗相反，或者通过插入均衡器件。

（3）自动增益控制。为了适应长距离电缆传输的需要，要求干线放大器具有自动增益控制（AGC）功能，有的还具有自动斜率控制（ASC）功能，两者兼有的又称自动增益斜率控制（AGSC）或自动电平控制（ALC）。这种干线放大器比较复杂，一般用于大型系统。

对于传输干线比较短的小型系统，一般采用手动增益控制（MGC）的斜率均衡，并加上温度补偿的方法来实现增益控制。

（4）双向功能。在具有双向传输的有线电视系统中，干线放大器配置为双向放大器，双向放大器中有双向分离器以分别处理正、反向信号。由于反向信号的频率范围常为 5～65MHz，其电缆损耗要小，因此反向放大器的增益比正向放大要低。

（5）适应室外工作环境。由于干线放大器多安装在室外，要求采用压铸铝合金机盒，能防水，耐腐蚀，强度好，耐气候变化，重量轻和导热性能及避雷性能好，工作寿命长。

（6）桥接放大器。桥接放大器是干线放大器的派生品种，干线桥接放大器除放大干线中的信号外，还分出几路支线信号传输到用户分配系统，而桥接放大器则对干线中的信号不放大，仅对分出的几路信号进行放大并送到用户分配系统。

2. 干线放大器的主要技术指标

（1）标称输入电平。满足干线放大器技术参数的输入电平范围内的中心点。

（2）标称增益。也称典型工作增益，是在合适的自动电平控制和标称输入电平条件下，放大器能得到的增益。

（3）标称输出电平。在标称输入电平和在标称增益下干线放大器的输出电平。

（4）带内平坦度。指干线放大器传输频带内最高、最低幅频响应电平相对两者平均电平的偏差总量。要求干线放大器的平坦度达到 ±0.25～±0.3dB。

（5）载波交流声比（HM）。载波与寄生调幅到载波信号上的电源交流峰值之比，用 dB 表示。

（6）非线性失真。主要包括 CM、CSO、CTB。干线放大器产品说明书给出的 CTB 都是在一定的频道数和输出电平下测试的，如果实际应用中频道数与给定条件不一致，应该按下式进行修正。

$$\mathrm{CTB_N}=\mathrm{CTB_T}+20\lg[(T-1)/(N-1)] \tag{4-1}$$

式中，N —— 实际使用频道数；

T —— 测试 CTB 时的频道数。

（7）AGC 和 ASC 特性。AGC 特性表示干线放大器输出电平受输入电平变化影响的大小。ASC 特性表示干线放大器的输出电平斜率受输入电平斜率变化影响的大小。单导频控制的 AGC 干线放大器和双导频控制的 ALC 干线放大器不同。由于电缆的斜率特性，使得温度变化时，各频率点电平变化不一致，若采用单导频控制，会造成高频端电平调整不足，仍然较高，随着干线放大器级联数的增加，控制不足和过量制约了干线放大器的级联数，一般来说，单导频控制 AGC 干线放大器最大级联数在 10 级左右，传输 5～6km。双导频控制的 ALC 干线放大器由于频率高低端都有导频信号作为基准，使频率高、低端均得到有效控制，由干线传输过程中产生的电平波动，在各级 ALC 干线放大器的控制下均能基本消除。因此，制约其级联数和传输距离的主要是干线部分的载噪比，双导频干线传输距离可达 10km 以上。

（8）噪声系数 N_F。干线放大器的噪声系数在 7～10dB 范围内，越小质量越好。单台干线放大器的载噪比 $(C/N)_A$ 与噪声系数的关系为：

$$(C/N)_A=S_iN_F-2.4(\mathrm{dB}) \tag{4-2}$$

式中，S_i—— 输入信号电平；

N_F—— 干线放大器噪声系数；

2.4 —— 传输电路热噪声。

干线系统的载噪声比为

$$(C/N)_t = (C/N) - 10\lg n \tag{4-3}$$

式中，$(C/N)_t$—— n 个相同干级放大器串接干线系统的载噪比；

N—— 串接放大器级数。

（9）反射损耗。该指标表示阻抗匹配程度。反射损耗不合乎要求，不但引起重影，而且还会使平坦度变差。

（10）最大输出电平。有些干线放大器给出的是交调比为60dB（三音法测试）时的最大输出电平；有些则给出在几十个频道混合输入时，在某个非线性指标下（如CM）的最大输出电平。

为了使读者能够进一步了解干线放大器的技术参数，在表4-4、表4-5、表4-6中列出了实际产品的技术参数以供参考。

表4-4　国产XF系列双模块AGC干线放大器

型　号	XF-22GA（L）			XF-26GA（L）			备　注
频率范围（MHz）	45～300	45～450	45～550	45～300	45～450	45～550	
工作频道容量	28	47	59	28	47	59	
最大增益（dB）	22±0.5			26±0.5			0dB衰减和均衡器
带内平坦度（dB）	±0.25			±0.25			
工作输出电平（dBμV）	94			98			
工作输入电平（dBμV）	72			72			
复合二次差拍（CSO）（dB）	85	80	77	81	76	73	在工作电平和频道数下测量
复合三次差拍比（CTB）（dB）	90	84	82	82.5	76.5	74.5	
噪声系数（dB）	8			8			
AGC性能（dB）	输入±3dB时，输出±0.3dB			输入±3dB时，输出±0.3dB			
最大输出电平（dBμV）	120			120			按DIN45004B
反射损耗（dB）	16			16			
增益调节范围（dB）	0～10			0～10			
斜率调节范围（dB）	0～18			0～18			插片式　1.5dB/挡
导频频率（MHz）	168.25			168.25			其他频率可选择
检测口（dB）	-10			-10			
供电方式	220V或60V AC			220V或60V AC			60V为集中供电

表 4-5 UNIKA LE-3000 干线放大器

项 目	参 数
频率范围	49～550MHz
反向频率	5～30MHz
工作增益	29dB，25dB（当使用 ALC）
带内平坦度	±0.5dB
噪声系数	5dB
输出电平	95dBμV（35dBmV）
交互调制比	-74dB
CSO	-70dB
CTB	-72dB
阻抗	75Ω
反射损耗	20dB
雷电保护	输入/输出端可承受 15kV 冲击电压（1.2×50μs）

表 4-6 三皇冠公司 LA 系列干线放大器

参数名称 \ 型号		LA5226	LA5230	LA4226	LA4230	LA4330
带宽（MHz）	正向	47～550	54～550	47～450		
	反向	5～26	5～30	5～30		
增益（dB）		26	30	26	30	
自动电平控制范围（dBμV）		89～103				
增益控制（自动、手动）（dB）		0～10				
自动电平控制能力（dB）		±5/±1		±4/±1		
输入衰减（dB）		0～10				
斜率调整（dB）		0～10				
步进斜率调整（dB）		0、6、11				
频道容量		60		46		
交扰调制 -57（dBμV）		110				
组合三次差拍 -57（dBμV）		110				
二次互调 -70（dBμV）		110				
噪声系数 （dB）		7				
反射损耗（IN/OUT）（dB）		16				
带内平坦度（dB）		±0.5				
交流声调制 （dB）		-66				
测试点电平 （dB）		-30				
供电 AC/W		AC：26～60/18				

XF 系列干线放大器的工作原理方框图如图 4-7 所示。

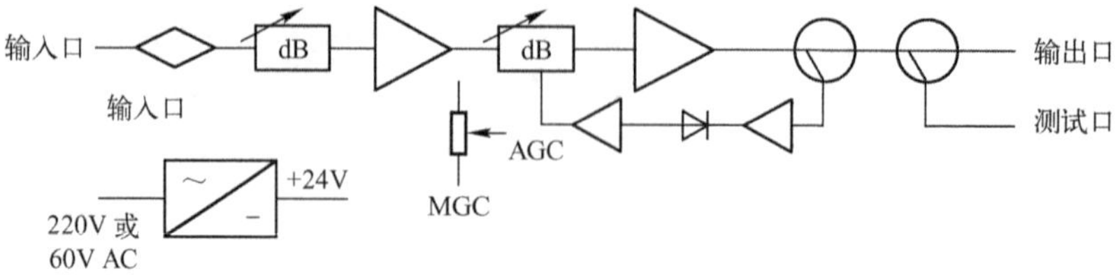

图 4-7　XF 系列干线放大器的工作原理方框图

（三）干线放大器的集中供电

干线放大器安装在室外，就近接市电会有许多困难，因此通常采用电缆馈电方式，可以在前端或干线中任何一点对干线放大器集中供电。集中供电需要增加电源供给器、电源插入器等设备。

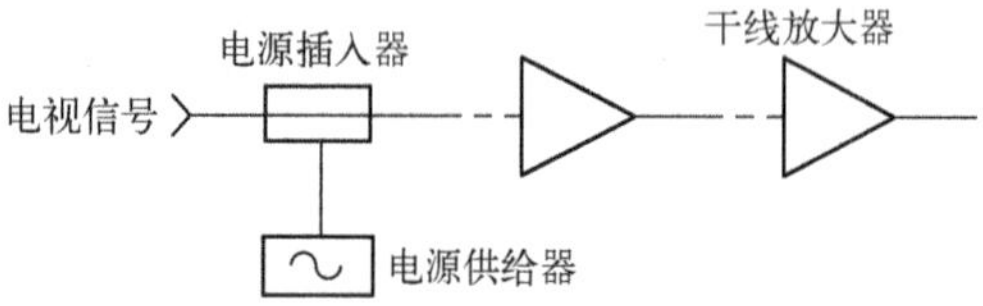

图 4-8　集中供电示意图

电源供给器主要由降压变压器及稳压、限流、保护等电路构成。它将市电 220V 变换成稳定的 AC 60V 输出。电源供给器输出的 AC 60V 和前端输出的电视信号经电源插入器混合后经过电缆送到干线放大器，由干线放大器内的开关电源转换成直流电。集中供电的方式如图 4-8所示。

4.1.4　干线系统的设计与调整

干线传输系统设计的主要依据是要求条件和限制条件。要求条件主要是要满足技术指标要求，如 C/N、CM、CTB 等指标；限制条件是指一般应遵循的设计原则或注意事项，如网络结构形式、干线的布置和路由选择要点等。绘制干线系统图，最后进行验算与调整。

同轴电缆传输系统通常采用树枝型网络结构，在根据整个系统规模、用户密度及其分布状况，具体布置干线电缆和路由的选择时，首先要考虑下列原则要求。

（1）为使干线传输系统高质量、低损耗地传输信号，干线敷设应尽可能选择短而直的路由，以减少放大器串接级数、节约电缆、降低工程造价。

（2）传输干线应远离强电线路和干扰源敷设。电缆与其他架空明线线路共杆架设时，两线间垂直距离应符合有关规定的要求。

（3）干线系统中可通过分支放大器向分配网络馈送信号，而尽量少用分配放大器。

（4）干线放大器一般应设置在其增益刚好抵消前一段电缆损耗的位置（所谓零增益设计概念）。干线分支放大器的位置应处于用户分配网点的中心地带，这样分支线短而输出电平高。

（5）传输干线终点位置（即干线末端）应以能满足系统中最远的分配网点的电平需要而定。

（6）在需要将干线分成两路传输时，可在干线中接入分配器，其位置应靠近干线放大器输出端，远离下端，同时要求分配器以后的两支干线的电缆损耗和阻抗相等或匹配，以减少反射影响。

（7）高寒和温度变化大的地区以及为了传输干线的稳定、安全需要，应尽可能采用直埋式电缆地下敷设。

（一）电缆干线传输系统的设计与计算

某地区有线电视系统，服务用户约5万，中心前端位于地区中心附近，近期传输频道数为28，远期传输频道数为40，采用550MHz邻频系统，电缆干线传输系统由整个系统分配指标为：C/N≥47dB（$K=0.25$）；CM≥52dB（$K=0.5$）；CTB≥57dB（$K=0.5$）。

设计步骤如下。

1. 确定干线路径

根据该地区平面图绘制从前端到用户分配网路由图，得知最远干线传输距离为5km。选用MC^2 500型电缆，其550MHz时衰减量为5.09dB/100m（20℃），温度系数为0.2%（dB）/℃，回路电阻5.15Ω/km。干线放大器采用三皇冠LA5226型，主要参数见表4-6。导频频率可选200～400MHz之间的任意频道。

2. 干线放大器级联数n的确定

干线放大器的级联数由最长传输距离D和间距S决定。间距又与放大器增益和电缆衰减量有关，即

$$S=G/\alpha \tag{4-4}$$

式中，G—— 放大器增益；

α——每100m电缆衰减量。

$$S=26/5.09=5.11$$

即511m。

取$S=500$m，代入数$n=D/S$，$n=5\,000/500=10$

由此可知，干级放大器的级联数为10。

3. 干线载噪比计算

当多台干线放大器具有相同型号或相同指标时，可根据下述公式计算载噪比。

$$C/N=S_i-N_F-2.4-10\lg n \tag{4-5}$$

式中，S_i—— 放大器输入电平；

N_F—— 放大器噪声系数；

2.4 ——传输线路热噪声；

n—— 放大器级联数。

（1）常温时（20℃）的载噪比

由式4-5，输入电平选72dBμV，则

$$C/N=72-7-2.4-10\lg 10=52.6\ (\text{dB})$$

① 温度对电缆衰减的影响$\Delta\alpha$。

$$\Delta\alpha=L\times 0.2\%\times\Delta T \tag{4-6}$$

式中，L——间隔串接的电缆衰减量，$2\times S\times\alpha$；

0.2% —— 电缆温度系数；

ΔT—— 温度变化量。

考虑到温度变化为 -20℃ ~ +40℃，即 $\Delta T = \pm 30$℃。

$$\Delta\alpha = 2\times5\times5.09\times0.002\times30 = 3.06\ (\text{dB})$$

（2）高温时的最差载噪比。

$$(\text{C/N})_{\text{T}} = \text{C}/N - \Delta\alpha \tag{4-7}$$

代入常温时 C/N，得 $(\text{C/N})_{\text{T}} \approx 49.54$（dB）

4. 干线交调比计算

在多台放大器有相同或相似指标且间距相等时，干线交调比可按下述公式计算。

$$\text{CM} = \text{CM}_{\text{a}} + 2(S_a - S_o) - 20\lg n - C\lg(N/N_{\text{a}}) \tag{4-8}$$

式中，CM_{a}—— 放大器的参考 CM 值；

S_a—— 放大器参考输出电平；

S_o——放大器工作输出电平；

n—— 放大器级联数；

N —— 系统传输频道数；

N_{a}——参考频道数；

C ——各频道同步系数，有 $C = 20$（各频道信号全同步）、15（各频道信号不同步）、10（各频道信号全不同步）。

从上式可以看出，放大器输出降低 1dB，交调比可改善 2dB；级联数越多，则交调比越差。此关系在系统设计、调试技术指标中是一个很重要的关系。

取 CM_{a} 为 57dB，S_a 为 110dBμV，S_o 为 98dBμV，n 为 10，C 为 20，N 为 40，有：

$$\text{CM} = 57 + 2(110 - 98) - 20\lg10 - 20\lg(40/60) = 64.5\ (\text{dB})$$

考虑到频率响应积累引起的电平变化 ΔS，由于 $\Delta S = n/10 + 1$ 为 2dB，则实际交调比最差情况为：

$$\text{CM}_{\text{T}} = \text{C} - 2\Delta S \tag{4-9}$$

代入数值，得

$$\text{CM}_{\text{T}} = 60.5(\text{dB})$$

上述计算也可分解为如下四步。

① 交调指标按电平折算。

$$\text{CM}_{\text{s}} = \text{CM}_{\text{a}} + 2(S_a - S_o) = 57 + 2(110 - 98) = 81\ (\text{dB})$$

② 按频道数折算。

$$\text{CM}_{\text{n}} = \text{CM}_{\text{s}} - 20\lg(N/N_{\text{a}}) = 81 - (-3.5) = 84.5\ (\text{dB})$$

③ 干线末端的交调比。

$$\text{CM}_{\text{e}} = \text{CM}_{\text{n}} - 20\lg n = 84.5 - 20 = 64.5\ (\text{dB})$$

④ 考虑到不平度影响。

$$\Delta S = n/10 + 1 = 10/10 + 1 = 2\ (\text{dB})$$

$$\text{CM}_{\text{T}} = \text{CM}_{\text{e}} - 2\Delta S = 60.5\ (\text{dB})$$

5. 干线的 CTB 计算

干线传输系统的 CTB，可按下式计算，也可分步计算。

$$\text{CTB} = \text{CTB}_{\text{a}} + 2(S_a - S_o) - 20\lg n - C\lg(N/N_a) \tag{4-10}$$

式中，CTB_a—— 放大器参考 CTB 值。

代入数值，有：

$$CTB = 57 + 2(110 - 98) - 20\lg 10 - 20\lg(40/60) = 58.38 \ (dB)$$

考虑到温度变化的影响，在低温时 CTB 最差情况为：

$$CTB_T = CTB - 2\Delta\alpha \qquad (4-11)$$

代入数值，得

$$CTB_T = 61.4 \ (dB)$$

系统 CTB 分布计算与交调比相似，也分四步，读者可参考 CM 的分步计算。

6. 级间均衡的计算

对干线放大器选择倾斜方式为平坦式输出，级间距离 S 为 500m，该段电缆所需要的均衡量 ΔE 计算如下：

$$\Delta E = (\alpha_H - \alpha_L) \times S \qquad (4-12)$$

式中，α_H—— 电缆在高频端的衰减常数；

α_L——电缆在低频端的衰减常数。

MC^2500 电缆在 50MHz 处 $\alpha_L = 1.48$dB/100m；在 500MHz 处，$\alpha_H = 5.09$dB/100m。取 $\alpha_L = 1.5/100$m，$\alpha_H = 5.1$dB/100m，可得

$$\Delta E = (5.1/100 - 1.5/100) \times 500 = 18 \ (dB)$$

7. 干线系统集中供电计算

集中供电电源的负载是干线放大器和电缆回路电阻，它所能带动的干线放大器台数，取决于干线放大器内开关电源的输入伏安特性和电缆回路电阻的大小。因此根据每段电缆的回路电阻 R，每台干线放大器的平均耗电电流 I、干线放大器最低输入电压 U_L 及电源供给器输出电压 U_o，便可计算出一台电源供给器能供给多少台（n）放大器的电源，即

$$n \approx 2(U_o - U_L)/IR \qquad (4-13)$$

已知 MC^2500 电缆回路电阻为 5.15Ω/km，每台放大器间电缆的回路电阻为 $5.15 \times 500 = 2.58\Omega$；电源供给器输出电压 60V AC；每台放大器平均耗电电流为 0.5A，放大器最低工作电压不小于 26V，代入式（4－13），则

$$n = 2(60 - 26)/0.5 \times 2.58 \approx 7$$

计算结果：$n \approx 7$，即一台电源供给器可供给 7 台放大器的电源。因 n 是近似值，实际会低于此值。但很多干线放大器可以由输入端或输出端串接馈电（即向前或向后供电），只要电源供给器功率足够，选择位置合理，还可以提高供电数量。

（二）电缆干线传输系统的验算

对系统设计与计算结果进行验算，是为了通过验证选定电缆、干线放大器型号，并根据计算确定干线系统的工作参数，这些工作参数是否合适、能否满足技术指标要求。验算的方法主要是对照标准指标，验算没有问题即认为设计合理。如验算不合格，唯一的解决措施就是重新选择电缆和干线放大器并重新进行干线系统技术指标的设计计算。因为干线系统的技术指标取决于电缆、干线放大器的技术参数，具体的电缆、干线放大器型号一经选定，干线的传输距离、放大器级联数等也就决定了，同时与之相关的技术指标也就可以计算了。

1. 以分配指标验算

本设计例中，由整个系统分配的指标为：C/N≥47dB；CM≥52dB；CTB≥57dB。本干线系统设计值在最差情况为：$(C/N)_T$ = 49.54dB；CM_T = 60.5dB；CTB_T = 58.38dB。满足指标要求。

2. 干线系统电平与斜率控制验算

由温度变化对电缆的影响 $\Delta\alpha$ 为 ±3.06dB，不平度 ΔS 为 ±2dB。而 LA5226 放大器的自动电平控制能力为 ±5dB，包含在控制范围之内。该放大器的斜率调整可在 0～21dB 之间，而计算的均衡量 ΔE 为 18dB，也在调整范围之内。

全部设计验算完成后，应将各干线放大器、电源供给器的位置和输入、输出电平值，电缆型号、长度等标在路由图上，作为施工和调试的技术资料，以保证系统的传输质量符合设计要求。

（三）电缆干线传输系统的调试

电缆干线传输系统的调试主要有两方面内容：一是供电系统调试；另一是干线放大器的调试。

1. 供电系统调试

干线放大器采用集中供电方式，供电系统工作不正常，将使放大器工作不正常甚至不工作，因此，应使用万用表或带馈电测量功能的场强仪测量供电情况是否正常。如不正常，比如断路，应检查电源供给器输出、电源插入器等是否正常，排除故障，保证供电系统正常工作。

2. 干线放大器调试

干线放大器的调试是传输系统中最重要的工作，主要是按设计要求，调试其输入输出电平大小、斜率补偿和均衡量。由于干线放大器品种繁多，有些放大器包含了系列模块组件和插片，导频频率的选择也有差别，因此，在调试之前必须详细阅读产品说明书，按照产品说明书介绍的方法进行调试。

在进行调试工作之前，一定要做好准备工作，如配备带显示器的电视综合测试议（或高精度的场强仪）一台，万用表一块，备份放大器，不同规格的均衡器（插片）数只，保险管若干，测试电缆线一根，以及同前端机房联络用的对讲机，调试用的操作工具、梯子、安全带等。

调干线放大器先从前端输出口（要求前端输出口电平等调试正常）起的第一台放大器开始，依次向后逐一进行。对采用集中供电的干线放大器，调试前要将下级干线放大器电源断掉，即调试级的干线放大器输出口不带集中供电电流，否则容易烧坏测试仪器。对未带负载的输出口或尚未调好的输出口应接上负载。

以前面设计的电缆传输系统为例，干线放大器输出电平为 98dB，均衡为平坦型，首先测出干线放大器输入口低、高端频道电平值，求出低、高端频道电平差，即均衡量，并接入相应的均衡器（更换均衡插片辅以手动斜率调整），使各频道间电平差值符合要求；再调整干线放大器增益，使其输出电平值为 98dB。如此向后依次调试，只要干线系统设计合理，安装工艺符合要求，设备质量好，调试工作是比较容易进行的。

在级联许多级干线放大器之后，并在确保干线各级匹配良好的情况下，仍出现频响凹凸不平的现象时，可在某级干线放大器中插入频率响应均衡器，频率响应均衡器可调整上凸或下陷的深度以及调整其补偿的频率点，使整个干线的频响满足要求。

在使用自动控制型干线放大器时，理论上，在参考温度上，输入电平为设计值，由于温度的变化，电缆衰减量随之变化，输入电平也随之变化，但只要其变化范围不超出自动电平的控制范围，则输出电平是基本不变的。因此输入电平的数值，是与调试的季节有关的，夏天调试时应置输入电平低于设计输入电平，反之，冬天应置于高于设计输入电平，其偏移量可根据电缆的衰减变化量来确定。

有的干线放大器，设计时已考虑到温度变化的因素，并提供根据不同温度的调整方法和参考数据，这时则应根据干线放大器所提供的调整方法来调整干线放大器的工作状态，而不是简单地调整输入电平。

自动电平控制的干线放大器的工作状态和稳定性完全取决于干线放大器的导频信号的输入电平，而与电视信号的电平无关，故导频信号的输入电平（一般是低于电视信号电平）必须满足所采用的干线放大器的要求，这一点是保证干线稳定工作的关键，电视信号的电平则决定了系统的非线性失真和载噪比，而与干线工作的稳定性无关，如果导频信号的电平设置不当，干线工作不稳定，反过来又会影响整个系统的稳定性和系统的指标。导频信号和电视信号两者电平的相对关系则要满足系统设计的要求。

4.2 多路微波（MMDS）传输系统

多路微波传输系统作为有线电视干线传输的一种传输媒介，从20世纪80年代起得到广泛的应用，20世纪90年代初传入我国。它将空着的2.5～2.7GHz的S频段利用来传输电视节目，其商业化过程是由美国人实现的。微波传输的信号可以是模拟电视或经加扰的模拟电视信号，也可以是数字的或数字压缩的电视信号。

多路微波传输系统主要分两大类：一类是全向辐射的多路微波分配系统，称MMDS系统（MMDS——Multichannel Microwave Distribution System），它一般是作为一个本地信号分配系统，微波直接到达用户家庭或集体接收点，具有和无线电视相似的属性；另一类是定向辐射的多路微波传输系统，调幅系统称为AML（AML——Amplitude Modulated Microwave Link），调频系统称为FML，目前AML得到较多应用，它是一种传输系统，而不是分配系统。MMDS的频率范围为2.5～2.69GHz，带宽为190MHz，在我国仅能传送23套电视节目；而AML的频率范围为12.7～13.25GHz，带宽为550MHz，能传送多达59套电视节目。由于MMDS和AML的上述区别，其适用的场合也就不同。通常MMDS作为一种分配系统，主要用于在已经享有许可的地区，延伸电缆所达到的服务范围、扩大服务区，对于接收点零散、信号接收后不必再给多级分配放大入户的情况，宜采用MMDS系统。AML作为一种传输方式，常代替超干线，将节目定向传送至某个（或某几个）固定的接收点，然后再用电缆进行分配。对于接收点包含用户较多，信号必须经三次以上放大后才能覆盖整个接收区的情况，宜采用AML系统。

目前国内以MMDS系统为主，因此本节将主要介绍MMDS系统。

4.2.1 MMDS 系统的特点

MMDS 系统与电缆和光缆传输相比，有其明显的优势，也有其不足之处。

（一）MMDS 系统的优点

（1）建网速度快，投资少。MMDS 系统建网迅速，发展入网快速灵活，在服务区内不受距离地点的限制。投资少，可节省大量电缆、干线放大器费用，以传输 13km 为例，MMDS 系统比电缆传输节省 50% 以上。在我国，农村人口占 80%，在城填郊区和农村地区用电缆或光缆来进行有线电视的覆盖，经济上显然是不合算的，同时在某些特殊地区，如海岛、有河流或山川阻隔的地区，架设电缆和光缆也比较困难，这时采用 MMDS 系统将体现其优越性。

（2）可以传输加扰电视信号，与收费电视兼容。

（3）中间环节少，系统可靠性高。

由于 MMDS 系统只有发射、接收两部分，不涉及更多的干线放大器、供电装置和电缆连接头等，中间环节少，因此系统的可靠性高。

（4）维护费用较低，人为破坏、自然灾害影响小。

（二）MMDS 系统的缺点

（1）由于 MMDS 系统属于无线传输，带有无线传输的一些通病，例如，电波不能被阻挡，易受干扰、衰落和反射等因素的影响，其信号质量不如电缆和光缆传输那样易于控制。

（2）由于没有上行系统，发展为双向交互式网络有相当的困难。

（3）在管理上不如电缆和光缆传输那样灵活。

4.2.2 MMDS 发射系统

MMDS 发射机输出功率、天线增益、地面特征及接收设备的参量都是决定覆盖范围的因素。MMDS 的载频为 2500 ~ 2686MHz，采用残留边带调幅技术（AM - VSB），输出功率 1 ~ 100W，用全向性天线时覆盖面半径可达 15 ~ 80km。

MMDS 的发射机主要分为单频道发射机和宽带发射机两类。宽带发射机的优点是简单、廉价，缺点是每个频道的发射功率与频道数有关，并且要产生非线性失真，频道间要产生互调、组合差拍等干扰，一般只能用于小面积的覆盖区域。

（一）发射系统

MMDS 发射系统一般采用多频道合成输出，每个频道采用单独的调制器和单独的发射机，每台发射额定输出功率一般为 10 ~ 100W，其组成框图如图 4-9 所示。

从图中可见，电视基带信号（视频和音频）经编码/调制器，变成标准的 AM - VSB 的射频信号，送到发射机变频到 2 500 ~ 2 686MHz 指定频道，经功率放大器放大、功率合成由天线发射。发射系统各部分的主要功能如下。

1. 编码/调制器

编码/调制器的主要功能有两项，一是接收地址计算机的随机密码指令，用不同的编码方式对视频、音频信号进行加密处理；二是将输入的视频、音频信号经调制为射频信号输出。

2. 发射机

目前，发射机大致是按低功率系统、中功率系统和高功率系统进行配置的。低功率系统的视频输出峰值功率为 1 ~ 10W，用于半径 20km 范围内的覆盖，其发射天线架空高度在 50m 即可；中功率系统的视频输出峰值功率为 20 ~ 40W，可用于半径 20 ~ 50km 范围内的覆盖，其发射天线要架在 50 ~ 100m 高的塔上；高功率系统的视频输出峰值功率为 50 ~ 100W，可用于半径 50 ~ 80km范围内的覆盖，其发射天线要架在 150 ~ 200m 高的塔上。发射机接收从编码/调制器来的射频信号，由上变频变到 S 波段，再进行功率放大，送至微波合成器将各路信号混合成一路，再经过馈线传输至发射天线。

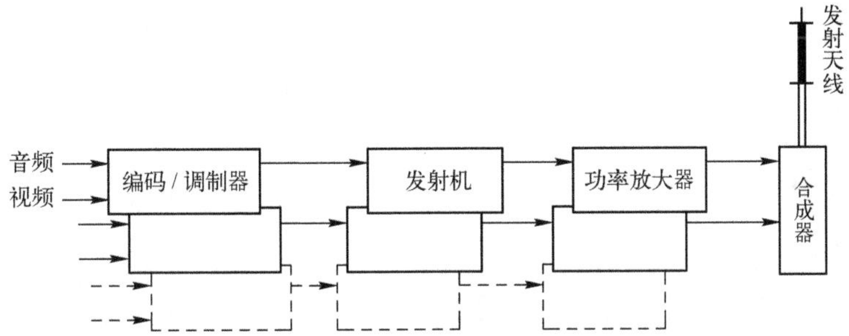

图 4-9　MMDS 发射机组成方框图

3. 发射天线

MMDS 系统的发射天线采用微波隙缝环状天线，它具有增益高、结构轻巧、安装方便等一系列特点。这种天线分水平极化和垂直极化两种，可以是全向性的，也可以是定向性的。MMDS 发射天线的频带应按批准的使用频段选用。

（二）主要技术特性与频率配置

1. 主要技术特性

MMDS 在我国应用的频率宽度为 8MHz，频道间隔 8MHz，采用残留边带调幅，发射机功率一般在大城市为 50 ~ 100W；中等城市为 20 ~ 40W；小城市为 10W。

2. 频率配置

MMDS 系统的频率范围是 2.5 ~ 2.69GHz，共 23 个频道，我国规定使用其中的 8 个频道如下：

- 2 535 ~ 2 543 MHz
- 2 543 ~ 2 551 MHz
- 2 551 ~ 2 559 MHz
- 2 559 ~ 2 567 MHz
- 2 567 ~ 2 575 MHz
- 2 575 ~ 2 583 MHz
- 2 583 ~ 2 591 MHz
- 2 591 ~ 2 599 MHz

具体使用频率需征得当地无线电管理委员会批准方能使用。

4.2.3 MMDS 接收系统

由于 MMDS 用的频率不在电视机的调谐范围内，所以接收系统应包括天线和下变频器。下变频器将 MMDS 的载频信号变换到一般标准电视机所能接收的频率范围。也可能需要机上变换器。

MMDS 信号的接收分为用户家庭单独接收和集体接收两种情况。接收系统组成框图如图 4-10 所示。

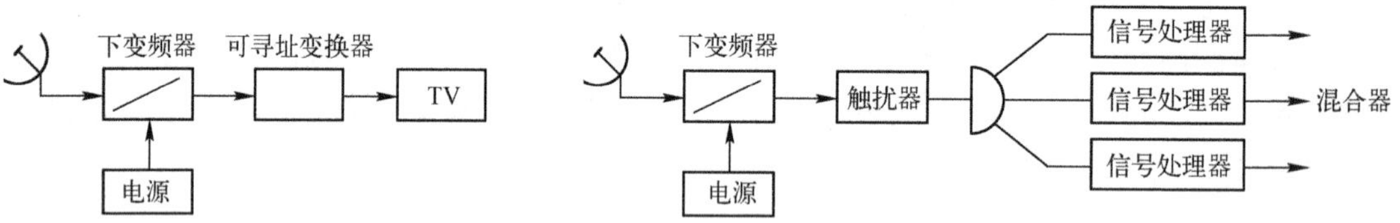

（a）用户单独接收　（b）集体接收

图 4-10　MMDS 接收系统组成框图

（一）接收天线

接收天线是定向的室外单元，通常架高 8～10m。天线产品按增益做成 15、18、24、28dB 等多种，可根据距离发射天线的远近来选择。常用的有骨架半抛物面天线，它的增益大约是 18dB。对于更远距离的接收点，经常采用 1.3m 以下口径的抛物面天线，这类天线的增益最高可达 28dB。接收天线的前后比应大于 20dB，交叉极化率≥22dB，波束宽度为 25°。接收天线的焦点处装有一个馈源，通过一条短电缆连接到下变频器，但有些馈源和下变频器合在一起，这种形式叫做一体式下变频器。常见的接收天线外形如图 4-11 所示。

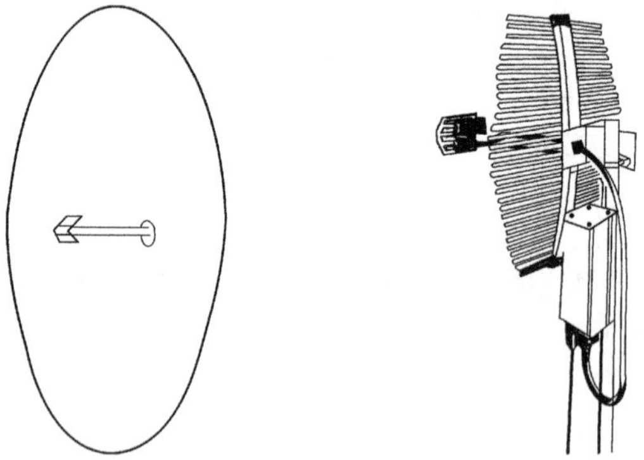

图 4-11　常见接收天线外形图

（二）下变频器

在选择下变频器时，应该考虑以下的因素。

1. 增益

下变频器的增益可补偿引入电缆的损耗，同时有助于减少接收噪声的影响。

2. 噪声系数

对于下变频器而言，希望噪声系数尽可能低，特别是接收的信号弱时，噪声系数和接收信号的强度决定着接收信号的信噪比指标。下变频器的噪声系数低就可以采用一副有效而便宜的接收天线，通常，为了达到相同质量的电视图像，噪声系数越高，采用的天线就要越大。因此，要求采用低噪声下变频器，其 dB 数越低表明下变频器越好。

3. 动态范围

一个多频道系统的性能要求是具有好的线性，从而在处理多路信号时，不产生互调、交调和其他失真。这就要求下变频器应在不增加失真的情况下有相应的动态范围，以便提高信号处理性能。

下变频器的主要技术要求如下。

（1）输出频段的选择。

- 150 ~ 288MHz
- 222 ~ 408MHz
- 662 ~ 848MHz
- 783 ~ 969MHz

现在又有多种输出频段选择，但一般不能直接做到 VHF 频段上。

（2）频率稳定度：要求 ±30kHz。

（3）噪声系数：1.7 ~ 2.0dB。

（4）增益：32 ±2dB。

（5）增益平坦度：±1.5dB。

（6）带内谐波抑制：-65dBc。

（7）最大射频输出：95dBμV（20 个频道）。

（三）解扰器

如果 MMDS 系统在发射端，由于收费管理原因对信号进行了加扰，则在接收系统中就包含了解扰器，它可以使授权用户正常收看节目。

4.2.4 数字 MMDS 接收系统

在微波模拟发射机基础上增加符合 MPEG 和 DVB 标准的数字设备，即可成为数字微波发射机。在接收端，可采用旧有的模拟下变频器，将输出的射频信号，经过数字机上变换器（包括调谐器、解调器、多工器和解码器等），恢复成多套节目。微波信号覆盖区域的用户，天线接收信号经下变频器转换到机顶盒输入频率机顶盒，机顶盒经智能卡授权解扰数字电视信号。如图 4-12 所示为用户单独接收数字 MMDS 方框图。

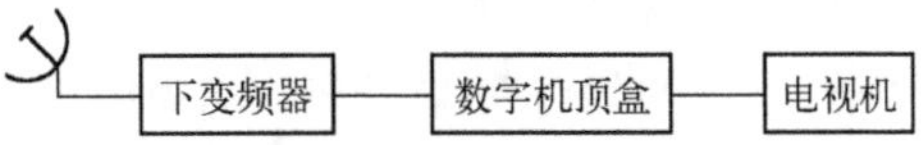

图 4-12 用户单独接收数字 MMDS 方框图

4.3 光缆传输系统

近年来，有线电视系统在我国及世界上发展迅速，系统规模越来越大，有的一个城市要求联网，有的一个省要实现联网，并且目前正在实施有线电视的全国联网规划。与此同时，有线电视的节目也越来越多，一般都在二十几套以上，有的地区可达三、四十套节目，这就要求有线电视的传输频带越来越宽，现在大多数城市已达550MHz，有的地区已达750MHz甚至更宽，而且对双向传输功能的需求也日益提高。

前面介绍的两种传输媒介都存在着明显的不足之处，制约了有线电视系统的发展。以同轴电缆传输系统为例，我们知道，电缆的衰减是与频率有关的，频率越高衰减越大，传输的距离越远衰减也越大，如$MC^2$500型电缆在550MHz时的衰减量约为51dB/km。如果要传输100km，则总衰减量约为5100dB，则需级联二百多台干线放大器。这在技术上是无法实现的，因为放大器本身的噪声和非线性失真的积累将彻底破坏信号的质量。

以光波为载波进行地面通信，在通信中是将光波聚集到光纤（这种能导光的纤维简称光纤）中传输。目前，实用的光波波长有850nm（纳米）、1 310nm和1 550nm，每公里的损耗分别为3dB、0. 35dB和0. 2dB。理论上讲：光波波长为2 000～3 000nm时，损耗可降低到0. 001dB/km。传输100 km其总衰减量仅为20dB。可见光纤无疑是一种理想的传输媒介。制造光纤的材料有石英、多组份玻璃、石英芯塑料包层、全塑料等。目前实用的是玻璃纤维光纤，全塑光纤尚未上市。光纤市场价格的降低，使光纤通信市场不断扩大。单根的光纤涂上三层被覆层形成光纤软线，简称裸纤。裸纤不能用于室外敷设。光缆由若干根裸纤、加强筋和护套组成，能用于各种环境下的敷设。依据使用环境，光缆的结构有多种类型。详见相应的国家标准。

4.3.1 光纤传输的特点

（一）光纤传输的优点

光纤传输的优点可概括如下。

（1）传输距离长。光纤的损耗低，在0. 4dB/km以下，无中继传输距离在20km以上，可实现信号的远距离传输。

（2）传输容量大。光纤传输的频带宽，对于1. 55μm波长而言，光频大约在2×10^5 GHz，在这么高的载频上，信号频谱的相对带宽是很小的，也就是说光纤传输的信号容量很大，若采用AM－VSB方式，一根光纤可传输80个频道，欲传输几百套电视节目对多芯光缆来说并不存在多大的问题。此外还容易实现交互式模拟和数字传输。

（3）传输质量高。由于信号频谱的相对带宽很窄，均集中于光频载波附近，对任何射频信号的衰减均是相同的，无需进行均衡和斜率补偿处理。另外，光频噪声及光纤传输系统的非线性失真很小，因而传输的信号载噪比、CTB、CSO等技术指标都较高。光纤的温度系数小，衰减量几乎不受气温的影响，无需进行热补偿。光纤传输不受电磁干扰，又无中间放大及馈电环节，使系统可靠性提高，并使日常维护工作简化。

（4）性能价格比高。光纤的原料来自石英玻璃（SiO_2），来源丰富，成本低，不像电缆那样需消耗大量铜、铝等金属材料，对于自然资源的整体开发利用是有好处的。光纤的成本低、传输性能好，使用寿命也远远超过电缆。

（5）敷设方便。光纤的直径很细，单模光纤直径约为 10μm，多根光纤合成一根光缆也不是很粗，因此它重量轻，为施工带来了很大的方便。

（二）光纤传输的缺点

光纤传输虽然具有上述种种优点，但仍存在一些需要努力克服的不足。

（1）为了普及应用光缆传输，需要再进一步降低光缆及光端机（光发射机与光接收机的统称）的成本。

（2）光纤的光接头处理工艺要求高，需要使用价格昂贵的专用设备，为施工建设和突发事件后的抢修等工作带来了一定的困难。

4.3.2 光缆有线电视系统

将电视信号调制到光频上的方法有许多种，如幅度、频率、脉宽和脉冲调制等，现在广泛应用的是调幅－光强度调制方式，即 AM－IM 方式。这里的 AM 实际为幅度残留边带调制，AM－VSB。在一根光纤中传输多路信号的方法称为复用方式，应用较多的是频分复用方式（Frequency Division Multiplex，FDM）。其他还有空间复用式（SDM）、时分复用式（TDM）、波分复用式（WDM）。

根据调制方式和复用方式的组合，有多种光端机，典型的有 AM－IM/FDM，即调幅频分复用；PCM－IM/TDM，脉码调制时分复用等。

AM－IM/FDM 主要用于城市联网，造价低使用方便，将前端多频道信号输入光发射机，调制到光频上，送入光纤，在光纤末端用光接收机解调后又变成前端的射频信号，经放大后直接可送入电缆分配系统，直至用户，这就是光通信的物理过程。

目前所有的光缆有线电视系统都是光缆与电缆的混合网络，称为 HFC 网（HFC，Hybrid Fiber Cable）。本文介绍的重点是 AM－IM/FDM 方式的 HFC 网，即调幅光纤电缆混合网。

原理框图如图 4-13 所示。

图 4-13 光缆与电缆混合传输网（HFC）原理框图

（一）HFC 网络的构成

HFC 网络的构成随着光缆使用比例、网络结构多样化等因素变化。目前，在国内的 HFC 网中，前端到光节点（Optical Network Unit，ONU）之间采用光缆传输，在光节点和用户之间再用同轴电缆分配入户。一般把包括光接收机、上行光发射机、多个桥接放大器、网络监控的设备叫做光节点，它实际上是光－电、电－光的转换点，它具有双向传输功能，与前端的光端机构成光纤双向链路，光节点和用户之间的分配网仍用同轴电缆树枝型及星型结构。HFC 网络构成示意图如图 4-14 所示。

1. 光缆在系统中的使用比例

光缆在整个系统中使用的比例有如下几种情况。

（1）光缆超干线（Super Trunk）。光缆使用比例较小，只是连接中心前端和各分前端，但光缆的长度并不一定短，比如城市之间联网乃至全国联网。

（2）光缆脊柱（Fiber back bone）。用光缆代替电缆干线，在光缆之后仍用电缆分配，一般所用的放大器不超过 10 台。

（3）光纤干线和支线（Fiber Trunk and Feeder）。这是目前最常用的网络结构形式，按照光缆深入用户端的情况，又可细分为：

a. 光缆到分配点（Fiber To Feeder，FTF）。实际上是主干分路到支线，每个光节点覆盖 2 000～5 000 用户，光缆之后使用的延长放大器在 3～5 台之间。

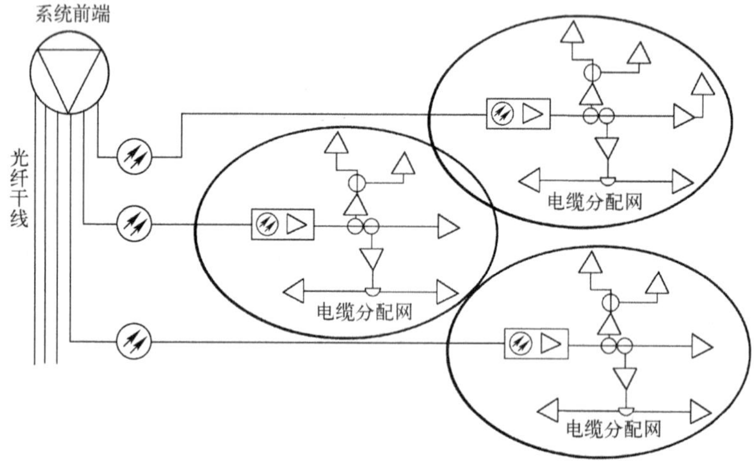

图 4-14　HFC 网络构成示意图

b. 光缆到路边（Fiber To The Curb，FTTC）。每个光节点覆盖的用户在 500 个以下，使用延长放大器为 1～2 台。

c. 光缆到建筑物（Fiber To The Building，FTTB）。一般用户为几十户，最多不超过 200 户，不使用延长放大器，只有楼栋分配放大器。

（4）光缆到家（Fiber To The Home，FTTH）。光缆直接入户，每户使用一台光接收机，变换成各种电信号，由不同的输出口送到各种终端设备，如电视、电话、计算机等，这是今后的发展目标。

2. 光缆的网络结构

在有线电视系统中常用的网络结构有树枝型、星型、环型以及它们的混合型。光缆有线电视应由树枝型向星型和环型结构转换。传统的树枝型网络结构适用于信号的分配，而不宜用于信号的交换，这不符合交互式的发展趋势。因此，应从前端分别用一根光缆送到每个分路器，即由树枝型改为星型，这样做有如下好处。

（1）光分配一次到位，所用的光路最少，光纤的熔点少，光路的插入损耗小，光路的多重反射减小，因此光路的噪声及非线性失真小，信号的传输质量高。

（2）系统的可靠性高，一部分线路发生故障不影响其他部分，线路的故障也容易判别和排除。

（3）对于双向传输，将减小反向噪声的积累，提高回传信号质量。

星型结构的唯一不足是光缆的用量较大，当光缆的价格降低之后，将不存在别的什么问题。

环型结构由于存在两个通道，增加了系统的可靠性，常与星型结构在某区域混合使用。

3. 光缆网络的多样化

如果光缆网络是交互式的综合信息网，网络中不同服务项目的交换中心很可能不在同一个位置，如电话局与有线电视台前端并不在一起，电话反向信号只回传到光节点，在光节点处有微机和与电话交换机的接口，可分区直接与电话局连接，减轻了前端信号处理负担。双向系统中，有的正向采用 1.55μm 波长，用光放大器作为中继，传输模拟信号和数字信号，而用 1.31μm 波长作为反向回传，采用数字信号，这也是一种合理的配合。

目前，AM 光缆传输系统的传输距离可达如下水平：1.31μm DFB 光发射机，传输距离可达 30km；1.31μm YGA 光发射传输距离大于 80km；1.55μm 光发射机与光放大器联用，传输距离≥160km。

（二）HFC 网络的发展

目前，“信息高速公路”和“网络”已成为全世界的热门话题，并将改变人们的观念和生活方式。各种信息服务将从单一走向综合。例如，以前相互独立且通常不兼容的影视、电话和计算机体系正在向电视广播、计算机、通信技术结合而形成的集成化网络转变。这些种类繁多的业务将由一个能互相交换的宽带综合业务网（也称为宽带综合业务接入网）提供，众多用户通过它来交换和获取各种信息。图 4-15 所示为宽带接入网可能提供的业务服务。这些业务分为广播、通信及两者结合而成的信息交互。广播基本上是非交换式单向宽带业务。现在这两方面服务都在向可交换的非对称双向宽带服务方式演变。

HFC 网络拥有很多突出的优点，是目前建立宽带综合业务接入网的最坚实的基础。这一点从北京市目前大规模建设的 HFC 网络的频谱配置情况便可窥见一斑。

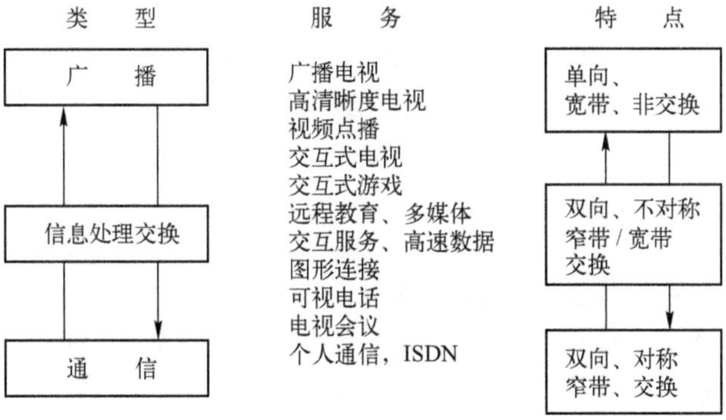

图 4-15　宽带接入网服务

北京市 HFC 网络频谱配置如图 4-16 所示。它采用频分复用方式，为 750MHz 邻频中分割、双向传输频谱配置，导频为 492.25MHz。

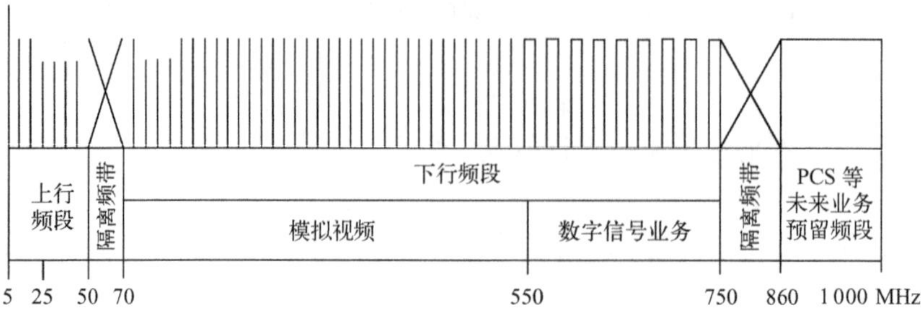

图 4-16 北京市 HFC 网络频谱配置

（1）下行频带为 70 ~ 750MHz，其中

- 70 ~ 87MHz 频段用于传送自办节目。
- 87 ~ 108MHz 频段用于传送调频广播节目。
- 108 ~ 125MHz 频段用于数字卫星广播。
- 127 ~ 550MHz 频段用于邻频传送模拟电视节目。
- 550 ~ 750MHz 频段用于 VOD 业务、HDTV 业务、数据传输业务等。

（2）上行频带为 5 ~ 50MHz，其中

- 5 ~ 25MHz 频段用于传送回传的电视信号及系统状态等数据流信号。
- 25 ~ 50MHz 频段用于交互式业务的数据传输。

干线频谱中 860 ~ 1 000MHz 频段为资源保留，用于发展个人通信业务（PCS）等未来业务。

HFC 网具有双绞线无法比拟的传输带宽，可以在原有网络基础上根据业务发展的需要逐步升级改造，最终形成完善的宽带接入网。因此，完全可以认为，HFC 网为宽带综合信息进入家庭建立了可靠的通道。由于 HFC 网最后入户为同轴电缆，可以将数据、视频及语音等信息通过一根同轴电缆进户，实现一线提供多种业务。用户在使用交互功能时，可以通过机顶盒或电缆调制解调器（Cable MODEM）等终端设备进行。

4.3.3 光缆传输系统的主要设备

光缆传输不可缺少的是沿着光纤进行从光到电、从电到光的信号形态变换的技术，以及相应的设备，这些设备、器材主要有光纤（光缆）、光发射机、光放大器、光耦合器、光接收机等。

（一）光纤和光缆

光纤是光导纤维的简称，是传输光信号的媒介，由纤芯、包层和涂覆层等组成。单根的光纤涂上三层被覆层形成光纤软线，简称裸纤。裸纤不能用于室外敷设。光缆是由若干根裸纤、加强筋和护套组成的，能用于各种环境下的敷设。依据使用环境，光缆的结构有多种类型，详见相应的国家标准。

1. 光纤的分类

（1）按传输模数分为多模光纤和单模光纤。

（2）按折射率分为阶跃（突变）型光纤和渐变型光纤。

（3）按工作波长可分三类。

- 短波长窗口光纤：指工作在 0.85μm 波长，只适合于多模光纤。
- 长波长窗口光纤：包括工作在 1.55μm 波长的单模光纤。
- 双窗口光纤：对多模光纤，指既能工作在短波长窗口（0.85μm），又能工作在长波长窗口（1.3μm）；对单模光纤，指既能工作在 1.31μm 波长，又能工作在 1.55μm 波长。

2. 单模光纤

在光缆有线电视系统中均采用单模光纤，主要有常规型单模光纤和色散位移单模光纤等。

（1）常规型单模光纤：零色散波长在 1.31μm 附近，既可工作在 1.31μm 波长，也可以工作在 1.55μm 波长，纤芯折射率近似为阶跃型。

（2）色散位移单模光纤：零色散波长在 1.55μm 附近，工作在 1.55μm 波长。这种光纤实现了最低损耗 0.2～0.25dB/km 和最小色散的统一，是长距离光传输媒介的理想器材。

3. 单模光纤的主要技术参数

（1）模场直径：它是描述单模光纤中光能集中程度的参数，与光纤的弯曲损耗和连接损耗有密切关系。

（2）截止波长：它是保证光纤实现单模传输的必要条件。当传输光波长大于截止波长时，光纤只能传输单模；当传输光波长小于截止波长时，则为多模传输。

（3）衰减常数：它表明了光纤对光路的传输损耗。对光信号传输距离有着决定性影响。

（4）波长色散：色散主要指集中的光能扩散。单模光纤的总色散称为波长色散，由材料色散和波导色散组成。在波长 1.31μm 附近色散接近于零，表明在传输波长 1.31μm 的光信号时不产生波形畸变。

光缆是光纤的制成物，光纤以十分脆弱的石英玻璃为主要材料制成，为了使光纤成为实用的光传输媒介，必须对光纤进行保护和增强，因此要把光纤制成光缆。制成的光缆应保证光纤不应断裂，传输特性不应劣化，敷设、连接容易，维护方便。

（二）光缆的基本结构

光缆的构件较多，大体上可分为缆芯和外护套两大部分，图 4-17 所示为几种常见光缆结构横截面示意图。

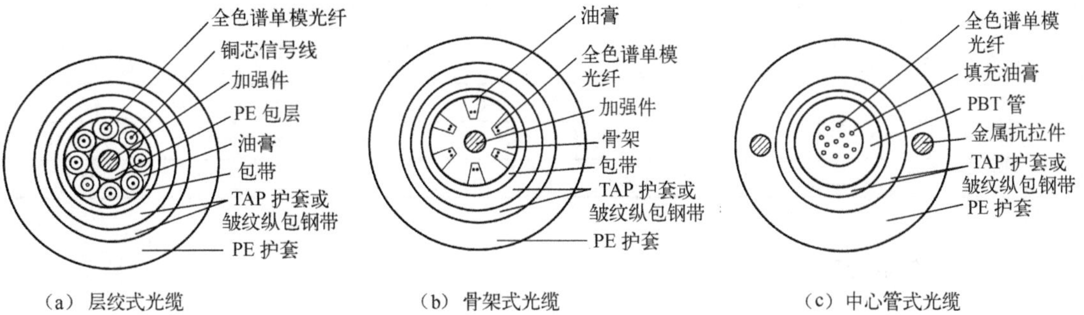

（a）层绞式光缆　（b）骨架式光缆　（c）中心管式光缆

图 4-17　常见光缆结构横截面示意图

1. 缆芯

光纤装在缆芯中，常见缆芯结构简述如下。

（1）层绞式缆芯：将松套光纤（或多芯束管光纤）或紧套光纤围绕加强件以一定间距绞合，扎上扎线，填充防水油膏或阻水材料，绕上包扎带制成的缆芯称为层绞式缆芯。

（2）骨架式缆芯：将未套塑的全色散单模光纤或紧套光纤，小张力放入骨架槽道内（骨架中心有金属加强件，通称加强芯），构成的缆芯称为骨架式缆芯。

（3）中心管式缆芯：中心管式缆芯是在一根管内布放光纤并填充满油膏而制成的缆芯。一根管内通常布放多根光纤。中心管式缆芯加强件不在缆芯中，而是放在外护套中，区别于上述两种缆芯结构。

2. 护套

在各种缆芯外面加上不同的外护层（或者铠装层），可制成各种类型的光缆。外护套主要起抗侧压和耐冲击作用，同时起径向防潮作用，通常由双面涂塑的皱纹纵包钢带（铝箔）加聚乙烯（PE）护套组成，铠装缆还需加钢丝层。

光缆中的加强件主要起承受负荷（拉伸或收缩）作用；油膏和阻水物质起纵向阻水和横向防潮作用。光纤的芯数为2～144芯；光纤、套管颜色有蓝、橙、绿、棕、灰、白、红、黑、黄、紫、粉红、无色12种，以便于区分。

光缆的包装方式通常为盘装，每盘长度为1～2km。在选用光缆时一定要注意光缆型号、类别、波长、芯数、损耗值、使用温度、光缆长度等。

表4-7列出了三种光缆的技术参数，供读者参考。实际工程中需详细阅读产品说明书。

表4-7　三种光缆的技术参数

技术性能 \ 型号	GYT03－S－1	GYTG－Z－1（2）	GYTA53－SG－1
光纤芯数	4～8	2～8（12～24）	12～20
结构特征	非铠装，钢丝加强	钢带纵包铠装	铝带纵包钢带铠装
工作波长（nm）	1 310，1 550		
应用	架空	架空或管道	直埋
截止波长（nm）	1 100～1 280		
模场直径（μm）	（9.0～10.0）±10%		
损耗常数（dB/km）	0.35，　0.40，　0.50		
光缆外径（mm）	长轴10，短轴8.2	10.5／13.5	86
光缆重量（kg/km）	大约90	130／150	140
允许弯曲半径（mm）	≥100	≥130/150	≥120
允许最大拉力（N）	敷设＞2 500～3 000	工作＞1 000～2 500	
允许最大压力（N）	敷设＞3 000	工作＞1 500	
使用温度（℃）	A：－40～＋50	B：－30～＋50	C：－20～＋60

（三）光缆的接续

光缆和电缆的敷设工艺是相近的，而接续工艺差异很大。电缆使用专用接插件连接，光缆采用纤芯熔接方式损耗最小，在熔接盒内向不同方向进行光缆分路，只有在固定设备与纤芯连接时使用接插件。在光缆网工程中，把熔接方式称固定连接，接插方式称活动连接。光纤接续的指标有两个，连接损耗越小越好；反射损耗越大越好。熔接损耗要达到0.01～0.1dB，活动连接只能达到0.2～0.5dB。而反射损耗差别更大，熔接方式可达到50～60dB，活动连接只能达到40～45dB。

光波是波长更短的电磁波，按照光纤中允许传输的电磁波模式多少分为只能传输一种模式的单模光纤和多个模式同时传输的多模光纤。单模光纤的纤芯直径在6～10μm（微米）之间，多模光纤的芯径在50～60μm之间。前者主要用于有线广播电视系统，后者主要用于电信系统。两根光纤接续起来，在结合端面上实现物理接触（PC），微小的几何误差肉眼是看不清的，如轴向错位轴向倾斜、端面间有空隙、端面斜度不一致及纤芯直径有微小差异等。高精度的物理接触（PC）要用机械调整纤芯的位置，简称调芯。由于多芯光纤的生产长度受到一定的限制，在光缆传输系统的施工中，进行光纤接续是不可避免的。而光纤尺寸很细，使用的又是玻璃材料，它的接续操作与同轴电缆相比要难得多，尤其是单模光纤的纤芯直径小于10μm，接续要求的精度很高，必须使用专用机器、工具。接续的方法分为永久接续和可装卸（活动）的连接器接续。永久接续中有粘接法和熔接法之分，目前以熔接法为主流。光纤连接器分单芯光纤用和带状芯线用的多芯连接器两种，常见型号有FC/PC、FC/APC、SC/UPC、SC/APC等。

光纤连接器从光纤结构上分单芯连接器和带状芯线用的多芯连接器两种。单芯连接器有用于单模光纤和多模光纤之分。从连接器调芯结构上看，有螺母锁定式（FC）和卡簧定位式（SC）两种；纤芯端面有平面物理接触（PC）和有8°角的端面接触（APC）两种结构。因此组成如下四种类型：FC/PC；FC/APC；SC/PC；SC/APC。

连接器导光端面用陶瓷材料制作，经机械研磨而成，磨成平面或8°角斜面。调芯机构使纤芯和陶瓷芯在套筒内紧密接触，对加工精度要求高。接续操作注意事项如下。

（1）用专用工具剥去裸纤涂覆层，长度按说明书选定。心细、动作轻，不允许甩动。

（2）插入套筒前要用无水酒精棉球擦拭。

（3）锁紧时到位即可，不得用力过大。

（4）有光载波的接头不能用眼睛对端面看，否则会烧伤眼底。

（5）接续后测指标，超标时重新制作。

熔接是永久性连接的方法之一，粘接法使用较少。熔接法使用专用熔接机，机器的原理如图4-18所示。

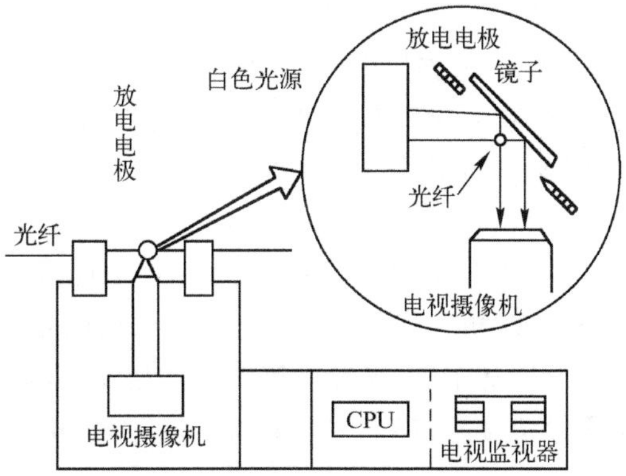

图4-18 光纤熔接机原理示意图

放电电极产生1 800℃ ~2 000℃的高温，使光纤的相接端面形成糊状，自然冷却后形成无缝接续。端面对接状态在屏幕上显示出来，调芯过程直观，熔接损耗直接测量。熔接过程由中央处理器（CPU）进行自动控制。

操作人员给熔接机加电预热，一般需要三至五分钟。用随机工具加工裸纤。纤芯切断长度可选，说明书中对单模、多模光纤给定的长度不一样，要确认接续光纤的性质。操作时注意事项如下。

（1）熔接作业时，约有6kV高压加在电极棒上，千万不要碰触电极棒。

（2）使用中务必接好临时地线。

（3）必须在干燥状态和干净环境下使用机器，潮气和灰尘会造成机械动作失灵。

（4）可用浸有无水酒精的棉棒擦拭镜头和纤芯，不能使用其他清洁剂、冷却剂。

（5）禁止用口吹气冷却。自然冷却时间约45秒。

（6）操作人员应随时消除自身静电。每次操作前应先触摸机器外壳的金属部分。

（四）光发射机

在AM光缆有线电视系统中，光发射机（也称光发送机）是重要的设备，而在光发射机中激光器又是最重要的器件，目前有线电视中有两种类型的激光器，一是DFB（Distributed Feed Back，分布反馈式）激光器；二是Nd：YAG（掺钕钇铝石榴石）激光器。由此而构成两种类型的光发射机，即DFB型光发射机和YAG外调制光发射机。

1. DFB光发射机

DFB光发射机是用模拟残留边带调幅（AM－VSB）信号（射频信号）直接调制激光二极管，使得光输出强度随着射频信号强度的变化而变化，因此也称为直接调制光发射机。

DFB光发射机的光功率输出比较小，已商品化的DFB光发射机最大输出功率只能达到16mW，使得传输距离受到限制，通常用于传输距离小于30km的情况。

2. YAG外调制光发射机

YAG外调制光发射机中，采用了对离开光源后的光束进行外调制的技术，射频输入信号不直接加到激光器上，而是加到与激光器相接的锂铌酸盐调制器上，使输出的光信号强度随射频的幅度变化而变化。

YAG外调制光发射机一般有两路光输出，相当于两台DFB光发射机。它是目前用于模拟光传输中功率最大（如2×20mW）、技术指标（如C/N、CSO、CTB等）最高、对反射不敏感、链路性能不受光色散影响的最先进的光发射机。

当YAG外调制光发射机光输出功率较小时，可外接或内置光放大器来提高输出功率，光功率的大小与所接的光放大器输出功率有关。

3. 光发射机的技术指标

光发射机的技术指标主要有带宽、波长、C/N、CSO、CTB和输出功率等指标。YAG光发射机的性能要高于DFB光发射机，但DFB光发射机结构简单、成本低，在近距离（<30km）光传输中广泛使用。下面以DFB光发射机的具体机型介绍其技术指标。

（1）下行（正向）光发射机技术指标。以Jerrold公司的DFB AM－SEL550为例，技术指标如下。

● 带宽：47 ~600MHz（60个PAL制频道）

- 光波长：1 310 ± 2nm
- 光输出功率：8mW（典型值）
- 光缆链路参数（包括光发射机和光接收机）：
    - ➢ CTB －65dBc（典型值，dBc 表示相对于载波的分贝数）
    - ➢ CSO －63dBc（典型值）
- C/N 按预计损耗 8 ~ 15dB，依次递减为 52、51、50、…、45（dB）。C/N 是在最差情况下测得的，一般情况下应加 1dB。
- 典型的输出功率有：6mW、8mW、9mW、10mW、13mW 等可供选择。

（2）上行（反向）光发射机技术指标。在双向系统中，上行发射模块可安装在干线放大器、延长放大器或分配放大器中。

现以 Jerrold 公司的 AM－RPT V4 型反向发射机为例，技术指标如下。

- 频道：4 路电视加 2 路数据或 10 路数据
- 发射输出功率：4mW（典型值）
- 输入反射损耗：18dB
- 输出反射损耗：18dB
- 射频输入电平：电视 82dBμV（典型值）
  数据 70dBμV（典型值）
- 带宽：4.5 ~ 35MHz
- 频率响应：±1dB
- 波长：1 310 ± 20nm
- 工作温度：－40 ~ ＋60℃
- 光纤链路参数：见表 4-8

表 4-8　光纤链路参数

	光损耗（dB）	4 路电视/2 路数据	10 路数据
C/N（dB）	6	58	54
	7	57	53
	8	56	52
	9	55	51
	10	54	50
	11	53	49
	12	51	47
CTB（dBc）		65（典型）	65（典型）
CSO（dBc）		67（典型）	65（典型）

（五）光耦合器

在同轴电缆传输系统中需要对射频信号进行混合、分支和分配。同理，在光缆传输系统中也需要对光信号进行耦合、分支和分配。实现这些功能的器件有星型耦合器和树枝型耦合器。光耦合器是光功率分配的关键性无源器件，其工作原理如图 4-19 所示。

在有线电视系统中主要采用图4-19（b）所示的树枝型光耦合器，它也称为光分路器。光分路器将一路光信号分成 n 路信号，即 $1 \to n$，$n=2$，称光二分路器；$n=4$，称光四分路器；……依次类推。

光分路器的技术参数有如下几个。

1. 分光比

分光比 K 定义为分路器某个输出端功率 P_n 与输入端功率 P_i 之比，以公式表示为：

$$K = P_n / P_i \tag{4-14}$$

理论上讲，分光比可以是1和0之间的任何数。但实际上光耦合器存在着波长敏感性，即光波长的变化会使分光比发生变化。一般波长变化4nm，分光比变化1%。因此，过分精细的分光比既没有必要，实际也难以达到。有些产品分光比是以5%为步进单位的，即从5%～95%。

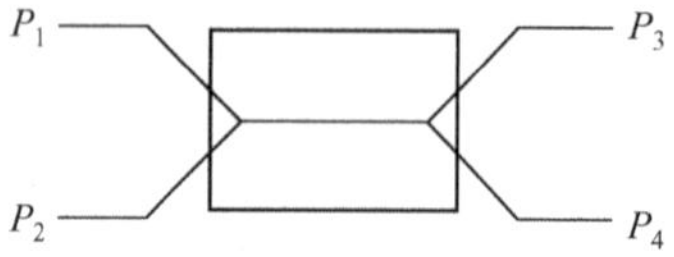

（a）星型光耦合器

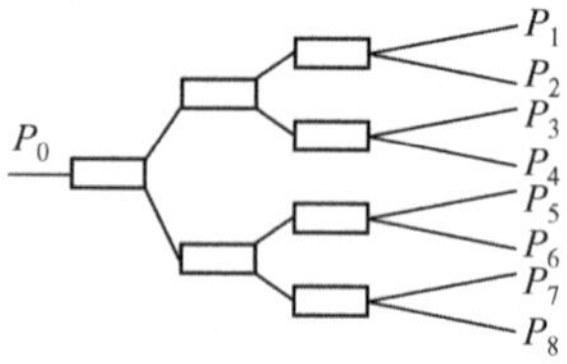

（b）树枝型光耦合器

图4-19　光耦合器

2. 反向散射

反向散射类似于电缆系统中的反射损耗。一般反向散射可达55dB以上。

3. 均匀性

它是衡量分光比偏差的指标，指实际的分光比和理论分光比的偏差。对于均匀分光，这个指标一般小于0.2dB。

4. 附加损耗

附加损耗又称剩余损耗，是在制作分路器时所产生的额外损耗。一般情况下附加损耗如表4-9所列数据。

表4-9　光分路器的附加损耗

分路数 n	2	3	4	5	6	7	8	9	10	11	12	16
附加损耗（dB）	0.2	0.3	0.4	0.45	0.5	0.55	0.6	0.7	0.8	0.9	1.0	1.2

5. 插入损耗

插入损耗包括分光理论损耗和附加损耗两部分，表示为：

$$插入损耗 = -10\lg K + 附加损耗 \qquad (\mathrm{dB})$$

在实际应用中，必须要清楚光信号通过耦合器后有多大变化，因此，这是一个重要指标。

如图4-20所示是一种并接式分光器，它是将主光纤研磨去一部分，再将支路光纤研磨去一部分，然后将两个研磨面用粘合剂粘在一起，从主光纤通过的光就会有一部分到支路光纤中去，所分出的光的比例，可通过研磨面大小来控制。

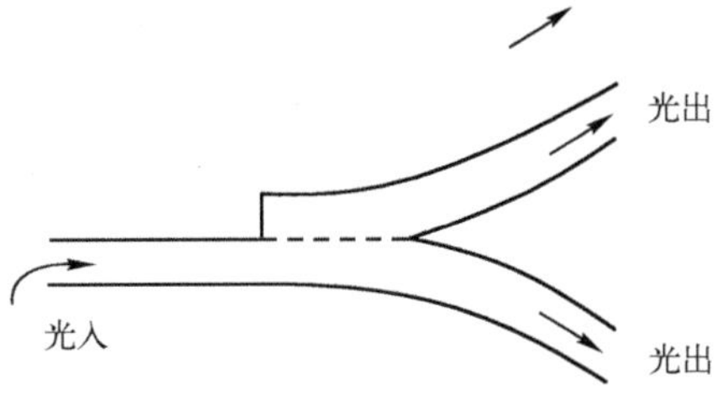

图 4-20 并接式分光器

(六) 光放大器

光放大器分半导体激光放大器和光纤放大器两类。有线电视系统常用光纤放大器，光纤放大器有工作波长为 1.55μm 的掺铒（Er）光纤放大器（EDFA）和工作波长为 1.31μm 的掺镨（Pr）光纤放大器（PDFA）两种。

光纤放大器常作为中继放大器，用于远距离光缆传输系统，也可以紧接着小功率光发射机用于提高光功率。

以掺铒光纤放大器为例，其工作原理框图如图 4-21 所示。它的工作原理是，光能被泵入后，通过光复用器进入一定长度的铒添加光纤，后者作为一种转化介质把光能加载在输入的 1.55μm 光信号上，光信号以某个功率进入单元，出去时功率便增大了。光隔离器把不需要的反射信号滤除。

Jerrold 公司的 AMOMNI－1550 光放大器，光功率 0，输入 －6～10dBm（dBm 即 dB 毫瓦），用 dBm 表示的功率 = 10lg（用 mW 表示的功率），输出光功率 －14dBm，噪声系数 4dB，CSO、CTB 失真为 80dB，使用低衰减的 1.55μm 光纤。

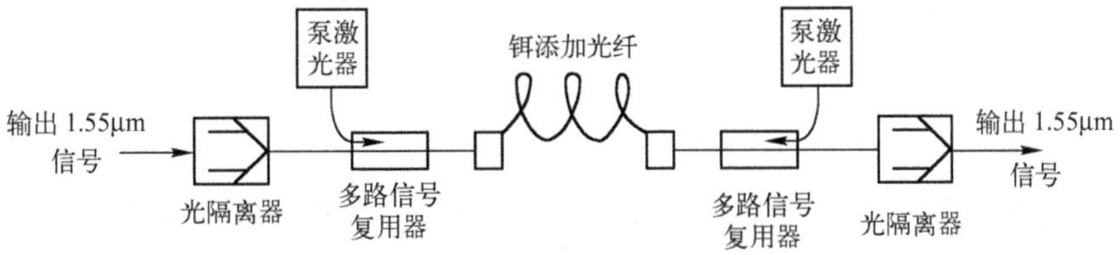

图 4-21 掺铒光纤放大器原理框图

(七) 光接收机

光接收机将信号转换为射频信号并放大到足够高的电平。光－电转换的器件称为光电检测器。光电检测器中的光电二极管有两类，即 PIN 光电二极管（PIN－PD）和雪崩式光电二极管（APD）。有线电视系统中一般都使用 PIN 管。

1. 光接收机的工作原理

如图 4-22 所示，由光缆来的光信号输入 PIN 管，经光电转换后进入前置放大 A1，然后经衰减和均衡后由 A2 放大输出。导频检测的偏差信号控制电调衰减，使偏差得以补偿。

使用 YAG 外调制光发射机的系统，其链路是由两根光纤传输一个信号，因此光接收设备的工作原理也有所不同，称为功率组合器，如图 4-23 所示。

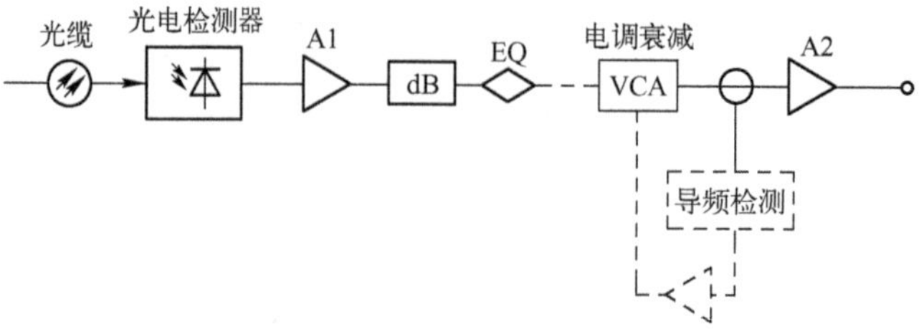

图4-22　光接收机原理框图

利用YAG外调制技术，调制器的两个光输出是调制在相反的相位上，类似于“推挽”放大器。两个光信号在两根光纤中传输，由两个独立的光接收机检测，这两个光接收机检出的射频信号由YAG链路相加电路组合在一起，最终输出比单路的C/N要高一些。YAG链路相加能使CSO指标改进，因为当两个相位相反的信号组合时，偶次失真相互抵消。CSO的典型值=70dB，比单光纤传输提高4~6dB，而CTB为67dB（典型值）。

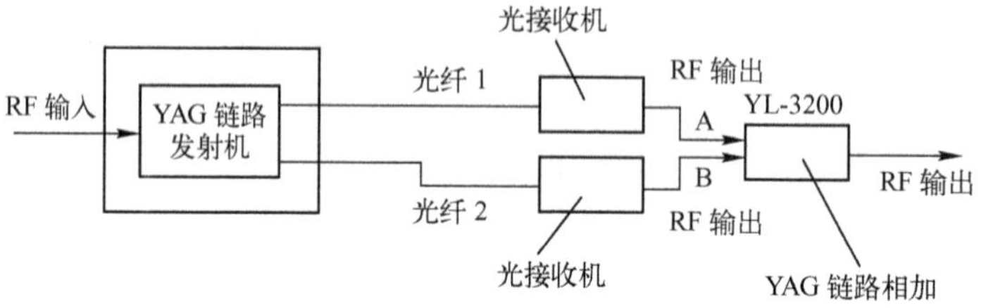

图4-23　YAG链路功率组合方框图

光接收机分为室内型和室外型，两者工作原理相同，所不同的是供电方式，室内型是220V市电供电，室外型是交流60V馈电供电。有的室外型光接收机的壳体内还装有干线放大器和桥接放大器，这样可以提供1~4路输出，更有利于电缆网络的放大分配。

2. 光接收机的主要技术参数

光接收机可分正向和反向接收，主要技术参数有带宽、波长、链路C/N、CTB、CSO、反射损耗等。下面以实例具体说明。

（1）正向光接收机。以Jerrold公司的AM-RM6光接收机模块为例，典型技术参数见表4-10。AM-RM6可安装在干线放大器中。当使用AM-SFL-550激光器模块时，AM-RM6链路损耗见表4-11。

表4-10　AM-RM6技术参数

参　数	指　标
带宽	47~600MHz
波长	129~1 580nm
频率响应	±1.0dB典型
射频输出反射损耗	12dB典型
链路C/N	见表4-12
链路CTB	-65dB典型（-63dB）
链路CSO	-63dB典型（-61dB）
光反射损耗	50dB典型（45dB）

表 4-11　AM－RM6 链路损耗表

链路损耗（dB）	光接收机功率（dBm）	C/N（dBc）	AM－RM6 输出电平（dBmV）	前置衰减器值（dB）
8	0	53	27	14
9	－1	52	25	12
10	－2	51	23	10
11	－3	50	21	8
12	－4	49	19	6
13	－5	48	17	4
14	－6	47	15	2
15	－7	46	13	0

（2）反向光接收机。以 Jerrold 公司 AM－RPR 为例，典型技术参数见表 4-12。

表 4-12　AM－RPR 技术参数

电 视 部 分	参　数
光输入电平	－12～－9dBm
频率响应（±0.5dB）	4.5～35MHz
接收机输出电平	28dBmV～33dBmV
反射损耗	16dB
工作温度	0～65℃
注：一个电视频道定义为 NTSC 调制的标准 6MHz 的一路电视信号	
数据部分	
频道	10
光输入范围	－19～－12dB
频率响应（±0.5dB）	4.5～35MHz
接收机输出电平	5～10dBmV
反射损耗	16dB
工作温度	0～65℃
注：一路数据频道定义为±150kHzFSK 调制的一路数据频道	
其他参数	
波长	1 310±20nm
光检波器	1
电源	12V　DC
功耗	4W
尺寸	4.5 长×4.5 宽×1 高（英寸）

4.3.4 光缆有线电视系统设计

一个完整的单向光缆有线电视系统（HFC 网）由前端、光缆干线、电缆支干线和分配网组成，如图 4-24 所示。

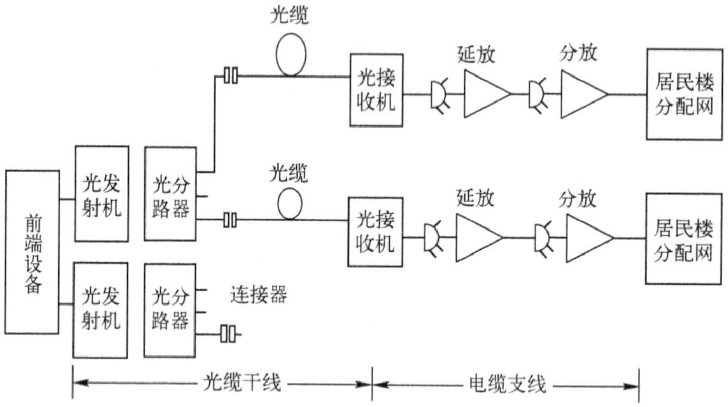

图 4-24　HFC 网的构成

为了使最终用户端口的指标达到国家标准，前端、干线、支线和分配网的指标可根据前端设备、光发射机、光接收机等所能达到的指标进行分配。例如，可参照表 4-13 所列的指标进行分配，指标的合理分配是系统设计的前提。表 4-13 所列指标未含反向传输指标，如果是双向传输系统，还需另外考虑反向指标。

表 4-13　HFC 网络指标分配

项　目	国标	设计值	前端	光缆干线	电缆支干线及分配网
C/N（dB）	43	45.9	55	50	49
CSO（dB）	54	57.2	70	61	60
CTB（dB）	54	55.1	65	65	60

（一）光缆干线设计步骤

1. 光节点布局的选择

每个光节点的服务区，一般以半径不超过 1km 的范围，即不用干线放大器而用延长放大器就能够覆盖的范围为宜，并为今后逐步发展、缩小服务区范围提供基础。这不但是为了尽量利用光缆传输的优越性，又考虑到今后发展宽带综合业务的需要。目前，出于造价的考虑，每个光节点的服务区可根据用户居住情况，按 1 000 ~ 2 000 户划分一个服务区，可能的话，可按每个光节点服务 500 户设计，延长放大器的级联数应不超过 2 级。

2. 光缆路由的选取

前端的信号需要通过光缆传输到每个光节点，这就涉及光缆路由的选择问题。在选择路由时需要考虑以下原则。

（1）光缆尽量短，重要干线应考虑备用路由。

（2）根据地理、杆路或管道的实际情况，做到容易施工，节省投资。

（3）尽量减少光缆野外接头。

（4）通向不同目的地的光缆，尽量在局部地区走同一路由，争取多纤共缆，以节约投资。

3. 光纤用量的确定

第一个光节点安排光纤的数量，应根据实际情况确定。一般应安排3根光纤，一根作为主传信号通道，一根回传，一根备用。过多地安排芯数会造成光纤闲置，因为只要光缆选得好，架设得当，一般无特大自然灾害或人为事故，光纤是不会断的。而且光缆如果断了，光纤也可能会断，因此过多地设置备纤是没有价值的。

4. 光功率分配方案的设计

光功率的分配是光缆干线设计的关键，从光发射机到光接收机的全程光路衰耗值将决定光缆干线的载噪比。

光缆路由确定之后，每一条光路的损耗实际上就清楚了，适当搭配光分路器分光比，可以使不同的光路具有基本相同的损耗值。如果计算出来的光路损耗过大，就应减少光分路器的分支数。最后决定需要的光发射机的台数和每一台的输出光功率。

按照图4-25所示的光链路构成，光链路损耗可按下式计算：

$$A = \alpha L - 10\lg K + 0.5 + 1.0 \quad (\text{dB}) \qquad (4\text{-}15)$$

式中，α—— 光纤的损耗常数；

L—— 光缆长度（km）；

K—— 光分路器的分光比；

0.5 —— 光分路器的附加损耗（不同分路的附加损耗值参见表4-9）；

1.0 —— 光接收机活动连接器的插入损耗及光链路损耗余量。

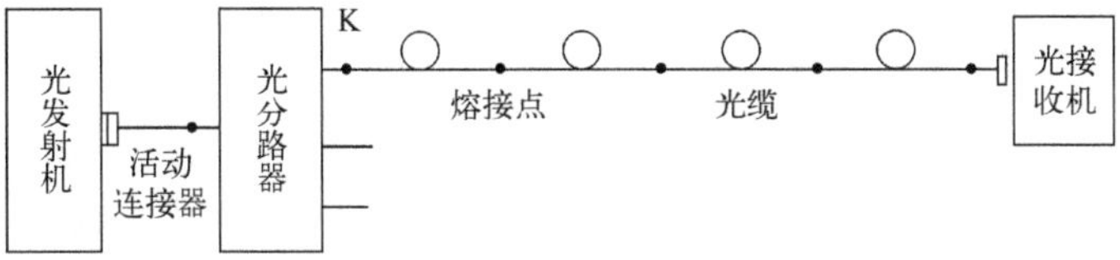

图4-25 光链路构成示意图

对于α值的选取可根据光纤传输波长所给定的值，但考虑到光缆会有熔接点，应适当多加一些。比如，光纤的损耗常数为0.35dB/km，可按α =0.4dB/km计算，就不必另外计算熔接点的损耗。

5. 核算接收光功率和光链路指标

接收光功率P_r按下式计算：

$$P_r = P_o - A \quad (\text{dBm}) \qquad (4\text{-}16)$$

式中，P_o—— 发射光功率，单位dBm；

A—— 光链路损耗。

光链路指标可由所选的光端机的产品说明书中查出。

（二）光缆干线设计实例

某地区有线电视系统，服务用户约5万，中心前端位置不在地区中心，最长传输距离约

12km，下行传输40个电视频道。光缆干线传输系统由整个HFC网分配指标为：C/N = 50dB；CTB = 65dB；CSO = 61dB。

该系统设计步骤如下。

1. 光节点布局及光缆路由的选取

根据该地区的平面图、用户分布区域和实际勘察，将该地区分为A、B、C、D四个区，分16个光节点（OR），用4台光发射机（OT），并通过6个光分路器连接到各光节点来覆盖全服务区，其中B区最远，如图4-26所示。

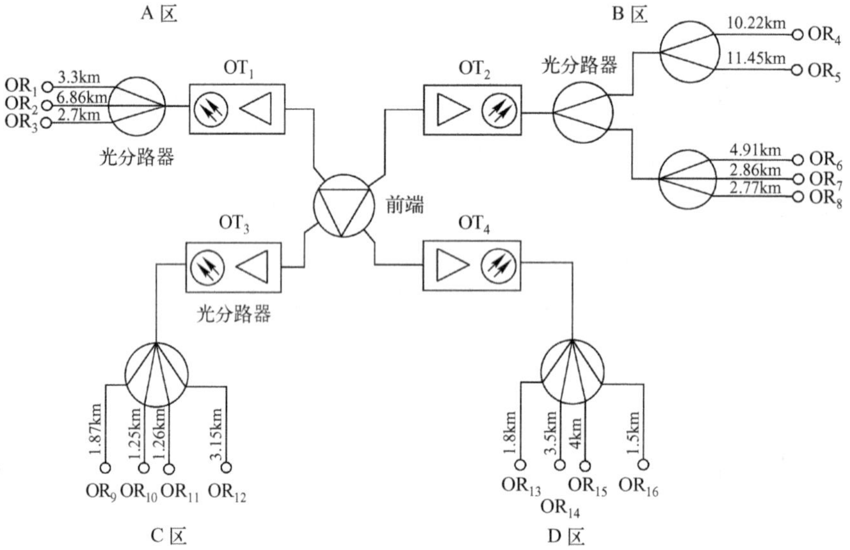

图4-26　某地区HFC网分布图

现以B区为例进行光缆干线设计，B区光缆干线示意图如图4-27所示。

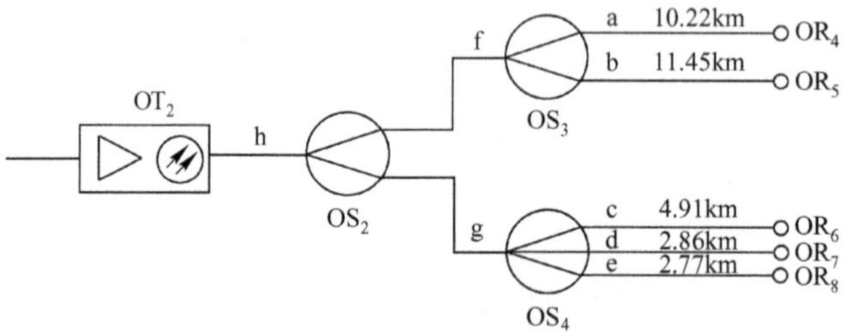

图4-27　B区光缆干线示意图

2. 光缆芯数的确定

如果每一个光节点确定选4根光纤，则B区光分路器OS_3至光分路器OS_2的光缆芯数应为8芯；OS_4至OS_2的光缆芯数应为12芯；从光分路器OS_2至前端光发射机OT_2的光缆芯数应为20芯。

3. 各路所需光功率的确定

采用倒推法，从光接收机所需的输入光功率入手。如果采用Jerrold公司的AM－550R，查得其输入光功率在－6～0dBm，可选－2dBm为计算标准。输入光功率低将导致输出的C/N过低，而光功率过强会导致非线性失真指标CTB、CSO恶化。

(1) 光纤损耗计算。图4-27中标出了B区各光节点至光发射机的光纤长度，采用单模光纤，1.31μm波长，其损耗常数按0.4dB/km（包括熔接损耗）计算。则：

$$F_4 = 0.4 \times 10.22 = 4.09 \quad (dB)$$

$$F_5 = 0.4 \times 11.45 = 4.58 \quad (dB)$$

$$F_6 = 0.4 \times 4.91 = 1.96 \quad (dB)$$

$$F_7 = 0.4 \times 2.86 = 1.14 \quad (dB)$$

$$F_8 = 0.4 \times 2.77 = 1.11 \quad (dB)$$

(2) 各点光功率计算。考虑活动连接器的插入损耗及光链路损耗余量（1dB），参照公式4-16。则光分路器OS_3、OS_4各点的光功率为：

a点：$P_4 = -2 + 4.09 + 1 = 3.09$ (dBm) $= 2.04$ (mW)

b点：$P_5 = -2 + 4.58 + 1 = 3.58$ (dBm) $= 2.28$ (mW)

c点：$P_6 = -2 + 1.96 + 1 = 0.96$ (dBm) $= 1.25$ (mW)

d点：$P_7 = -2 + 1.14 + 1 = 0.14$ (dBm) $= 1.03$ (mW)

e点：$P_8 = -2 + 1.11 + 1 = 0.11$ (dBm) $= 1.025$ (mW)

dBm与mW的关系为 (dBm) = 10lg (mW)，即 (mW) $= 10^{\frac{(dBm)}{10}}$，换算时可使用函数型计算器或查数学用表。

光分路器OS_3输出的总功率为：

$$P_{S3} = P_4 + P_5 = 2.04 + 2.28 = 4.32 \text{ (mW)} = 6.35 \text{ (dBm)}$$

光分路器OS_4输出的总功率为：

$$P_{S4} = P_6 + P_7 + P_8 = 1.25 + 1.03 + 1.025 = 3.305 \text{ (mW)} = 5.2 \text{ (dBm)}$$

4. 分光比计算

由式4-14，计算光分路器的分光比。

OS_3的分光比为：

$$\frac{2.04}{4.32} \times 100\% \frac{2.28}{4.32} \times 100\% = 47.2\% : 52.8\%$$

以5%为步进，取为50%：50%。

OS_4的分光比为：

$$\frac{1.25}{3.305} \times 100\% \frac{1.03}{3.305} \times 100\% : \frac{1.025}{3.305} \times 100\% = 37.8\% : 31.2\% : 31\%$$

取40%：30%：30%。

5. 光分路器OS_2所需光功率的计算

考虑光分路器附加损耗，对$n = 3$，取0.3dB（见表4-9），为了方便计算，$n = 2$也取0.3dB。由式4-16有：

f点光功率为

$$P_f = P_{S3} + 0.3 = 6.35 + 0.3 = 6.65 \text{ (dBm)} = 4.62 \text{ (mW)}$$

g点光功率为

$$P_g = P_{S4} + 0.3 = 5.2 + 0.3 = 5.5 \text{ (dBm)} = 3.55 \text{ (mW)}$$

OS_2输出的总光功率为

$$P_{S2} = 4.62 + 3.55 = 8.17 \text{ (mW)} = 9.12 \text{ (dBm)}$$

OS_2 的分光比为

$$4.62/8.17\times100\%:3.55/8.17\times100\%=56.5\%:43.5\%$$

取60%:40%。

OS_2 所需的输入光功率（即h点）为：

$$P_h=9.12+0.3=9.42\ (\text{dBm})$$

6. 光发射机输出功率的确定

知道了光分路器所需的输入光功率，再考虑活动连接器的插入损耗等（1dB），则光发射机 OT_2 的输出功率为：

$$P_{T2}=P_h+1=9.42+1=10.42\ (\text{dBm})\ =11.02\ (\text{mW})$$

选AM－SSEL550光发射机13mW（11.0dBm）典型值，1.31μm DFB型。

7. 各光链路的验算

现以 OR_5 为例验算链路损耗和光接收机的输入光功率。

OR_5 链路的构成如图4-27所示，其中涉及两个光分路器的分光及附加损耗，两次活动连接器的插入损耗等，由式4-15有：

$$\begin{aligned}A_5&=0.4\times11.45-10\lg kf+2\times0.3+2\times1.0-10\lg k4\\&=4.58-10\lg0.6+0.6+2.0-10\lg0.5\\&=4.58+2.22+0.6+2.0+3.01=12.4\ (\text{dBm})\end{aligned}$$

OR_5 的输入光功率为：

$$P_{i5}=10.42-12.41=-1.99\ (\text{dBm})$$

接近设计预定值－2dBm，可进一步验算光链路指标。其余光链路可参照此例进行验算。

8. 光链路指标验算

（1）光发射机指标。根据产品说明书提供的数据，加载80个NTSC制频道，光链路总损耗为13dB时：

$$C/N=50\text{dB}$$

$$CTB=67\text{dB}$$

$$CSO=63\text{dB}$$

国内采用PAL－D制，指标应作相应折算。不加载40个PAL－D制频道，且保持光链路损耗为13dB时，由于光发射机AGC控制作用，能自动保证CTB、CSO不随频道数而变化，但C/N值需经两项折算。

a. 由于调制度 m 的提高，C/N改善了：

$$10\lg(80/40)=3.01(\text{dB})$$

b. 由于视频带宽由4MHz增加到5.75MHz，C/N降低了：

$$10\lg(5.75/4)=1.58(\text{dB})$$

于是可得到光链路的指标如下：

$$C/N_1=50+3.01-1.58=51.4(\text{dB})$$

$$CTB_1=67\text{dB}$$

$$CSO_1=63\text{dB}$$

（2）光接收机指标。在光电检测器后有一放大器，查得放大器模块的增益为22dB，N_F = 10.8dB，加载80个NTSC频道；输出电平93dBμV，倾斜3dB时，CTB＝79dB，CSO＝75dB。当加载 40 个 PAL－D 制频道，且保持输出电平倾斜时，C/N 要做视频带宽的折算。

$$C/N_2 = S_I - N_F - 2.4 - 10\lg(5.75/4)$$

式中，S_i—— 放大器输入电平，$S_i = 93 - 22 = 71$（dBμV）。

$$C/N_2 = 71 - 10.8 - 2.4 - 1.58 = 56.2\text{(dB)}$$

当 80 个 NTSC 制频道变为 40 个 PAL－D 制频道时，CTB 约改善 20lg(80/40)＝6dB。故光接收机输出 CTB、CSO 为：

$$CTB_2 = 79 + 6 = 85\text{(dB)}$$

$$CSO_2 = 75\text{ (dB)}$$

如果光接收机输入光功率不是－2dBm 时，就应查阅产品说明书，看看此时的输出电平为何值，输出电平每升高 1dB，对 CTB 而言就要下降 2dB，CSO 则约下降 1dB。

（3）光链路的合成指标验算。

$$C/N = -10\lg\left(10^{\frac{-C/N1}{10}} + 10^{\frac{-C/N2}{10}}\right) = -10\lg\left(10^{\frac{-56.4}{10}} + 10^{\frac{-56.2}{10}}\right) = 50.2\text{(dB)} \quad (4\text{-}17)$$

$$CSO = -20\lg\left(10^{\frac{-CTB1}{20}} + 10^{\frac{-CTB2}{20}}\right) = -20\lg\left(10^{\frac{-67}{20}} + 10^{\frac{-85}{20}}\right) = 66\text{(dB)} \quad (4\text{-}18)$$

$$CTB = -15\lg\left(10^{\frac{-CSO1}{15}} + 10^{\frac{-CSO2}{15}}\right) = -15\lg\left(10^{\frac{-63}{15}} + 10^{\frac{-75}{15}}\right) = 62\text{(dB)} \quad (4\text{-}19)$$

光缆干线系统设计要求为：

$$C/N = 50\text{dB}; CTB = 65\text{dB}; CSO = 61\text{dB}$$

因此，满足要求。

其余各光链路的计算与此相似，读者可自行验算。

全部设计验算完成后，应将各光分路器、熔接点、光接收机的位置和光缆型号、芯数、长度等标在路由图上，作为施工和调试的技术资料，以保证系统的传输质量符合设计要求。

（三）光缆干线传输系统的调试

光缆干线传输系统的调试，需要在发送和接收之间协调进行。在调试之前，一定要仔细阅读光端机的产品说明书，并准备好与调试工作有关的仪器、工具等，如光功率计、光时域反射仪、光连接器等。

由前端系统输入到光发射机的射频信号电平，应依照产品说明书给定的数据，调节输入电平到标称值，以后射频 AGC 电路将使进入光发射模块的射频输入电平恒定在这个值上，一般 AGC 的控制范围可达 ±5dB。

光发射机开通工作后，需监测各种指示数据，如观察前面板各个指示灯，在正常情况下，应有以下指示：电源指示灯亮，备用电源指示灯不亮，失效指示灯不亮，自动功率指示灯亮。有些光发射机还有数字显示，如激光器输出功率，读数在规定的 0.2mW 以内；激光器偏置，读数应该在规定值的 ±0.5mA 以内；自动增益控制范围，读数应在 45%～55% 之间；温度读数误差应该在 ±0.5℃ 以内。

在光链路末端用光功率计测量光功率，应在设计值范围内，如－6～0dBm。接上光接收机工作正常后，在输出端用综合测试仪测量 C/N 和 CTB 等。如果出现参数不平衡，则需微调光发射机的调制度。C/N 过低而 CTB 有富裕，则需增加调制度；若 C/N 有富裕而 CTB 较差，则可减小调制度。在光接收机输出端的指标为前端和光链路的合成指标，可按整个系统指标分配及式(4-17)、式(4-18)等验算是否合格。

光接收机内有均衡装置,其调整方法可参照电缆传输系统的调整方法进行。

4.4 数字电视的传输特点

4.4.1 我国有线数字电视网络

我国有线数字电视网络采用四级组网方式,如图4-28所示。

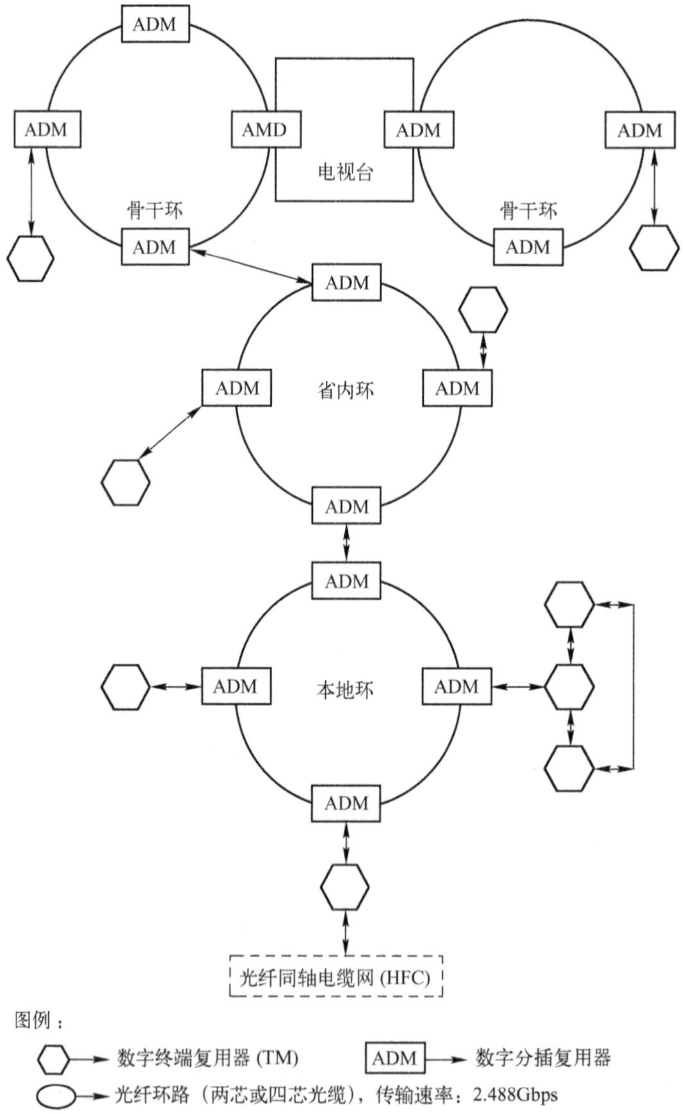

图4-28　我国有线数字电视网络框图

(1) 用 ADM 组成环形网,当光纤或网元故障时,ADM 有自动转接到新路由的功能。

(2) 传输距离在 100km 以上时宜选用这种数字光纤网。

利用软件对数字信号进行复接和分接,IP 包直接运行在网上,就组成了宽带 IP 网(IP OVER SDH),分别是省际干线网(全国骨干网——两个环)、省内干线网(城域网——单环)、本地网(局域网——单环)和 HFC 网(接入网)。同步数字体系(SDH)是一种数字传输技术,SDH 可应用于光纤、微波和卫星传输网络。光纤同步数字传输网络(SONET)起源于美国,得到国际公认后定名为同步数字体系(SDH)。SDH 成为光纤同步数字传输技术、体制、网络的代名词。由图可知,HFC 网以上的三级网络都是光纤同步数字传输网络(SDH),简称数字光纤网。SDH 和 HFC 的光纤干线网都是传输数字电视信号,但是,数字电视信号的形式不同:前者的是光脉冲;后者的是连续的光载波,也可以叫做模拟光纤网。对 SDH 网的主要设备说明如下。

(1) 终端复用器(TM)输入为低速的多路信号,输出是一路高速信号;反向连接时,则分解成低速的多路信号。

(2) 分插复用器(ADM)的作用是把低速信号插入到高速信号中。

(3) 数字交叉连接设备(DXC)的作用是配线、监控和网络管理。

(4) 数字再生器(RG)安装在光纤干线链路中途,作用与中继器相同。对数字脉冲整形,校正定时特性,延长传输距离。

4.4.2 数字光缆电缆混合网

如图 4-29 所示,HFC 网中的光缆干线由驱动放大器、光发射机、光功率分配器、光接收机及单模光纤组成。把多条光纤封装成一体构成光缆。图中的连接线代表一条单模光纤,实际上使用的是光缆。设备之间的连接线统称干线。远距离传输是光缆干线的任务,为了保证传输指标,光缆干线是处于前端与电缆分配网之间的独立部分。图 4-29 所示的是数字电视单向传输网,用单向箭头表示下行通道,箭头方向表示下行信号的传输方向。再用一段单模光纤作为双向有线数字电视网(以下简称双向网)的上行通道,则构成双向网。用两条光纤使下行信号和上行信号分道扬镳。单向网的光发射机内要加装光接收机,光接收机内要加装光发射机。在双向网中,图 4-29 中的光发射机定名为光端机,光接收机定名为光节点。图 4-29 中的单向

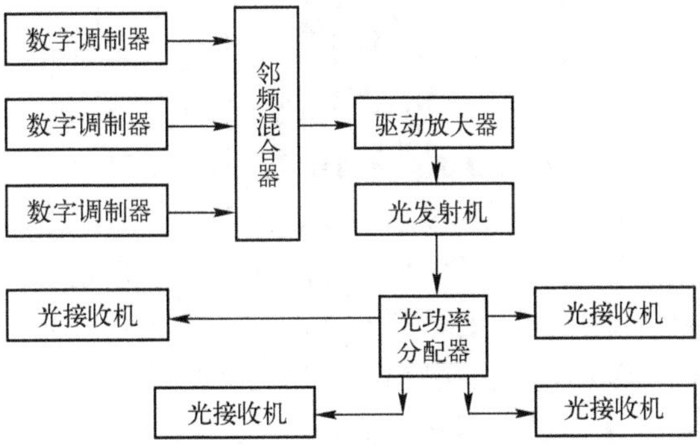

图 4-29　HFC 网的光缆干线图

箭头则要改成双向箭头。接近前端或安装在前端的光端机，其与安装在前端的解调调制终结单元（CMTS）相连。把光端机内的光接收机的输出信号送入数据电缆调制解调器终端系统（CMTS）。光节点光接收机的输出信号送入同轴电缆分配网。用户机顶盒发出的数据信号经过同轴电缆分配网和光缆干线的上行通道传送到CMTS。

100km以上的光纤干线，必须使用数字光纤（SDH）；反之使用模拟光纤——HFC网中的光纤干线。光载波波长为1 550nm时，传输距离在30～100km之间；30km以内使用1 310nm的光载波。

1. 光节点的规模

从有线模拟电视网升级为有线数字电视网，光节点的规模必须缩小。从500～2 000户缩小到1～125户。2003年，我国的管理部门规定：每个光节点的规模不超过500户。依据网络的安全系数，推算出此数据。有线数字电视网（双向HFC网）设置光节点规模，可参考的技术数据如下。

光纤干线到路边（FTTC），500户以下，串接RF宽放两台；光纤干线到建筑物（FTTB），125户以下，串接RF宽带放大器一台；光纤干线入户（FTTH），光节点规模为一户。这是有线数字电视网的最终目标：光节点越小越好。光节点越小，系统串行环节越少，可靠性越高。并且，下行通道，信号质量高；上行通道，户均速率高、干扰噪声小。但是，光纤入户所指的光纤网有两种：以太网无源的光网络（EPON）和HFC。“光纤干线入户（FTTH）”中的光纤指HFC网的光纤。HFC技术的历史已有20多年，在最近几年，EPON技术走向成熟。

2. HFC网的上行通道容量

双向有线电视网络是一个不对称的通信系统，数据和图像的下行流量大、上行流量小。775MHz的下行带宽与60MHz的上行带宽（5～65MHz）之比为13，即下行通信能力是上行的13倍。

在HFC网的光缆干线图中，四路分光器驱动四个光节点，其覆盖户数可分为：FTTC为4×500＝2 000户，FTTB为4×125＝600户，当覆盖户数为6 000户时，则需要一台12路或48路的分光器。每个光节点内的上行光发射机，各对应前端的一台上行光接收机。上行光接收机的输入光功率为－10～－4dBm。一个前端所有上行光接收机的输出电平必须全部一致，以便于对覆盖户数进行灵活组合。上行光接收机输出的RF信号送给解调调制终接系统（CMTS），其与四台上行光接收机连接，当光节点数过多时，应配置多个CMTS。由一台下行数据调制器输出RF信号，去激励下行光发射机。

数据电缆调制解调器终端系统（CMTS），既是在有线电视网络中实现数据通信的设备，又是在有线电视网络中接入因特网（Internet）业务数据处理中心。下行接口速率应符合CMTS的能力，如不足，应采用代理服务器；上行接口速率高，上行流量小，不会发生溢出问题。

电缆系统的数据业务接口规范DOCSIS有三类版本。

（1）DOCSIS1.0/1.1。TDMA、A－TDMA上行，抗噪声能力差，需C/N≥25dB。上行最大频道带宽3.2MHz，难以开展更高速率的数据业务。

（2）DOCSIS2.0。S－CDMA上行，抗噪声能力强，只需C/N≥15dB。上行最大频道带宽升至6.4MHz，可以开展更高速率的数据业务。

（3）升级版DOCSIS3.0标准，它适用于互联协议电视（IPTV）、真正的视频点播（T－VOD）业务，可捆绑若干边缘调制器（EDGE IP－QAM）。

统计规律表明:在任一时段内,约有 10% 的 STB 处于运行状态;64 - QAM 调制器的传输速率为 38Mbps,256 - QAM 调制器的传输速率为 50Mbps。以下计算每个 CMTS 的负荷能力。

① 若要求每户速率不低于 0.5Mbps,64 - QAM 任一瞬间可同时在线 76 户(38/0.5),任一时段能推动 STB760 台(76/0.1);256 - QAM 任一瞬间可同时在线 100 户(50/0.5),任一时段能推动 STB1000 台(100/0.1)。

② 若要求每户速率不低于 1Mbps,64 - QAM 任一瞬间可同时在线 38 户(38/1),任一时段能推动 STB380 台(38/0.1);256 - QAM 任一瞬间可同时在线 50 户(50/1),任一时段能推动 STB500 台(50/0.1)。若要求每户速率不低于 2Mbps,64 - QAM 任一瞬间可同时在线 19 户(38/2),任一时段能推动 STB190 台(19/0.1);256 - QAM 任一瞬间可同时在线 50/2 = 25 户,任一时段能推动 STB250 台(25/0.1)。

根据以上计算,得出以下结论:若要求每户速率加倍,则每台 CMTS 的负荷能力减半。当然,以上都是按最差情况计算的,一般情况下,每台 CM 的速率更高。CM 的速率及相应设备,可适时调整,以社会需求、接口速率、性价比为准。

3. HFC 网的下行通道容量

我国电视频道配置,每一个物理频道占 8MHz 带宽,通道频率范围为 87 ~ 862MHz,共安排 96 个物理下行频道。使用 64 - QAM 调制器时,每频道传输速率为 38Mbps,96 ×38 = 3.6Gbps;使用 256 - QAM 时,每频道 50Mbps,96 ×50 = 4.8Gbps。数字电视占用 48 个频道,50% 流量。64 - QAM 时占用 1.8Gbps,可容纳单节目传输流(SPTS)数量,即可容纳标准清晰度电视(SDTV)514 套;卫星数字电视广播节目,每套节目的传输流为 6Mbps,即可容纳高清晰度电视(HDTV)300 套。256 - QAM 时占用 2.4Gbps,可容纳 SPTS 数量:SDTV,685 套;或 6Mbps 数字电视节目源(卫星传输用)400 套;或 HDTV,123 套。

习 题 四

一、是非判断题(正确画"√",错误画"×")

1. 有线电视系统中的传输媒介主要以电磁波为主。(　　)
2. 传输系统位于前端系统之后。(　　)
3. 干线放大器的功能是补偿电缆的损耗。(　　)
4. 干线放大器在传输系统中只有单向传输一种功能。(　　)
5. 同轴电缆内外导体之间的绝缘介质为空气时,电损耗最小。(　　)
6. 同轴电缆的衰减常数与传输信号频率的平方成正比。(　　)
7. 同轴电缆的衰减值随环境温度的降低而下降。(　　)
8. 同轴电缆的屏蔽衰减数越大,表明电缆的屏蔽特性越差。(　　)
9. 同轴电缆可以像普通电线一样任意弯曲。(　　)
10. 传输系统的同轴电缆通常是 75 - 7 系列电缆。(　　)
11. 传输系统中干线放大器通常设置成平坦输出型。(　　)
12. 传输系统的输出信号电平应该等于输入信号电平。(　　)

13. 干线放大器的增益越高，系统的载噪比指标越好。(　　)
14. 干线放大器的自动增益控制功能是为了补偿电缆的温度损耗。(　　)
15. 干线放大器一般由市电220V直接供电。(　　)
16. 干线放大器的调试工作以均衡量为主。(　　)
17. MMDS的频率范围为12.7～13.25GHz。(　　)
18. MMDS实际上是一个本地信号分配系统。(　　)
19. MMDS的传送距离与发射天线高度有关，而与发射功率无关。(　　)
20. 数字MMDS传送的信号可由天线接收后直接送给电视机。(　　)
21. 利用光纤传送射频信号，是目前最理想的方式。(　　)
22. 在HFC网中从前端至光节点之间采用光缆传输。(　　)
23. 有线电视系统通常采用多模光纤来传输多路信号。(　　)
24. 当传输光波长大于截止波长时，光纤就能实现多模传输。(　　)
25. 光纤和光缆是一回事。(　　)
26. 光发射机是将射频信号转换成光信号的装置。(　　)
27. YAG光发射机的技术指标通常低于DFB光发射机。(　　)
28. 光分路器与电缆系统中的分配器原理完全相同。(　　)
29. 光接收机将光信号转换为前端射频信号。(　　)
30. 光接收机的输出电平与链路损耗无关。(　　)
31. HFC网光节点之后连接的是用户电视机。(　　)
32. 光节点处光缆芯数越多，衰耗就越小。(　　)
33. 模拟电视信号与数字电视信号都是视频电视信号。(　　)
34. 有线数字电视系统是不对称的双向传输系统。(　　)

二、选择题（将正确答案的序号填入括号中）

1. 同轴电缆传输系统通常采用(　　)网络结构。
   A. 环型　　B. 星型　　C. 树枝型　　D. 环型树枝混合型
2. 有线电视系统用同轴电缆的特性阻抗为(　　)。
   A. 300Ω　　B. 150Ω　　C. 75Ω　　D. 50Ω
3. 安装同轴电缆时，弯曲半径应按(　　)的要求进行。
   A. 90°　　B. 电缆直径的2倍
   C. 电缆直径的3倍　　D. 产品说明书标定
4. 同轴电缆的防水性能以(　　)最好。
   A. 竹节式　　B. 高发泡式　　C. 发泡式　　D. 藕式
5. 均衡器的均衡量由(　　)决定。
   A. 干线放大器的增益　　B. 电缆的温度损耗
   C. 干线放大器输入高、低端电平　　D. 电缆的长度损耗
6. 干线放大器的增益由(　　)决定。
   A. 电缆的衰耗　　B. 系统的供电电压
   C. 串接数量　　D. 用户数量

7. MMDS 在 PAL－D 制下能传送(　　)套电视节目。

A. 23　　B. 33　　C. 49　　D. 59

8. MMDS 接收天线之后需接入(　　)

A. 上变频器　　B. 下变频器　　C. 微波合成器　　D. 分配器

9. 光纤的每公里衰耗以(　　)为最小。

A. 多模 0.85mm 波长　　B. 多模 1.3mm 波长

C. 单模 1.31mm 波长　　D. 单模 1.55mm 波长

10. 光发射机输出的光功率由(　　)决定。

A. 光发射机的构成方式　　B. 光纤的传输波长

C. 光纤的衰耗　　D. 射频输入电平

11. 光分路器的分光比可以是(　　)之间的任何数。

A. 1 和 0　　B. 10 和 0　　C. 100 和 0　　D . 1000 和 0

12. 光接收机的链路 C/N 指标与(　　)有关。

A. 链路 CTB　　B. 链路 CSO　　C. 链路损耗　　D. 反射损耗

三、画图题

1. 画出同轴电缆干线传输系统的组成框图。
2. 画出 MMDS 接收系统的组成框图。
3. 画出 HFC 网的组成框图。

四、计算题

1. 若某型号同轴电缆在 550MHz 时的衰减常数 α = 5.1dB/100m(20℃),温度系数为 2.5%(dB)/10℃,请计算在 44℃环境下工作时,电缆每千米的衰耗值。

2. 某干线放大器在系统 60 个频道条件下,测得 CTB 值为 70dB,若将其用于传输 28 个频道的系统中,CTB 值将提高多少 dB?

3. 某干线放大器的噪声系数为 9dB,当载噪比为 58dB 时,其输入电平应等于多少?

4. 某地区有线电视,远期传输频道数为 36 个,最远干线传输距离为 3km,干线系数分配指标为:C/N≥47dB(K = 0.25);CTB≥57dB(K = 0.5)。试采用同轴电缆设计传输系统。

5. 参照本章第三节中光缆干线设计实例,对图 4-21 所示 HFC 网的 A 区进行设计。

五、问答题

1. 对同轴电缆的要求有哪些?
2. 简述双向滤波器的作用。
3. 简述双向放大器和单向放大器的不同之处。
3. 对干线放大器的要求有哪些?
4. 为什么要求干线放大器具备 AGC 及 ASC 功能?
5. 均衡量的选择依据是什么?
6. 导频信号发生器的作用是什么?
7. 同轴电缆传输系统的调试内容有哪些?

8. MMDS 系统的主要优缺点是什么？
9. MMDS 的接收应该注意哪些问题？
10. 光纤传输的特点有哪些？
11. 光节点的含义是什么？
12. 有线电视光缆传输通常采用哪些波长窗口的光纤？其衰耗特性是什么？
13. DFB 光发射机与 YAG 光发射机有何不同？
14. 光接收机的主要技术指标有哪些？
15. 光缆传输系统指标与整个系统指标的关系是什么？
16. 光缆传输系统调试工作与电缆传输系统相比,有何共同点？

第五章

分 配 系 统

有线电视系统中与用户最接近、分布最广泛的部分是分配系统。在双向有线电视系统中，电缆干线传输系统中来的信号通过支干线、延长放大器等送入用户分配网络，并均匀地分给各用户端，使各用户的电视机得到合适的电平信号；而光缆干线传输是将光节点以下的信号送入用户分配网络。在用户分配网络采用光缆、光放大器、光分路器分配光载波信号的技术正在开发和应用，也就是 FTTH。

5.1 分配系统的组成

分配系统实际上是一个信号有线分配网络，由有源器件延长放大器、分配放大器和无源器件分配器、分支器、终端盒以及电缆等组成。

在分配系统中，分支、分配线路多采用星型，呈放射状分布，其特点是线路短、放大器少、覆盖效率高、经济合理，如图 5-1 所示。

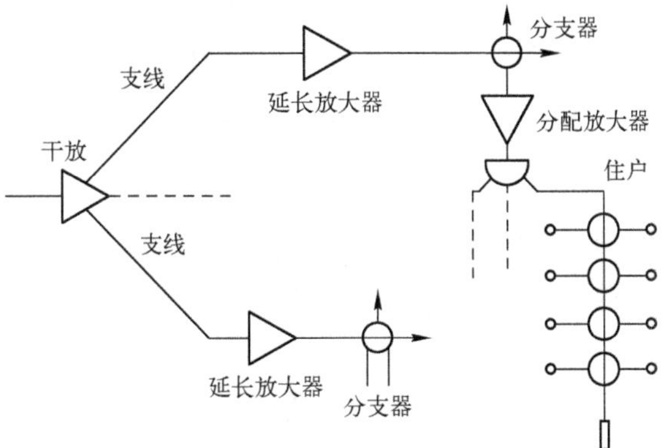

图 5-1 分配系统结构示意图

对于建筑物内分配网络的结构存在着两种方式：一种是串接单元（也称串联单元）的分配方式，另一种是分支器分配方式。如图 5-2 所示即为串接单元分配方式，它是在每一层的每一间的同一位置上装有串接分支板，同轴电缆可以从上到下将它们串接起来，在最后一个单元安装终端板（内装 75Ω 终端电阻），以防反射的产生。这种结构不需要横向走线（除顶层分配线以外），同轴电缆用量少、费用低、安装容易，适用于楼房预埋安装。其缺点是：灵活性差、维修麻烦、管理不便，一户发生故障就会影响其他用户的收视，特别是现在住户装修房屋增多，更容易引发故障。同时，由于需要较高的电平，串接单元数量一般不应超过6个，因而只在早期共用天线系统中应用较多。

分支器分配方式为现在有线电视系统通常采用的方式，如图5-3所示。它可在一路支线电缆中串接多个分支器（根据需要串接一、二、三、四分支器），由分支器输出端通过同轴电缆接至用户终端盒。其优点是各用户之间隔离好，互不影响；同时在设计时选用各种档次分支损耗的分支器，可使各用户电平趋于一致；另外，维修和管理也比较方便。

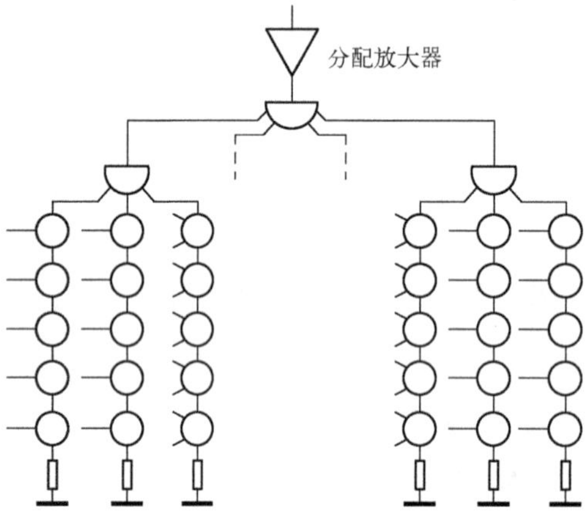

图5-2　串接单元分配方式

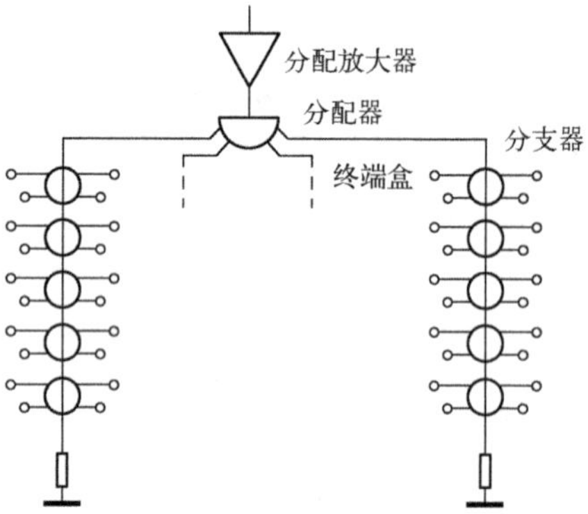

图5-3　分支器分配方式

双向分配系统的结构通常采用分支器分配方式而不能再使用串接单元。用户室内的系统输出口，将一根电缆送来的信号进行频率分割，分出电视、调频和数据三类信号，分别与电视接收机、调频接收机和数据交换处理设备相连。系统输出装置称终端盒，面板上有电视（TV）、调频（FM）和数据（DP）三个连接端子。与DP端子相连的用户设备有电缆调制解调器和机顶盒两种。不管是哪一种，它必须具备传输上行信号功能，达到交流信息的目的。

5.1.1　分配器

分配器是用来分配射频信号的无源器件。它能将一路输入信号电平均等地分成几路输出，通常有二、三、四、六和八分配器几种，其图形符号如图5-4所示。

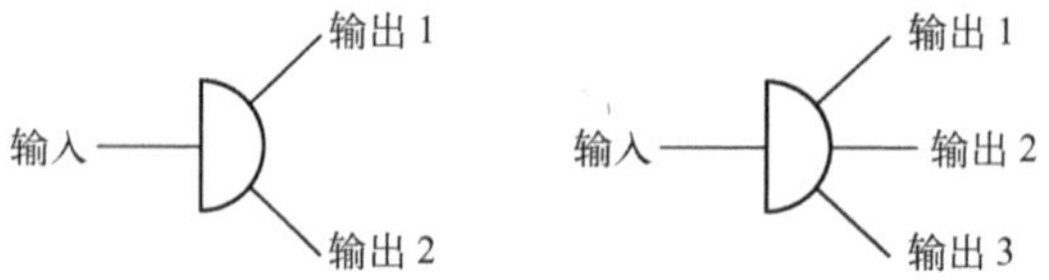

图5-4　二、三分配器的图形符号

（一）分配器的分类

（1）按输出路数分类：有二分配器、三分配器、四分配器、六分配器和八分配器等。从组成分配器电路的原理来看，最基本的是二分配器和三分配器，也就是说四分配器由三个二分配器组成，而六分配器由一个二分配器和两个三分配器组成，依此类推。

（2）按工作频率范围分类：有全频道型、5～550MHz、5～750MHz 带宽型和 1GHz 宽带型。全频道型带宽 40～860MHz，可用于全频道或邻频传输，常见于早期的有线电视系统；5～550MHz 和 5～750MHz 带宽型技术性能要高于前者，用于要求较高的邻频系统；1GHz 宽带型带宽 5～1 000MHz，具有双向传输功能，适用于有线电视宽带综合业务网络。

（3）按使用环境条件不同分类：有室内型和野外防水型，馈电型（也称过流型或过电型）和普通型。若要通过电缆给干线放大器或延长放大器馈电（一般为 40～60V，50Hz），则要求在相应电缆通路中安装的分配器能够通过电源电流，这种分配器称过流型，同时多是野外防水型；而对不过流的分配器则通常是普通型。

（4）按盒体结构分类：有塑料型、金属型、压铸型、密封防水型、明装与暗装（通常是二分配板）等。

（二）分配器的主要技术参数

分配器的主要技术参数有分配损耗、相互隔离、反射损耗等。分配器的输入、输出阻抗为 75Ω。

分配损耗通常用分贝（dB）表示，是输入电平与输出电平分贝数之差。相互隔离是指在分配器的某一输出端加入一信号，该信号电平与其他输出端信号电平之比，一般用分贝表示，相互隔离愈大，表示分配器各输出端之间的相互干扰越小。反射损耗是衡量各部件阻抗偏离 75Ω 标称阻抗大小的重要指标，反射损耗必须在规定的范围内才能保证阻抗匹配。分配器的主要技术参数见表 5-1。

表 5-1　分配器主要技术参数

项目		性能参数			
		二分配器	三分配器	四分配器	六分配器
分配损耗（dB）	VHF	≤3.7	≤5.8	≤7.5	≤10.5
	UHF	≤4	≤6.5	≤18	≤11
相互隔离（dB）	VHF	≥20			
	UHF	≥18			
反射损耗（dB）	VHF	≥16			
	UHF	≥10			

为了进一步了解常用分配器的主要技术参数和用途，下面分别列举了多种分配器的性能参数表，见表 5-2～5-5，以供应用时参考。

表 5-2　国产 YGFP 系列分配器性能参数

型号	频率（MHz）	插入损耗 max（dB）	相互隔离 min（dB）	反射损耗（IN） min（dB）	反射损耗（OUT） min（dB）	哼声调制 0AMPS min（dB）
YGFP－204 过流二分配器	5～50	3.9	20	16	20	70
	50～550	4.1	25	18	20	70
	550～750	4.5	23	18	18	70
	750～1 000	5.4	20	16	16	70

续表

型　　号	频率（MHz）	插入损耗 max（dB）	相互隔离 min（dB）	反射损耗（IN） min（dB）	反射损耗（OUT） min（dB）	哼声调制 0AMPS min（dB）
YGFP－306 过流三分配器	5～50	6.0	23	18	18	70
	50～550	6.8	25	18	18	70
	550～750	7.2	23	18	18	70
	750～1 000	8.0	20	16	16	70

表 5-3　国产 YFP 系列防雨型分配器技术指标

项　　目	频率（MHz）	YFP－204	YFP－306	YFP－408
插入损耗 max（dB）	5～550	3.8	5.8	7.2
	55～860	4.0	6.5	7.6
	86～1 000	4.2	6.8	8.0
相互隔离 min（dB）	5～50	22	22	22
	5～650	28	27	28
	65～860	25	25	25
	86～1 000	20	20	20
反射损耗 min（dB）	5～50	18	18	18
	5～860	18	18	18
	86～1 000	16	16	16

表 5-4　国产 Somi 系列分配器

项　　目	频率（MHz）	2 分配器	3 分配器	4 分配器	6 分配器	8 分配器
插入损耗（dB）	5～65	3.5	5.6	6.7	9.0	10.5
	65～550	3.6	6.0	7.0	9.5	11.0
	550～750	4.0	6.5	7.8	10.5	12.5
	750～1 000	4.3	6.8	8.2	11.0	13.0
相互隔离（dB）	5～65	25	25	25	25	25
	65～550	28	28	28	28	28
	550～750	25	25	25	25	25
	750～1 000	25	25	25	22	22
反射损耗（dB）	5～65	20	20	20	20	20
	65～550	18	18	18	18	18
	550～750	18	18	18	18	18
	750～1 000	16	16	16	16	16
电磁屏蔽	120（dB）					

表 5-5　国产 WFP/WFPX 系列高隔离度分配器

项　　目	频率(MHz)	WFP-204	WFP-306	WFP-408	WFPX-204	WFPX-306	WFPX-408	WFPX-610	WFPX-812
插入损耗 max (dB)	5~550	3.6	5.8	7.2	3.6	5.8	7.2	9.2	11.0
	551~860	3.8	6.0	7.6	3.8	6.0	7.6	9.5	11.5
	861~1000	4.2	7.2	8.2	4.2	7.2	8.2	10.5	12.0
相互隔离 min (dB)	5~50	22	22	22	22	22	22	25	26
	51~650	28	28	28	28	28	28	28	32
	651~860	25	25	25	25	25	25	25	30
	861~1 000	22	22	22	22	22	22	22	26
反射损耗 min (dB)	5~50	16	16	16	16	16	16	16	20
	51~860	18	18	18	18	18	18	18	20
	861~1 000	16	16	16	16	16	16	18	20
电磁屏蔽 min (dB)		80（树脂封）			120（锡封）				

1. 野外过流型分配器

野外过流型分配器通常采用优质铝合金压铸外壳，表面烤漆处理，具备防水功能，如图 5-5 所示。这种分配器采用悬挂式安装方式，适合于野外及恶劣环境中用于干线或支线的分配，其连接端口多采用英制 5/8-24 UNEF 型接口。

SU 2/4 是二分配器，SU 3/6 是三分配器，以上两种分配器端口载流能力为交流 10A，标称通过电压为交流 60V。

该系列分配器传输带宽 5~1 000MHz，适用于双向传输系统。电磁屏蔽大于 100dB。各端口内均设有短路插座，拔下任一插座即可将该端口由过流型变为不过流型。过流时最大可通过 65V/10A 交、直流。

2. 防雨型分配器

防雨型分配器通常采用铝合金压铸外壳，表面烤漆处理，具备防水功能，有悬挂式安装和螺孔安装方式，适合于室外支线分配网，其连接端口采用 F 型端口。

YFP 系列分配器的传输带宽为 5~1 000MHz，可双向传输，电磁屏蔽大于 100dB，适用于双向传输的有线电视系统分配网。

3. 室内型分配器

室内型分配器通常采用铝、锌合金压铸外壳，表面镀彩锌或烤漆处理，螺孔安装方式，适用于建筑物内分配系统使用，其连接端口采用 F 型端口。常见外形如图 5-6 所示。

图 5-5　野外过流型分配器外形

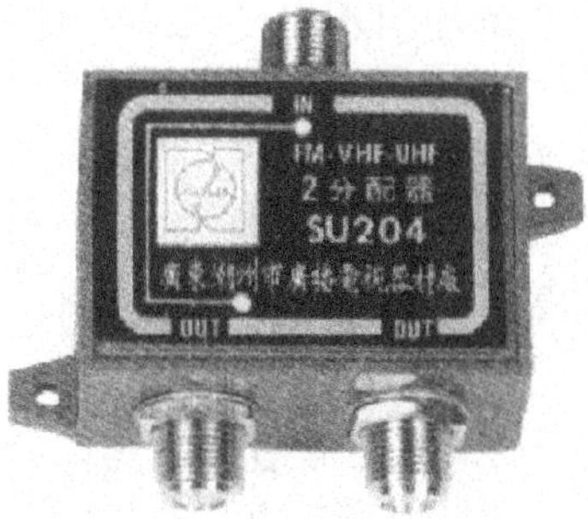

图 5-6　铝壳分配器外形

采用环氧树脂密封的分配器为 WFP 系列；用锡密封的分配器为 WFPX 系列。以上系列分配器传输带宽为5～1 000MHz，可双向传输，高隔离、低损耗，是高质量有线电视系统所采用的分配器，也是今后大量推广使用的分配器应具备的技术指标。

5.1.2 分支器

分支器是从干线或支线的主路分出若干路信号并馈送给相应线路，而主路信号以很小的损耗继续传输的无源器件。分支器既有主路输入端、主路输出端，又有一个或几个分支输出端。通常有一、二、三、四、六、八等分支器，其图形符号如图5-7所示。

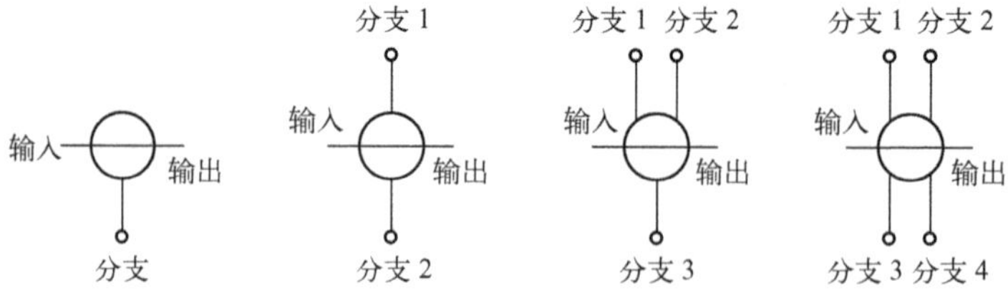

图5-7　分支器的图形符号

（一）分支器的分类

分支器的分类方法与分配器有很多相同之外，如根据分支输出端的多少可以分为一分支器、二分支器、四分支器等；按工作频率范围有全频道型、带宽型和双向传输宽带型等；按使用环境条件不同分室内型和室外型、馈电型和普通型等。盒体结构有塑料、金属压铸外壳及串接分支板等。

（二）分支器的主要技术参数

分支器的主要技术参数有插入损耗、分支损耗、反向隔离、相互隔离和反射损耗等。分支器的输入、输出和分支端阻抗为75Ω。

插入损耗是分支器主路输入端信号电平与输出端信号的电平之差，用分贝表示。分支损耗是指信号在分支器输入端到分支器输出端之间的损耗，用分贝表示时，即为分支器输入端信号电平与分支器输出端电平之差。分支损耗在设计时常有－8dB、－10dB、－12dB、…等，按2dB一挡衰减或按4dB一挡衰减，即－8dB、－12dB、－16dB、…等方式。插入损耗小，分支损耗大；插入损耗大，分支损耗小。

相互隔离表示分支输出端之间的相互影响程度，用分贝表示，分贝数越大越好。

反向隔离是指分支输出端与分支器主路输出端之间的损耗，用分贝表示，分贝数越大越好。

反射损耗表示阻抗匹配程度，其含义与分配器相同。

表5-6、表5-7分别列出了符合国家标准 GB11318. 2－89 的分支器主要性能参数。

表 5-6　一分支器和串接分支器主要性能指标

项　目		性 能 参 数				
分支损耗（dB）	标称值	8	12	16	20	24
	允许偏差	±1.5				
插入损耗（dB）	VHF	≤2	≤1.5	≤1	≤0.5	≤0.5
	UHF	≤3	≤2	≤1.5	≤1	≤1
反向隔离（dB）	VHF	≥18	≥22	≥26	≥30	≥34
	UHF	≥13	≥17	≥17	≥26	≥29
反射隔离（dB）	VHF	≥16				
	UHF	≥10				

表 5-7　分支器主要性能指标

项　目		性能参数										
		二分支器						四分支器				
分支损耗（dB）	标称值	8	12	16	20	24	28	12	16	20	24	28
	允许偏差		±1.5									
插入损耗（dB）	VHF	≤3.5	≤2	≤1.5	≤1	≤0.5	≤0.5	≤3.5	≤2	≤1.5	≤1	≤1
	UHF	≤4.5	≤3	≤2	≤1.5	≤1.5	≤1.5	≤4.5	≤3	≤2	≤2	≤2
反向隔离（dB）	VHF	≥18	≥22	≥26	≥30	≥34	≥38	≥22	≥26	≥30	≥34	≥38
	UHF	≥13	≥17	≥21	≥25	≥29	≥33	≥17	≥21	≥25	≥29	≥33
相互隔离（dB）	VHF	≥22										
	UHF	≥18										
反射损耗（dB）	VHF	≥16										
	UHF	≥10										

为了适应有线电视系统的各种要求，常见分支器有许多种。由于干线、支线和分配系统对分支器的要求是不同的，由此有馈电型、防雨型、室内型及不同分支损耗的分支器等。

1. 野外过流型分支器

野外过流型分支器的外形与结构和野外过流型分配器相同，如图 5-5 所示。表 5-8、表 5-9 列出了几种野外过流型分配器的技术指标。

表 5-8　国产 TU 系列分支器技术指标

测试项目 / 型号	插入损耗（dB）	分支损耗（dB）	相互隔离（dB）		反向隔离（dB）		反射隔离（dB）	
							IN OUT BR	
	45～550MFHz	45～550MFHz	VHF	UHF	VHF	UHF	VHF	UHF
TU1　08	≤3	8±1.5	—	—	≥18	≥13	≥16	≥12
TU1　10	≤3	10±1.5	—	—	≥20	≥15	≥16	≥12
TU1　12	≤2	12±1.5	—	—	≥22	≥17	≥16	≥12
TU1　16	≤1.5	16±1.5	—	—	≥26	≥21	≥16	≥12

续表

测试项目 / 型号	插入损耗（dB）	分支损耗（dB）	相互隔离（dB）		反向隔离（dB）		反射隔离（dB）	
							IN OUT BR	
	45～550MFHz	45～550MFHz	VHF	UHF	VHF	UHF	VHF	UHF
TU1 20	≤1	20±1.5	—	—	≥30	≥25	≥16	≥12
TU2 08	≤4.5	8±1.5	≥28	≥20	≥18	≥13	≥16	≥12
TU2 10	≤4	10±1.5	≥28	≥20	≥20	≥15	≥16	≥12
TU2 12	≤3	12±1.5	≥28	≥20	≥22	≥17	≥16	≥12
TU2 16	≤2	16±1.5	≥28	≥20	≥26	≥21	≥16	≥12
TU2 20	≤1.1	20±1.5	≥28	≥20	≥30	≥25	≥16	≥12

表中TU1/08表示的是分支损耗8dB的一分支器，而TU2/08表示的是分支损耗8dB的二分支器，依此类推。反射损耗栏中BR表示分支端。该系列分支器的最大过流为交流8A。

表5-9　YGFZ－1系列野外过流型分支器

项　　目	频率（MHz）	分支损耗标称值（dB）								
		－8	－10	－12	－14	－16	－18	－20	－22	－24
分支损耗偏差（±，dB）	5～50	1.0								
	50～550	1.0								
	550～750	1.2								
	750～1 000	1.5								
插入损耗 max（dB）	5	2.4	1.6	1.5	1.4	1.2	1.1	1.1	1.1	1.1
	50	2.2	1.3	1.1	1.1	0.9	0.8	0.8	0.8	0.8
	300	2.5	1.6	1.4	1.3	1.2	1.1	1.1	1.1	1.1
	450	2.7	1.8	1.6	1.5	1.3	1.2	1.2	1.2	1.2
	600	3.0	2.0	1.8	1.8	1.6	1.5	1.5	1.5	1.5
	750	3.2	2.4	2.1	2.0	1.9	1.8	1.8	1.8	1.8
	900	3.4	2.9	2.4	2.2	2.1	2.0	2.0	2.0	2.0
	1 000	3.6	3.2	2.8	2.6	2.4	2.2	2.2	2.2	2.2
反向隔离 min（dB）	5～50	20	20	20	22	23	26	26	28	30
	50～550	20	20	22	26	26	28	30	32	35
	550～750	20	20	22	25	25	26	28	30	32
	750～1 000	18	18	20	22	22	23	24	26	28
反射损耗 min（dB）	5～50	16								
	50～550	18								
	550～750	16								
	750～1 000	16								
哼声调制 10AMPS min（dB）	5～50	64								
	50～750	70								
	750～1 000	64								

表 5-9 所列的分支器传输带宽为 5 ~ 1 000MHz，适用于双向传输系统，最大过流为 65V/10A，电磁屏蔽大于 100dB，采用英制 5/8 - 24UNEF 型接口。各端口内均设有短路插座，拔下任一插座即可将该端口由过流型变为不过流型。

2. 防雨型分支器

防雨型分支器外型结构与防雨型分配器相同。防雨型分支器分为过流型和不过流型两类。过流型通常是主路过电而分支不过电，其技术指标见表 5-10。

表 5-10 防雨型电流通过型分支器技术指标

名　称	一分支器	二分支器	四分支器
型号	TU 1/12（电流型）	TU 2/12（电流型）	TU 4/16（电流型）
频率范围（MHz）	45 ~ 800		
插入损耗（dB）	≤1.5	≤2	≤2
分支损耗（dB）	12 ± 1.5	12 ± 1.5	16 ± 1.5
反向隔离（dB）	VHF≥22	VHF≥22	VHF≥26
相互隔离（dB）	—	≥30	≥30
反射损耗（dB）	≥16		
通过工作电流（A）	3		

表 5-11 及表 5-12 所列的分支器采用铝、锌合金压铸外壳，表面烤漆，具有防水功能。传输带宽为 5 ~ 1 000MHz，可双向传输，电磁屏蔽大于 100dB，连接口为 F 型端口，适用于双向传输的有线电视系统的分配网络。

表 5-11 YFZ -2 系列分支器技术指标

项　目	频率（MHz）	分支损耗标称值（dB）											
		-8	-10	-12	-14	-16	-18	-20	-22	-24	-26	-28	-30
分支损耗偏差（± dB）	5 ~ 50	1.0	1.0	1.0	1.2	1.2	1.5	1.5	1.5	1.5	1.5	1.5	1.5
	50 ~ 750	1.0	1.0	1.0	1.0	1.0	1.0	1.0	1.0	1.0	1.0	1.0	1.0
	750 ~ 860	1.2	1.2	1.2	1.2	1.2	1.2	1.2	1.2	1.2	1.2	1.2	1.2
	860 ~ 1 000	1.5	1.5	1.3	1.5	1.5	1.5	1.5	1.5	1.5	1.5	1.5	1.5
插入损耗 max（dB）	5	3.3	2.7	1.8	1.2	1.0	0.9	0.7	0.7	0.7	0.7	0.7	0.7
	50	3.4	2.4	1.3	1.0	0.8	0.7	0.6	0.6	0.6	0.6	0.6	0.6
	550	4.5	3.0	2.0	1.7	1.3	1.2	1.0	1.0	1.0	1.0	1.0	1.0
	750	5.2	3.5	2.5	2.2	1.6	1.5	1.4	1.4	1.4	1.4	1.4	1.4
	860	5.6	3.9	2.9	2.7	1.9	1.7	1.7	1.7	1.7	1.7	1.7	1.7
	1 000	6.1	4.3	3.4	3.2	2.2	2.1	2.0	2.0	2.0	2.0	2.0	2.0
反向隔离 min（dB）	5 ~ 50	18	20	21	23	26	28	30	32	33	34	36	37
	50 ~ 550	26	26	28	30	30	30	32	34	35	36	38	39
	550 ~ 750	25	25	26	27	38	28	30	32	33	34	36	37
	750 ~ 860	23	23	24	24	36	27	28	30	31	32	34	35
	860 ~ 1 000	20	20	21	21	22	23	23	25	26	28	30	31
相互隔离 min（dB）	5 ~ 50	22											
	50 ~ 550	26											
	550 ~ 750	25											
	750 ~ 860	23											
	860 ~ 1 000	20											

续表

项　目	频率（MHz）	分支损耗标称值（dB）											
		-8	-10	-12	-14	-16	-18	-20	-22	-24	-26	-28	-30
反射损耗 in & out min（dB）	5～50	18	18	18	18	18	18	18	18	18	18	18	18
	50～550	20	18	20	20	20	20	20	20	20	20	20	20
	550～750	18	18	18	18	18	18	18	18	18	18	18	18
	750～860	17	17	17	17	17	17	17	17	17	17	17	17
	860～1 000	16	16	16	16	16	16	16	16	16	16	16	16
反射损耗 TAP min（dB）	5～50	14	14	15	16	16	18	16	16	18	16	16	18
	50～550	18	20	20	20	20	20	20	20	20	20	20	20
	550～750	18	18	18	18	18	18	18	18	18	18	18	18
	750～860	17	17	17	17	17	17	17	17	17	17	17	17
	860～1 000	16	16	16	16	16	16	16	16	16	16	16	16
哼声调制 6 AMPS min（dB）	5～50	64											
	50～750	70											
	750～1 000	64											

表 5-12　YFZ-4 系列分支器技术指标

项　目	频率（MHz）	分支损耗标称值（dB）										
		-10	-12	-14	-16	-18	-20	-22	-24	-26	-28	-30
分支损耗偏差（±dB）	5～50	1.0	1.0	1.0	1.0	1.0	1.5	1.5	1.5	1.5	1.5	1.5
	50～750	1.0	1.0	1.0	1.0	1.0	1.0	1.0	1.0	1.0	1.0	1.0
	750～860	1.2	1.2	1.2	1.2	1.2	1.2	1.2	1.2	1.2	1.2	1.2
	860～1 000	1.5	1.5	1.3	1.5	1.5	1.5	1.5	1.5	1.5	1.5	1.5
插入损耗 max（dB）	5	3.7	3.7	2.5	1.6	1.1	0.9	0.6	0.6	0.6	0.6	0.6
	50	3.5	3.0	1.8	1.2	0.8	0.7	0.5	0.5	0.5	0.5	0.5
	550	4.5	3.9	2.8	1.9	1.4	1.3	1.1	1.1	1.1	1.1	1.1
	750	5.4	4.7	3.2	2.4	1.7	1.6	1.5	1.5	1.5	1.5	1.5
反向隔离 min（dB）	5～50	20	22	23	26	28	30	34	35	36	38	39
	50～550	26	28	30	30	32	34	36	37	38	40	41
	750～860	25	26	27	28	30	32	32	33	34	36	37
	860～1 000	23	23	24	26	27	28	30	31	32	34	35
相互隔离 min（dB）	5～50	20										
	50～550	26										
	550～750	25										
	750～860	23										
反射损耗 in & out min（dB）	5～50	18	18	17	17	18	18	18	18	18	18	18
	50～550	20	20	17	18	20	20	20	20	20	20	20
	750～860	18	18	18	18	18	18	18	18	18	18	18
	860～1 000	17	17	17	17	17	17	17	17	17	17	17

续表

项　　目	频率（MHz）	分支损耗标称值（dB）										
		-10	-12	-14	-16	-18	-20	-22	-24	-26	-28	-30
反射损耗 TAP min （dB）	5～50	16										
	50～550	20										
	550～750	18										
	750～860	17										
	860～1 000	16										
哼声调制 6 AMPS min（dB）	5～50	64										
	50～750	70										
	750～1 000	64										

3. 室内型分支器

室内型分支器的外形和结构与室内型分配器相同，外形参见图5-6。

上述分支器用于单向传输的有线电视系统。

表5-13、5-14列出了传输带宽为5～1 000MHz双向分支器技术指标，可用于双向传输的有线电视系统。

表5-13　双向传输一分支器技术指标

项　　目	频率范围（MHz）	分支损耗标称值（dB）									
		-6	-3	-10	-12	-14	-16	-18	-20	-22	-24
分支损耗偏差（dB）	5～550	±1.00									
	550～1 000	±1.50									
插入损耗（dB）	5～550	≤2.8	≤2.4	≤1.5	≤1.4	≤1.0	≤0.8	≤0.8	≤0.8	≤0.8	≤0.8
	550～750	≤3.0	≤2.8	≤2.0	≤1.6	≤1.2	≤1.0	≤1.0	≤1.0	≥1.0	≤1.0
	750～1 000	≤3.4	≤3.0	≤2.2	≤1.8	≤1.5	≤1.2	≤1.2	≤1.2	≤1.2	≤1.2
反向隔离（dB）	5～550	≥20	≥23	≥25	≥26	≥27	≥29	≥29	≥29	≥29	≥29
	550～750	≥18	≥20	≥22	≥24	≥25	≥27	≥27	≥27	≥27	≥27
	750～1 000	≥14	≥15	≥18	≥20	≥22	≥25	≥25	≥25	≥25	≥25
反射损耗（dB）	5～30	≥12	≥12	≥12	≥12	≥12	≥12	≥12	≥12	≥12	≥12
	30～550	≥16	≥16	≥16	≥16	≥16	≥16	≥16	≥16	≤16	≤16
	550～1 000	≥10	≥10	≥10	≥10	≥10	≥10	≥10	≥10	≤10	≤10

表5-14　双向传输二分支器技术指标

项　　目	频率范围（MHz）	分支损耗标称值（dB）									
		-8	-10	-12	-14	-16	-18	-20	-22	-24	-26
分支损耗偏差（dB）	5～550	±1.00									
	550～1 000	±1.50									
插入损耗（dB）	5～550	≤3.0	≤2.5	≤2.0	≤1.8	≤1.5	≤1.2	≤1.0	≤0.8	≤0.8	≤0.8
	550～750	≤3.5	≤2.5	≤2.5	≤2.1	≤1.8	≤1.4	≤1.2	≤1.0	≤1.0	≤1.0
	750～1 000	≤4.0	≤3.2	≤2.8	≤2.5	≤2.0	≤1.6	≤1.4	≤1.2	≤1.2	≤1.2

续表

项　目	频率范围（MHz）	分支损耗标称值（dB）									
		-8	-10	-12	-14	-16	-18	-20	-22	-24	-26
反向隔离（dB）	5～550	≥20	≥22	≥24	≥26	≥28	≥30	≥30	≥30	≥30	≥30
	550～750	≥18	≥20	≥22	≥24	≥26	≥26	≥26	≥26	≥26	≥26
	750～1 000	≥16	≥18	≥20	≥22	≥24	≥24	≥24	≥24	≥24	≥24
相互隔离（dB）	5～550	≥25	≥28	≥30	≥30	≥30	≥30	≥30	≥30	≥30	≥30
	550～750	≥22	≥22	≥22	≥22	≥22	≥22	≥22	≥22	≥22	≥22
	750～1 000	≥20	≥20	≥20	≥20	≥20	≥20	≥20	≥20	≥20	≥20
反射损耗（dB）	5～30	≥16	≥12	≥12	≥12	≥12	≥12	≥12	≥12	≥12	≥12
	30～550	≥16	≥16	≥16	≥16	≥16	≥16	≥16	≥16	≥16	≥16
	550～1 000	≥14	≥10	≥10	≥10	≥10	≥10	≥10	≥10	≥10	≥10

在表5-15～表5-18中所列出的是WFZ/WFZX系列高隔离度分支器。该系列分支器采用锌合金外壳，镀彩锌或光锡，各连接口为F型端口；WFZ系列是锡封，电磁屏蔽大于120dB；传输带宽为5～1 000MHz，可双向传输。无论是现在还是今后，具有双向传输功能的有线电视系统，在分配网络内均采用具备宽带、高隔离度和双向传输功能的分支器。

表5-15　WFZX—1系列高隔离度分支器技术指标

项　目	频率（MHz）	分支损耗标称值（dB）											
		6	8	10	12	14	16	18	20	22	24	26	28
分支损耗偏差（dB）	5～550	±1.0	±1.0										
	551～860	±1.0	±1.0										
	861～1 000	±1.2	±1.5										
插入损耗 max（dB）	5～550	2.7	2.2	1.5	1.2	1.0	1.0	0.8	0.8	0.8	0.8	0.8	0.8
	551～860	2.8	2.5	1.8	1.5	1.4	1.2	1.0	1.0	1.0	1.0	1.0	1.0
	861～1 000	3.2	2.8	2.2	2.0	1.7	1.4	1.4	1.4	1.4	1.4	1.4	1.4
反向隔离 min（dB）	5～550	23	23	23	25	27	28	28	28	28	28	28	28
	551～860	23	23	23	25	27	28	28	28	28	28	28	28
	861～1 000	21	21	21	23	25	25	25	25	25	25	25	25
反射损耗 min（dB）	5～550	16											
	551～860	18											
	861～1 000	16											

表5-16　WFZX-2系列损耗标称值

项　目	频率范围（MHz）	分支损耗标称值（dB）									
		8	10	12	14	16	18	20	22	24	26	28
分支损耗偏差（dB）	5～550	±1.0										
	551～860	±1.0										
	861～1 000	±1.5										

续表

项　目	频率范围（MHz）	分支损耗标称值（dB）										
		8	10	12	14	16	18	20	22	24	26	28
插入损耗 max （dB）	5～550	3.5	2.5	2.2	1.5	1.5	1.2	0.8	0.8	0.8	0.8	0.8
	551～860	3.8	2.8	2.3	1.8	1.5	1.3	1.0	1.0	1.0	1.0	1.0
	861～1 000	4.0	3.2	2.7	2.3	1.8	1.6	1.5	1.2	1.2	1.2	1.2
反向隔离 min （dB）	5～550	23	23	25	27	29	30	30	30	30	30	30
	551～860	23	23	23	25	27	28	28	28	28	28	28
	861～1 000	21	21	21	23	25	25	25	25	25	25	25
相互隔离 min （dB）	5～50	22										
	51～650	28										
	651～861	25										
	861～1 000	22										
反射损耗 min （dB）	5～50	16										
	51～860	18										
	861～1 000	16										

表 5-17　WFZX－3 系列高隔离度分支器技术指标

项　目	频率范围（MHz）	分支损耗标称值（dB）										
		8	10	12	14	16	18	20	22	24	26	28
分支损耗偏差 （dB）	5～550	±1.0										
	551～860	±1.0										
	861～1 000	±1.5										
插入损耗 max （dB）	5～550		3.5	3.2	2.5	1.8	1.5	1.2	1.0	1.0	1.0	1.0
	551～860		3.8	3.5	2.7	2.0	1.8	1.5	1.2	1.2	1.2	1.2
	861～1 000		4.2	3.8	3.0	2.5	2.0	1.8	1.5	1.5	1.5	1.5
反向隔离 min （dB）	5～550		23	25	27	29	30	30	30	30	30	3
	551～860		23	23	25	27	28	28	28	28	28	28
	861～1 000		21	21	23	25	25	25	25	25	25	25
相互隔离 min （dB）	5～50	22										
	51～650	28										
	651～861	25										
	861～1 000	22										
反射损耗 min （dB）	5～50	16										
	51～860	18										
	861～1 000	16										

表 5-18　WFZX-4 系列高隔离度分支器技术指标

项　　目	频率范围（MHz）	分支损耗标称值（dB）									
		10	12	14	16	18	20	22	24	26	28
分支损耗偏差（dB）	5～550	±1.0									
	551～860	±1.0									
	861～1 000	±1.5									
插入损耗 max（dB）	5～550	3.8	3.6	2.8	2.2	1.6	1.2	1.0	1.0	1.0	1.0
	551～860	4.2	3.8	3.0	2.5	1.8	1.5	1.2	1.2	1.2	1.2
	861～1 000	4.7	4.2	3.5	2.8	2.0	1.8	1.5	1.5	1.5	1.5
反向隔离 max（dB）	5～550	23	25	27	29	30	30	30	30	30	30
	551～860	23	23	25	27	28	28	28	28	28	28
	861～1 000	21	21	23	25	25	25	25	25	25	25
相互隔离 min（dB）	5～50	22									
	51～650	28									
	651～861	25									
	861～1 000	22									
反射损耗 min（dB）	5～50	16									
	51～860	18									
	861～1 000	16									

集中式分支器，主要用于高密度用户分配系统，根据用户的分布，选用不同的衰减值解决楼层之间因距离不等而导致信号不平衡的问题。表 5-19 所列的集中式 6 分支器采用锌合金外壳，具有防水功能。电磁屏蔽为 120dB，连接口为 F 型端口，适用于双向传输的有线电视系统的分配网络。

表 5-19　HH-C16 集中式分支器技术指标

项　　目	频率范围（MHz）	分支损耗标称值（dB）									
			12	14	16	18	20	22	24	26	28
分支损耗（dB）	5～65	0.75									
	65～750	1.0									
	750～1 000	1.5									
插入损耗（dB）	5～65		4.0	3.9	2.8	1.5	1.1	1.0	1.0	1.0	1.0
	65～750		4.3	4.2	3.0	1.8	1.2	1.2	1.2	1.2	1.2
	750～1 000		4.5	4.3	3.5	2.0	1.6	1.5	1.5	1.5	1.5
反向隔离（dB）	5～65		25	25	27	28	30	30	30	32	34
	65～750		23	23	25	27	28	28	28	34	36
	750～1 000		21	21	23	25	25	25	25	31	33

续表

项 目	频率范围（MHz）	分支损耗标称值（dB）									
			12	14	16	18	20	22	24	26	28
相互隔离（dB）	5～65	25									
	65～550	28									
	550～750	25									
	750～1 000	22									
反射损耗（dB）	5～65	14									
	65～750	16									
	750～1 000	16									

集中式分支器的外形如图 5-8 所示。

4. 串接分支器

串接分支器是将分支器和用户终端组成为一体，具有分支器和系统输出口的功能，由于在有线电视分配系统中串联使用，所以叫串接分支器（或称串接单元）。考虑用户接收电视（TV）信号和调频（FM）广播的需要，又分为单孔（TV）和双孔（TV/FM）。

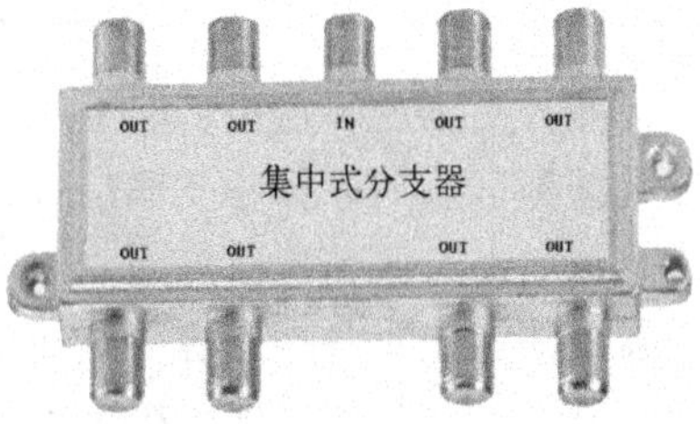

图 5-8 集中式分支器

串接分支器可分为串接一分支器和串接二分支器。串接二分支器用于相邻的用户终端。

表 5-20、表 5-21 列出了单孔、双孔串接一、二分支器技术指标。

表中系列型号中末位为字母 M 的是串接二分支器。

表 5-20 单孔串接分支器技术指标

型 号	频率范围 MHz	插入损耗（dB）	分支损耗（dB）	反向隔离（dB）	反射损耗（dB）
GD 104	45～800	≤4.0	4±1.5		>10
GD 108	45～800	≤3.0	8±1.5	≥13	>10
GD 112	45～800	≤2.0	12±1.5	≥17	>10
GD 116	45～800	≤1.5	16±1.5	≥21	>10
GD 120	45～800	≤1.0	20±1.5	≥25	>10
GD 124	45～800	≤1.0	24±1.5	≥30	>10
GD 108M	45～800	≤3.5	8±1.5	≥13	>10
GD 112M	45～800	≤2.0	12±1.5	≥17	>10
GD 116M	45～800	≤1.5	16±1.5	≥21	>10
GD 120M	45～800	≤1.0	20±1.5	≥25	>10
GD 124M	45～800	≤1.0	24±1.5	≥30	>10

表 5-21　双孔串接分支器技术指标

型　号	频率范围 MHz	插入损耗 (dB)	分支损耗 (dB)	反向隔离 (dB)	反射损耗 (dB)
GD 204	45 ~ 800	≤4.5	4 ± 1.5		>10
GD 208	45 ~ 800	≤3.0	8 ± 1.5	≥13	>10
GD 212	45 ~ 800	≤2.0	12 ± 1.5	≥17	>10
GD 216	45 ~ 800	≤1.5	16 ± 1.5	≥21	>10
GD 220	45 ~ 800	≤1.0	20 ± 1.5	≥25	>10
GD 224	45 ~ 800	≤1.0	24 ± 1.5	≥30	>10
GD 208M	45 ~ 800	≤3.5	8 ± 1.5	≥13	>10
GD 212M	45 ~ 800	≤2.0	12 ± 1.5	≥17	>10
GD 216M	45 ~ 800	≤1.5	16 ± 1.5	≥21	>10
GD 220M	45 ~ 800	≤1.0	20 ± 1.5	≥25	>10
GD 224M	45 ~ 800	≤1.0	24 ± 1.5	≥30	>10

串接分支器的特点是：在系统中设计比较方便，计算时只考虑串接电缆的损耗和分支器的插入损耗，不用计算分支输出到终端的电缆损耗，主要在早期的低楼层建筑物预埋暗装或明装。目前在有些新建住宅的一户多机设计中，也有采用串接分支器横向走线暗装的。串接分支器的缺点是：各接点容易氧化而增加损耗，如果一个串接单元发生故障将影响从这个串接单元到终端之间的其他串接单元的信号质量。

5.1.3　放大器

有线电视系统中，分配系统所用的放大器通常位于支线与建筑物内分支、分配网络之间，用于将入户前的有线电视信号电平进行最后一次功率放大（对双向系统反向传输而言是第一次放大），以补偿分支、分配网络对信号电平的损耗，使用户系统输出口获得符合要求的信号电平。

分配系统所用的放大器常见的有宽带放大器和多波段放大器两类。多波段放大器分别将对应频段的信号进行放大，在早期的有线电视系统中比较常见。宽带放大器按频率范围分为 45 ~ 450MHz、45 ~ 550MHz、45 ~ 750MHz、45 ~ 800MHz 等单向传输放大器及 5 ~ 750MHz 双向放大器等。有些厂家将用于分配系统的放大器统称为分配放大器，而有些厂家则采用宽带放大器称谓其产品，既可作为延长放大器使用，也可作为分配放大器使用。

双向分配放大器的方框图如图 5-9 所示，其双向工作原理与干放相同。

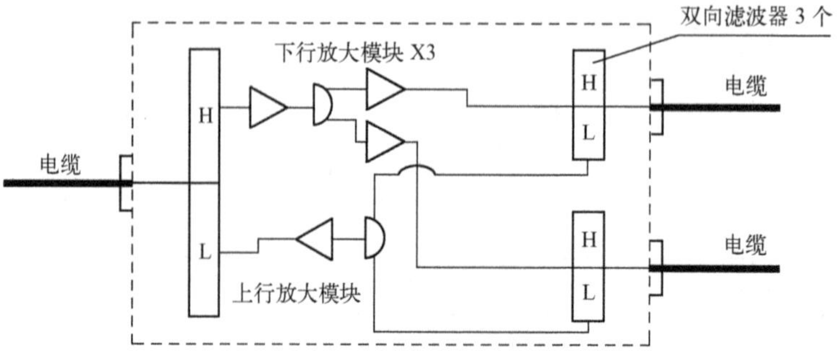

图 5-9　双向分配放大器

分配系统所用放大器按使用环境可分为室外防水型和室内型两类；按供电方式分为交流220V和交流60V等。

（一）放大器的主要技术参数

1. 频率范围

放大器的频率范围是指放大器的有效工作频带，用MHz表示。

2. 带内平坦度

带内平坦度是指放大器在工作频带内各频率点电平相对于基准频率点电平变化量，用分贝表示，取最大变化量。

3. 增益

增益是指放大器输出电平与输入电平之差，用分贝表示。

4. 增益可调范围

增益可调范围是表示增益的变化范围，分配系统的放大器通常采用连续可调手动增益控制。

5. 最大输出电平

一般，最大输出电平是指放大器同时放大两个或两个以上信号时，互调、交调失真在规定限度内时的输出电平限额值信号就会产生失真，图像上将出现交扰调制和相互调制等干扰。在使用时不允许超过最大输出电平。

最大输出电平也有的是指交调比为60dB（三音法测试）时放大器的输出电平，或在某个组合交扰调制比（C/CM）下的最大输出电平。

对于电平参数还可以用标称输入电平（满足放大器技术参数的输入电平范围内的中心点）和标称输出电平（在标称输入电平和标称增益下放大器的输出电平）。

以上各电平值均用分贝表示。

6. 载波组合二次差拍比（CSO）

载波组合二次差拍比是指载波信号峰值电平与组合二次差拍物（任意两个载波的和频、差频和它们的二次谐波）之比，用分贝表示。

7. 载波组合三次差拍比（CTB）

载波组合三次差拍比是指在多频道放大时，载波信号峰值电平相对其周围的各种三次差拍及三次互调聚集物之比，用分贝表示。

8. 噪声系数

噪声系数是衡量放大器内部杂波的一个指标，表示放大器输入端信噪比相对于输出端信噪比的倍数，以分贝表示。噪声系数值越小表示放大器性能越好。

9. 反射损耗

放大器的输入、输出标称阻抗为75Ω。反射损耗表示阻抗匹配的程度，以分贝表示，其值越大，表明匹配越好。

（二）放大器基本工作原理

放大器有以分立元器件为主和以集成电路为主两种形式；而现在的放大器基本上都是以集成电路为主组成的。放大器工作原理框图如图5-10所示。

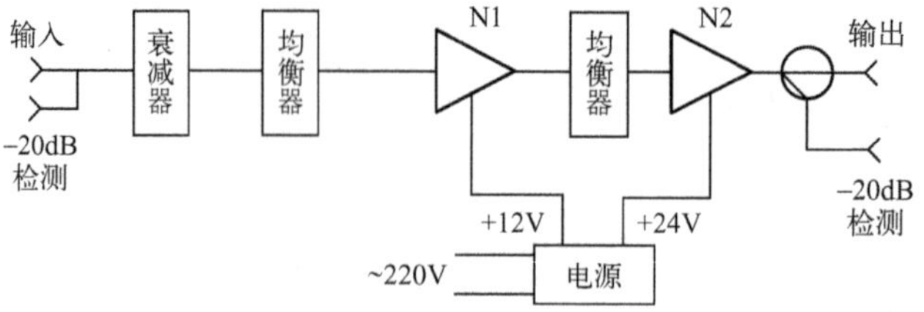

图 5-10　放大器工作原理框图

图 5-10 中射频信号经电缆传输送至放大器的输入端，经可调衰减器和可调均衡器，进行第一级放大，输出信号经级间均衡器（固定插片式）进行预倾斜型均衡，再送至第二级放大后输出。输出口高、低信号电平为预倾斜型输出，否则应调整放大器内部均衡器来满足预倾斜输出要求（如 47 ~ 750MHz 倾斜为 6 ± 1dB）。预倾斜的目的是弥补从放大器输出口至用户之间电缆的斜率损耗。

（三）常用放大器

有线电视系统分配网络所用的放大器品种繁多，适用于不同的传输系统（全频道、邻频系统）和不同的使用环境。下面我们以室外、室内为划分方式，介绍几种国产常用放大器。

1. 室外型放大器

室外型放大器，既可用于支线延长放大，也可用于楼栋分配放大。

国产 XF 系列野外型放大器主要技术指标见表 5-22，其均衡片分固定和可调任选。

表 5-22　XF 系列野外型放大器主要技术指标

型　号	XF4520	XF4530	XF5530	XF5535	XF7530
频率范围（MHz）	40 ~ 450		40 ~ 550		40 ~ 750
最大增益（dB）	21	32	32	36	32
输入可调衰减（dB）	—	0 ~ 20	0 ~ 20	0 ~ 20	0 ~ 20
带内平坦度（dB）	±0.5	±0.5	±0.5	±0.5	±1.0
复合二次差拍（dB）	78	68	65	60	52
复合三次差拍比（dB）	81	73	66	61	56
噪声系数（dB）	≤10				
反射损耗（dB）	≥12				
最大输出电平（dBμV）	≥120				
测试口（dB）	-10	-20			
供电方式	AC 220V 50Hz　AC 60V　50Hz				

国产 XF－A 系列野外放大器主要技术指标见表 5-23，其内置有插件式均衡片。

表 5-23　XF－A 系列野外放大器主要技术指标

型　　号	XF－4520A	XF－4530A	XF－5530A	XF－5535A	XF－7530A
频率范围（MHz）	40～450		40～550		40～750
最大增益（dB）	21	32	32	36	32
带内平坦度（dB）	±0.5				±0.1
反射损耗（dB）	>16				>12
最大输出电平（dBμV）	>120				
复合二次差拍（dB）	78	68	65	60	52
复合三次差拍比(CTB)(dB)	81	73	66	61	56
噪声系数（dB）	≤8				
屏蔽系数（dB）	>70				
增益调节范围（dB）	0～10	0～20			
斜率调节范围（dB）	0～18				3～21
检测口（dB）	－10	－20			
供电方式	AC 220V 50Hz　AC 60V 50Hz				
工作温度（℃）	－25～＋55				

进口 GainMaker 延长放大器主要技术指标见表 5-24。

表 5-24　GainMaker 延长放大器主要技术指标

基本性能	单位	前　　向	反　　向	注
通带	MHz	70～870	5～55	
放大器类型		GaAs FET	PP	
频响	dB	±0.5	±0.5	
自动频率控制和增益范围	dB	±5	N/A	
回波损耗	dB	16	16	7
最大 AC 通过电流（连续）	Amps	15		
最大 AC 通过电流（浪涌）	Amps	25		
交流声调制 12A（超过规定频率范围）	dB	70(70～870MHz)	60(5～10MHz)70(11～55MHz)	
交流声调制 15A（超过规定频率范围）	dB	65(70～870MHz)	60(5～10MHz)65(11～55MHz)	
测试点（±0.5dB）	dB	－20	－20	
参考输出电平 870MHz 750MHz 650MHz 550MHz 86MHz	dBmV	47.5 45.7 44 42.5 35.5	35（55MHz） 35（5MHz）	
参考输出倾斜（86～870MHz）	dB	12.2	0	1

续表

前向性能	单位	手动	热补偿	AGC	注
工作增益（最小）	dB	37	32	31	2
内部倾斜（±0.5dB）	dB	+6.7	+6.7	+6.7	3
噪声指数 @ 86MHz	dB	6	7	7	2
噪声指数 @ 870MHz	dB	6.5	7	7	2
64 PAL B/G 频道（CW）具有数字					4
CTB（复合三次差拍）	dB	80	78	77	
CM（交叉调制）	dB	75	73	70	5
CSO（复合二阶失真）高端	dB	76	75	74	
64 PAL I 频道（CW）具有数字					10
复合差拍	dB	78	76	75	8
CM（交叉调制）	dB	75	73	70	5
42 CENELEC 频道（CW）					
CTB（复合三次差拍）	dBuV	113	112	112	
CM（交叉调制）	dBuV	111	110	110	5
CSO（复合二阶失真）	dBuV	115	115	115	
78 NTSC 频道（CW）具有数字					11，12
CTB（复合三次差拍）	dB	79	77	76	
CM（交叉调制）	dB	75	73	70	5
CSO（复合二阶失真）高端	dB	75	74	73	
反向性能	单位		注		
工作增益（最小）	dB	19.5	6，7		
内部倾斜（±0.5dB）	dB	0	3		
噪声指数	dB	8	6，7		
CENELEC 失真			9		
离散三次失真	dBuV	114			
离散二次失真	dBuV	120			
6 NTSC 频道（CW）			12		
CTB（复合三次差拍）	dB	92			
CM（交叉调制）	dB	80	5		
CSO（复合二阶失真）高端	dB	82			

表5-24中的“前向”是指下行，“反向”是指上行。供电为60V和90V交流。温度补偿AGC，可在取样信号丢失时，仍能保持高频输出信号稳定性。

国产XQF1732E3型、XQF1735E3型（见表5-25）宽带放大器，可用于47～750MHz有线电视系统，作为延长放大器使用，更适合在用户端作为分配放大器使用。

表 5-25 XQF1732E3、XQF1735E3 主要技术指标

技术参数 \ 型号	XQF1732E3	XQF1735E3
频率范围	47～750MHz	47～750MHz
标称范围	32dB	35dB
增益调节范围	0～20dB	0～20dB
斜率调节范围	0～20dB	0～20dB
带内平坦度	±0.75dB	±0.75dB
增益稳定度	±0.5dB	±0.5dB
标称输入电平	72dBμV	70dBμV
标称输出电平	98/102.5/104dBμV（在 47/550/750MHz）	100/103.5/105dBμV（在 47/550/750MHz）
载波组合三次差拍比（CSO）	64dB	62dB
载波组合三次差拍比（CTB）	63dB	62dB
反射损耗	≥14dB	≥14dB
噪声系数	≤8dB	≤8dB
信号交流声比	≥66dB	≥66dB
抗雷击能力	5kV（10/200μs）	5kV（10/200μs）
标称供电	AC220V，50Hz（±15%）	AC220V，50Hz（±15%）
消耗功率	20W	20W
工作环境温度	-25～+55℃	-25～+55℃
级间均衡器	6dB	6dB

2. 室内型放大器

室内型放大器主要用于楼栋内分配放大。按工作频带分为全频道多频段放大器和宽带放大器。多频段放大器常见于早期的有线电视系统，目前邻频系统多使用宽带放大器。

国产 XD-40K 放大器主要技术指标见表 5-26。该放大器输出三段可调，分置 V+U 混合放大，V 段、U 段独立放大，适用于隔频系统。

表 5-26 XD-40K 放大器主要技术指标

型　　号	XD-40K
频率范围（MHz）	V 段输入口：45～230　U 段输入口：45～800　V+U 输入口：45～800
最大增益（dB）	40
输入可调衰减（dB）	0～20（分三段）
带内平坦度（dB）	±1
噪声系数（dB）	≤8
反射损耗（dB）	V≥10　U≥7.5
最大输出电平（dBμV）	118
供电方式	AC220V　50Hz

国产 XF 系列室内型放大器主要技术指标见表 5-27。该系列放大器为邻频传输而设计，均衡需外接，放大电路采用专用集成块组件，适用于邻频系统的楼栋分配放大。

表 5-27　XF 系列室内型放大器主要技术指标

型　号	XF4520	XF4530	XF5530	XF5535	XF7530
频率范围（MHz）	40～450		40～550		40～750
最大增益（dB）	21	32	32	36	32
输入可调衰减（dB）	—	0～20	0～20	0～20	0～20
带内平坦度（dB）	±0.5	±0.5	±0.5	±0.5	±1
噪声系数（dB）	≤10				
反射损耗（dB）	≥12				
最大输出电平（dBμV）	≥120				
供电方式	AC 220V　50Hz				

5.1.4 用户终端

用户终端作为系统输出口，安装于用户室内，是有线电视分配系统与用户电视机相连必不可少的装置。它通常包括面板、接线盒，与用户电视机连接时还必须配用一段用户线和插头。随着城镇综合业务网的发展，用户终端的功能就不仅限于电视和调频广播，还将包括通信和计算机网络等。

系统输出口按工作方式分为终端式和串接式，串接式实际上是串接分支器，有关内容已在前面介绍。

终端按输出口数目分单输出口（TV）、双输出口（TV、FM）、三输出口（TV、FM、DP）三种；同时又分成单向传输和双向传输两类。输出口配用的插头有两种：一种是 75Ω 插头；另一种是 F 型插头。

终端安装方式分为明装、暗装两种。明装适用于旧有系统改造；暗装适用于新建楼房预埋好暗装电缆管道和盒的场合。

（一）终端的主要技术指标

终端的主要技术指标有插入损耗、反射损耗、相互隔离度等。国标 GB11318 中对系统输出口要求如下。

（1）插入损耗。TV 口对电视信号大约为 2dB，FM 口约为 10dB。

（2）反射损耗。VHF 频段≥10dB，UHF 频段≥7dB。

（3）相互隔离度。TV 口和 FM 口≥22dB。

终端盒内必须接有耐高压（≥2 000V）小电容器隔离，以保证人身和系统设备安全。在有电磁干扰的地区，应该选用金属屏蔽型的终端。TV 及 FM 口均应接上负载，使系统得以封闭。

（二）常用终端

1. 塑料面板终端

塑料面板终端主要技术指标见表 5-28。

表 5-28 终端主要技术指标

型 号	频率范围（MHz）	插入损耗（dB）	相互隔离度（dB）	反射损耗（dB）
单孔终端	45 ~ 800	≤1.0	—	≥10
双孔终端	45 ~ 800	≤1.5	≥25	≥10

塑料面板终端是将面板与接线盒装成一体，既可用于明装（配明装底盒），也可用于暗装（直接用面板螺丝装在预埋盒上）。

2. 金属壳终端

这种终端采用合金压铸外壳、全密封，电磁屏蔽大于 120dB。其外形与某些分支、分配器相似，标准 F 型端口输出，适用于质量要求高的有线电视系统。

表 5-29、表 5-30、表 5-31 分别列出了三种金属壳终端的主要技术指标。其中 WZ－D 型终端带数据输出口（DP）。

表 5-29 WZ－S 型 FM/TV 用户终端

频率（MHz）	插入损耗（dB）		相互隔离（dB）min		反射损耗（dB）min		
	IN－TV	IN－FM	TV－FM	IN－FM	IN	TV	FM
5 ~ 40	≤1.8	—	30	—	13	18	—
40 ~ 450	≤1.5	—	30	—	16	20	—
450 ~ 750	≤1.7	—	30	—	16	18	—
750 ~ 1 000	≤2.2	—	30	—	14	16	—
88 ~ 108	—	9 ±1.0	—	—	—	—	14
5 ~ 50	—	—	—	29	—	—	—

表 5-30 WZ－F 型双向系统用户终端

频 率（MHz）	插入损耗（dB）		相互隔离（dB）min	反射损耗（dB）min		
	IN－TV	IN－FM	TV－FM	IN	TV	FM
5 ~ 50	≥30	≥30	—	16	—	—
70 ~ 100	≤2.8	—	22	16	16	—
100 ~ 750	≤2.3	—	22	16	16	—
750 ~ 1 000	≤2.5	—	20	16	16	—
88 ~ 108	—	8 ±1.0	—	—	—	16

表5-31　WZ-D型双向系统用户终端

频　率（MHz）	插入损耗（dB）			相互隔离（dB）min			反射损耗（dB）min			
	IN-TV	IN-FM	IN-DP	TV-FM	TV-DP	FM-DP	IN	DP	TV	FM
5～50	≥30	≥30	≤3.6	—	60	60	16	18	—	—
50～70	—	—	≤3.6	—	35	35	—	20	—	—
70～100	≤6.2	—	≤3.6	22	35	35	16	20	16	—
100～550	≤6.0	—	≤3.6	22	35	35	16	20	16	—
550～750	≤6.0	—	≤3.8	22	25	30	16	20	16	—
750～1 000	≤6.8	—	≤4.0	20	25	30	16	18	16	—
88～108	—	12±1.0	—	—	—	—	—	—	—	16

5.2　户外分配网络设计与调整

分配系统设计的任务是依据技术指标要求，计算设计放大器工作状态、分配系统电平，合理选择设备和部件，向用户提供优质稳定的输出信号。分配系统的设计工作包括户外分配系统和户内分配系统两部分。所谓户外分配系统即楼与楼、建筑物与建筑物之间的分配系统。户内分配系统即信号进入建筑物内以后将信号分配到各个房间或住户。户外分配系统在技术内容上与同轴电缆干线传输系统有某些相似之处，也需要根据分配到的指标（C/N、CTB等）进行计算，计算的方法是相似的。不同之处在于分配放大器或延长放大器的指标与干线放大器不同，作用也不同。

射频同轴电缆分配系统是接入网的最后一部分，如图5-11所示（简称电缆网）。在图5-11中，虚线框表示光节点，高低通滤波器是频率分隔设备，安装在光节点内的输出端。电缆网是从高低通滤波器到家庭网络之间的传输网。作为接入子网，用同轴电缆组网，其带宽是5～1 000MHz（RF），也可能展宽成5～2 150MHz。用其他线材组网传输电信号，上限频率都在100MHz以下。在高低通滤波器（简记为H/L）中，高通滤波器的通频带带宽是87～1 000MHz，低通滤波器通频带带宽是5～65MHz，分别传输下行电信号和上行电信号。数字电视载波（RF）传输，采用频分复用式，所以，一条同轴电缆内可以同时传输下行和上行射频（RF）载波信号。在H/L滤波器和其他设备内，必须有独立的下行和上行通道，因而，H/L滤波器是个通用部件。这时，分配网络就是使用双向设备的双向网。

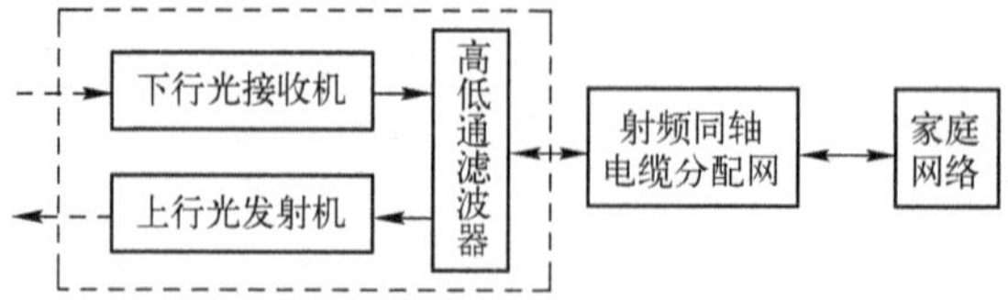

图5-11　电缆分配网的位置

射频数字电视信号的载波电平用分贝毫瓦（dBm）计量；射频模拟信号载波电平用分贝微伏（dBμV）计量。实际上，基带数字电视信号调制到载波上，载波被抑制，测量载波电平只能测量频谱的平均功率，因而采用 dBm。ydBμV = xdBm + 108.75。机顶盒的输入电平在 −65 ~ −25dBm 之间，换算结果在 43.75 ~ 83.75dBμV 之间。

频分复用的射频数字电视信号和射频模拟信号，频道带宽都是 8MHz，但是，在一个频道之内，只能有一套模拟电视节目，却可以设置 6 ~ 10 套数字电视节目。传输射频数字电视信号的频道叫做物理频道。

5.2.1 分配网络的分布

分配系统的信号来自干线传输系统的分配点。所谓分配点，对大中型系统而言，可能是干线分支口或光接收机输出口，对小型系统而言，则是前端。要将信号分配到所覆盖的区域，最好采用星形辐射状分布，使串联的延长放大器最少，一般延长放大器不能超过两级。

补偿电缆损耗的放大器具有双向传输功能。在放大器的各个端口内安装 H/L 滤波器，将上行与下行通道隔离起来。下行通道由串接的两块厚膜集成电路（IC）构成，输入端的 IC 控制载噪比，输出端的 IC 控制非线性失真。在有线数字电视系统中，因为射频数字电视信号为脉冲调制信号，非线性失真改称削波失真；如果产生削波失真，误码率降低，则图像丢失。因为在上行频段内电缆损耗小，上行通道只有一个 IC。

无源设备是指集中分配器、集中分支器。在有线数字电视网络中，要求采用星型分布，因此，星型分配器件应运而生，其中，集中分支器是终端星型器件，其外接环节少、可靠性高、分配均等均衡、隔离度高、失配影响小、设计工作量最小、维护管理容易。集中分支器的是分户方案的最佳选择，得到越来越广泛的应用。集中分支器的缺点是损耗较大、效率较低。集中分配器、集中分支器的原理是将多个分配器或分支器封装为一个设备，在星型分布中，一个设备是一个集中分配点。集中分支器的相互隔离，VHF≥40dB，UHF≥35dB；而分配器的相互隔离，VHF≥25dB，UHF≥22dB。分配器连接用户盒，抗本振干扰能力差，某一台接收机的本振信号，经过用户盒、分配器传输到另一台接收机，对图像产生的干扰简称本振干扰。

用户盒有 TV 和数据（DP）两个插座。上行 RF 信号电平在 112dBμV 以上，TV 与 DP 之间的隔离度必须在 60dB 以上。

常见星型分布如图 5-12 所示。

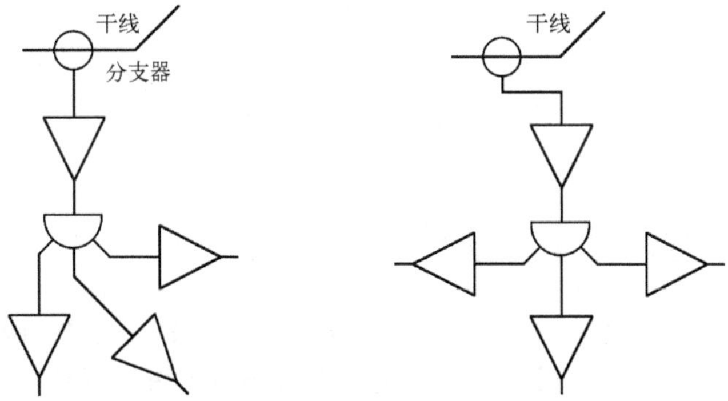

图 5-12　常见星型分布

在实际工程中，要根据施工地区建筑物及用户分布位置、线路布置绘制平面路由及系统结构框图。设计图纸上应标明分配点及线路走向、电缆型号、规格、长度、分支（配）器规格、延长放大器位置等。然后，根据图纸进行计算设计，将确定选用设备的型号、规格、主要部位的电平值等内容标注在图纸上，作为分配系统安装的依据。某一住宅区的户外分配系统设计图如图 5-13 所示。

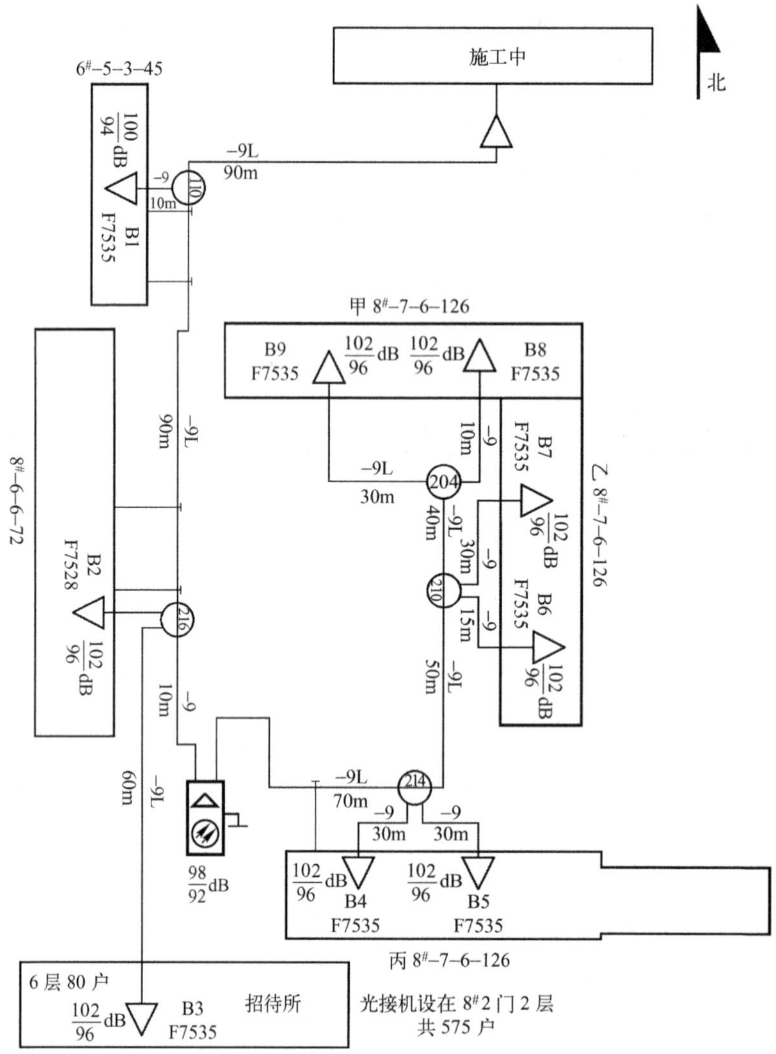

图 5-13　分配系统设计图

5.2.2 户外分配网络指标计算

有线电视系统设计指标包括对载噪比、非线性失真（交调比、互调比、组合三次差拍比等）等的要求。系统分配给分配系统的技术指标是与前端和干线传输系统指标相关联的。而分配系统所承担的指标还需在延长放大器和分配放大器部分进行再分配。

当有线电视系统传输的频道数超过 30 个时，非线性失真指标中将以计算 CTB 为主。

下面我们以某一面积为 0.5 ×1km 约 1 000 户的住宅区为例，对分配系统进行设计。

分配系统采用 750MHz 系统，目前传输 30 套节目，将来计划传输 40 套节目，光节点（光接收机）位于住宅区中心附近。分配系统由整个系统分配指标为：C/N≥49dB；CTB ≥60dB。

设计步骤分为三部分，即分配线（含延长放大器）指标、楼栋放大器指标和合成指标的计算。

（一）分配线指标的计算

1. 确定分配线路径

依据住宅区平面图绘制路由图，得知最远分配线传输距离为 500m。选用国产 SYWV－75－9 电缆，其 750MHz 时衰减量为 9.5dB/100m（20℃）。延长放大器采用国产 HGF－750A 型，主要参数为：增益 $G=30$dB；噪声系数 $N_F=8$dB；CTB＝57dB（110 dBμV 输出，77 个频道）。

延长放大器的级联数 n 由最长传输距离（D）和间距（S）决定。间距又与放大器增益和电缆衰减量有关。可参见式 4–4。

考虑到分配线传输途中分支器及连接器的插入损耗，α 取 11.5dB/100m（9.5＋2）。

$S=30/11.5=2.6$，即 260m。

取 $S=250$m，于是级联数为

$$n=D/S=500/250=2$$

由此可知，延长放大器的级联数为 2。

2. 分配线载噪比计算

（1）常温时（20℃）。

由式 4–6 输入电平选 72dBμV，则：

$$C/N=72-8-2.4-10\lg2=72-8-2.4-3.0=58.6\ (\text{dB})$$

（2）温度对电缆衰减的影响。

$$\Delta\alpha=D\times\alpha\times0.002\times\Delta T$$

取 $\Delta T=\pm25$℃

$$\Delta\alpha=5\times11.5\times0.002\times25=2.88\ (\text{dB})$$

（3）高温时的最差载噪比。

$$(C/N)_T=58.6-2.88=55.72\ (\text{dB})$$

此值作为分配线部分的载噪比 C/N_1。

（4）分配线的载噪比在分配系统中的分配系数。

$$(C/N)_T=(C/N)_d-10\lg K \qquad (5\text{–}1)$$

式中，$(C/N)_d$——分配系统的载噪比；

K——分配系数。

即：

$$\lg K=(C/N)_d-(C/N)_T/10=(49-55.72)/10=-0.67$$

查对数表，得 $K=0.2$

（5）分配线的 CTB 计算。由于延长放大器标定的 CTB =57dB 是在参考电平 110dBμV 和参考频道数 77 的条件下给出的，而实际使用情况会有所不同，参照公式 4-10，计算常温时的 CTB 值。

常温下放大器的输出电平为：

$$S_O = S_i + a = 72 + 30 = 102\ (\mathrm{dB\mu V})$$

由式 4-10，代入有关数值，有：

$$\begin{aligned}\mathrm{CTB} &= \mathrm{CTB_a} + 2(S_a - S_O) - 20\lg n - 20\lg(\mathrm{N/N_a})\\ &= 57 + 2(110 - 102) - 20\lg 2 - 20\lg(40/70) = 72.7\ (\mathrm{dB})\end{aligned}$$

考虑到温度因素，在低温时：

$$\mathrm{CTB_T} = \mathrm{CTB} - 2\times\Delta\alpha = 72.7 - 2\times 2.88 = 66.94\ (\mathrm{dB})$$

此值作为分配线部分的 CTB1 指标。

（6）分配线 $\mathrm{CTB_1}$ 的分配系数。

$$\mathrm{CTB_1} = \mathrm{CTB_d} - 20\lg K$$

式中，$\mathrm{CTB_d}$——分配系统的指配 CTB 值为 60dB；

K——分配系数。

代入数值：

$$66.94 = 60 - 20\lg K$$

得

$$K = 0.45$$

（二）楼栋放大器指标的计算

楼栋放大器（也称楼头放大器）是分配放大器，采用国产 HGF－750 型放大器，其主要参数为：$\alpha = 30$dB；NF =8dB；CTB =57dB（110dBμV，77 频道）。

1. 最远端楼栋放大器的允许指标

根据分配线部分所占分配系数，可知本部分的分配系数 $K = 1 - 0.2 = 0.8$。

$$\mathrm{C/N} = \mathrm{C/N_d} = 10\lg K$$

式中，$\mathrm{C/N_d}$——分配系统载噪比，为 49dB。

本部分允许载噪比指标为：

$$\mathrm{C/N} = 49 - 10\lg 0.8 = 50\ (\mathrm{dB})$$

同理，本部分 CTB 允许指标为：

$$K = 1 - 0.45 = 0.55$$

$$\mathrm{CTB} = \mathrm{CTB_d} - 20\lg K = 60 - 20\lg 0.55 = 65.2\ (\mathrm{dB})$$

2. 最远端楼栋放大器的工作电平

（1）$S_O = S_a - [\mathrm{CTB} - \mathrm{CTB_a} + 20\lg(\mathrm{N/N_a})]/2$

式中，S_O——常温时放大器的输出电平；

S_a——参考电平，110dBμV；

CTB——允许的 CTB 指标，65.2dB；

$\mathrm{CTB_a}$——参考电平时的 CTB 值，57dB；

N——工作频道数，40；

N_a——参考频道数，77。

代入数值：

$$S_o = 110 - [65.2 - 57 + 20\lg(40/77)]/2$$
$$= 110 - (65.2 - 57 - 5.69)/2 = 108.7\ (\mathrm{dB\mu V})$$

（2）考虑到电平波动的温度效应，放大器的工作电平应取：

$$S_o' = S_o - \Delta\alpha = 108.7 - 2.88 = 105.82\ (\mathrm{dB\mu V})$$

取实际工作电平为105dBμV。此时放大器的输入电平

$$S_i = 105 - 30 = 75\ (\mathrm{dB\mu V})$$

3. 楼栋放大器的实际指标

$$C/N = S_i - N_F - 2.4 = 75 - 8 - 2.4 = 64.6\ (\mathrm{dB})$$

高温时最差的载噪比：$C/N_2 = 64.6 - 2.88 = 61.72\ (\mathrm{dB})$

低温时最差的CTB：

$$CTB_2 = CTB_0 - 20\lg(N/N_a) + 2(S_a + S_o') - 2\Delta\alpha$$
$$CTB_2 = 57 - 20\lg(40/77) + 2(110 - 105) - 2\times 2.88 = 66.93\ (\mathrm{dB})$$

（三）合成指标的计算

合成指标的计算是为了验证分项设计的有效性，将分配线指标和楼栋放大器指标进行综合，以检验计算指标是否满足系统指配给分配系统的技术指标要求。

1. 载噪比指标

$$C/N = -10\lg(10^{\frac{-C/N_1}{10}} + 10^{\frac{-C/N_2}{10}})$$

代入计算数值：

$$C/N = -10\lg(10^{\frac{-55.72}{10}} + 10^{\frac{-61.72}{10}}) = 54.7(\mathrm{dB})$$

指配指标为≥49dB，满足要求。

2. CTB 指标

$$CTB = -20\lg(10^{\frac{-66.94}{20}} + 10^{\frac{-66.93}{20}})$$

代入计算数值：

$$CTB = -20\lg(10^{\frac{-CTB_1}{20}} + 10^{\frac{-CTB_2}{20}}) = 60.9(\mathrm{dB})$$

指配指标为≥60dB，满足要求。

全部设计计算完成后，应将各延长放大器、楼栋放大器的位置和输入、输出电平值、电缆型号、长度等标在路由图上，作为施工的技术资料，以保证系统的传输质量符合设计要求。

5.2.3 户外分配网络的调整

户外分配系统的调整主要包括三个方面的内容，即供电系统、延长放大器的输入和输出电平、均衡器。

1. 供电系统调整

为了提高系统的可靠性，采用共缆供电方法（也称集中供电）。集中供电的供电故障率低、防雷击损性能好，便于采用不间断供电电源（UPS）。交流稳压磁饱和式稳压供电器输

出60V，波形为准方波，适应市电波动的能力强。缺点是交流声大，脉冲辐射强，必须采取有效的防震措施和屏蔽措施。选择供电器的功率，负荷功率不超过其额定功率的60%。有源设备内部的直流稳压电源将AC60V整流成直流电压，应优选开关型直流稳压电源，适应电压范围宽、效率高。由于开关电源是大电流方波工作，处理不当，容易产生对上下行通带的高频干扰，选购设备时应检测DC电压输出端的频谱和屏蔽措施的有效性。

户外分配系统的有源器件（延长放大器）通常采用馈电方式供电，供电电压为交流40~60V，与干线传输系统相同，需要有电源插入器、电源供给器、所用的分支、分配器也必须是过流型的。应使用万用表或带馈电测量功能的场强仪测量馈电的电压、电流是否正常，如不正常，比如短路，需检查电缆芯线和屏蔽网是否短路、接插件及端口是否正常，排除故障，以保证供电系统正常工作。

2. 放大器输入、输出电平调整

由于分配线部分电缆的实际长度与设计长度会有差距，分支、分配器插入损耗也可能与设计值不同，往往会使分配线路电平发生变化。这些都需要通过调整延长放大器上的衰减器值，使放大器输入、输出电平达到设计要求。

3. 均衡器调整

加有延长放大器的分配线路，电缆长度应在100m以上，由于损耗的倾斜特性，需要调整延长放大器上的均衡器，以补偿电缆损耗。另外，如果户外分配系统最后一个延长放大器到用户楼有一定距离，则这段电缆也会导致各频道信号不均匀性。应在适当的位置加一个均衡器，使送入建筑物的信号电平各频道基本保持相同，或高端略高一点。

5.3 建筑物内分配网络的设计与调整

建筑物内分配系统的设计目的主要是通过各种分支、分配器的选取和组合，最终使用户终端（系统输出口）的电平值在规定的范围内。根据《电缆电视广播系统技术规范》GB50200—1994，用户终端电平在60~80dB为合格。非邻频系统可取65~75dB；邻频系统终端电平为60~68dB，终端输出口各频道电视信号电平值应为60~80dB，邻频传输系统应为64±4dB，任意频道之间电平差值≤10dB，相邻频道之间 电平差值≤2dB，一般用户终端电平可设为70±3dB。规范中电平值的单位dB是dBμV的简写。

由于在户外分配系统中已对分配放大器指标进行了计算，所以本节主要涉及无源器件的设计。

下行数字信号的用户电平宜比模拟电视信号低10dBμV。

分配放大器至用户盒之间的无源分配网，下行分配损耗宜控制在36dB以内，上行混合损耗宜控制在30dB以内。减少上行汇聚（各个机顶盒产生的噪声和干扰向前端传输）噪声有六项基本措施。

（1）光节点要小：光纤到楼头（FTTB），每个光节点的负荷在125户以下。

（2）星型分配好。

（3）输出口之间的隔离度要高：大于或等于60dB。

（4）屏蔽系数大：使用屏蔽电缆；设备的屏蔽系数应大于或等于60dB。

(5) 多点工作接地，与安全接地和防雷接地分离，不宜公用等电位连接体。

(6) 接头密封，严防腐蚀。

5.3.1 常用分配方式

早期有线电视系统的分配系统采用串接分支器方式较多，由于其弊端较多，目前已很少采用。

现在国内有线电视系统中常见的分配方式，如图 5-14 所示。

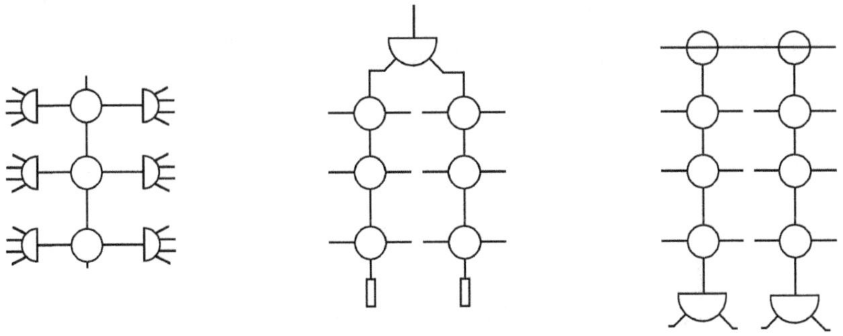

(a) 分支 – 分配方式　(b) 分配 – 分支方式　(c) 分支 – 分支方式

图 5-14　常见的分配方式

5.3.2 建筑物内分配系统的计算

(一) 无源分配网电平的计算

用户电平的计算方法常用的是顺算法和倒推法。顺算法是从前往后计算，根据楼栋放大器的输出电平，用递减法顺次求出用户端电平，复杂系统用此法较好。倒推法是从后往前计算，首先确定用户端电平，然后逐点往前计算各个部件的电平，最后算出分配放大器应具有的输出电平，常用于较简单的系统。

用户电平的计算公式为：

$$S_n = S_o - L_d - \alpha \cdot L$$

式中，S_n——第 n 个分支器或第 n 个系统输出口电平（dBμV）；

S_o——分配放大器的输出电平（dBμV）；

L_d——分配器的分配损耗、分支器的插入损耗、分支损耗等（dB）；

$\alpha \cdot L$——电缆损耗和长度（dB）。

在用户电平的设计计算时，需注意下列问题。

(1) 分配线路。计算时，首先选择距离分配放大器最远、用户最多、条件最差的分配线路进行设计与计算。

(2) 高频端与低频端。当系统传输全频段信号时，应将 UHF、VHF 频段电平分别计算；当系统传输宽带信号时，应将最高端（如 750MHz）和最低端（如 50MHz）电平分别计算，以高频端电平低频端电平的方式表示。由于各厂家生产的分支、分配器和电缆等，在技术参数标称方面有些差别，因此对高频端与低频端技术参数的选择参考，也可以是一个区域，如750～800MHz，50～70MHz。

（3）分支损耗。根据分支器的特点，一般是从前往后的顺序串接的，前面应用分支损耗大的分支器，往后依次采用分支损耗小的分支器（因为需要考虑电缆损耗），串接末端可用三分配或四分配，但不能用二分配，以使各用户端电平差别较少，基本趋于一致。

（4）电平标注点。一般要求设计图纸上应标注用户电平，但由于用户房间结构不同，电视机的摆放位置也不同，很难以电视机输入口作为电平标注点。通常采用的标注方法有两种：一种是以分支输出口为标注点；另一种是以系统输出口（如终端）为标注点。两者的区别在于，后者需考虑分支输出口至终端的连接电缆损耗及终端的插入损耗。

下面以一座五层四门80户的住宅楼为例，设计分配网结构，计算用户电平。

设计步骤如下。

1. 根据住宅楼平面图（或实地勘察）确定分配网结构

该楼每层有四个住户，决定选用国产WFZX－4型分支器（技术参数见表5-18），采用分配－分支方式，初步设计分配网结构如图5-15所示。系统传输为50～750MHz。分配放大器箱置于3门一、二层楼道内，输出电平为101dBμV（750MHz）、97dBμV（50MHz）。四分配器选用WFP－408，分配损耗为7.6dB（551～860MHz）；7.2dB（5～550MHz）。

从图中可知，分配线最远是1门至3门为30m，选用SYWV－75－9型电缆，$\alpha_L=2.4$dB/100m（50MHz）；$\alpha_H=10.4$dB/100m（800MHz）。

2. 计算第一个分支器输出电平

已知第一个分支器WFZX－4，分支耦合衰减（分支损耗）20dB。用顺算法计算第一个分支器的输出电平：

$$S_i=S_o-L_{d1}-L_{d2}-\alpha\cdot L$$

高端：$S_{1H}=101-7.6-20-0.104\times30=70.28$（dBμV）

低端：$S_{1L}=97-7.2-20-0.024\times30=69.08$（dBμV）

将计算结果标注在图5-16上。

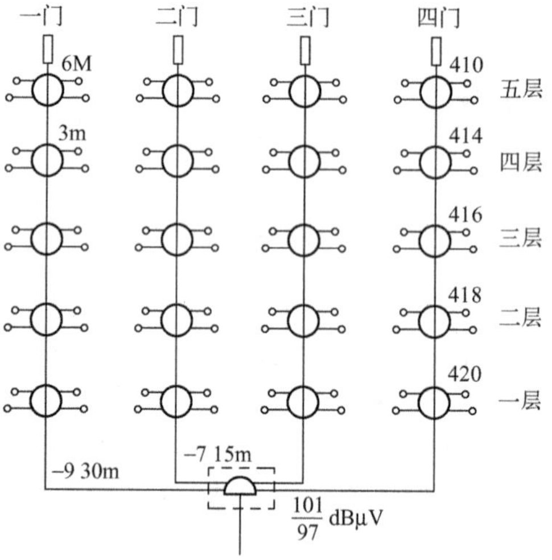

图5-15　分配网结构图

各分支器之间的连接电缆长度为3m，选用SYWV－75－5型同轴电缆，$\alpha_H=20.3$dB/100m（800MHz）；$\alpha_L=4.8$dB/100m（50MHz）。依次计算各分支输出电平，并将结果标注在图5-16上。注意在计算时需考虑分支器的插入损耗，如第一分支器的插入损耗为：1.5dB（551～860MHz）；1.2dB（5～550MHz）。

3. 计算用户终端电平

设从分支输出口至用户终端电缆长度为3m，选用SYWV－75－5型电缆。用户终端采用WZ－S型，插入损耗为：≤1.7（450～750MHz）；≤1.5（40～450MHz）。

参见表5-29。

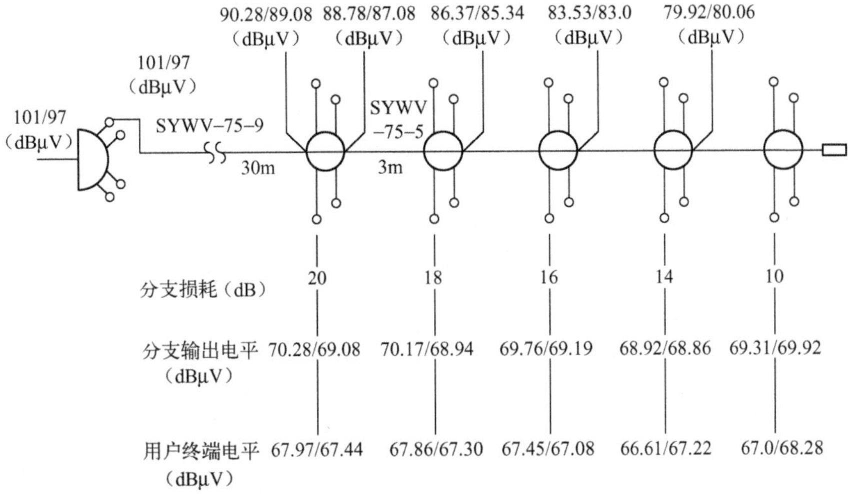

图 5-16 分配线路电平图

用户终端电平：$S_1' = S_1 - L_{d3} - \alpha \cdot L$

高端：$S_{1H}' = 70.28 - 1.7 - (3 \times 20.3/100) = 67.97$（dBμV）

低端：$S_{1L}' = 69.08 - 1.5 - (3 \times 4.8/100) = 67.44$（dBμV）

计算结果表明：系统输出口电平满足国家标准规定 64 ±4dBμV 的要求，设计成立。将输出口电平标注在图 5-16 上。依次计算各用户终端输出电平，并将结果标注在图 5-16 上。

分配网络上最长的分配线路部分计算完成之后，可分别计算 2、3、4 门的用户电平。一般情况下，最远端用户电平符合标准，近端就肯定符合标准。对于距离比较近的分配线路，从分配器输出到各门第一个分支器的连线，可选用 SYWV－75－7 同轴电缆。

由于建筑物的结构各式各样，分配网络的设计也需因地制宜。随着城镇住宅建设的发展，高层住宅越来越多。为了使读者能对高层建筑分配网络设计有初步了解，我们以某一 14 层住宅楼为例，给出部分分配网设计图，如图 5-17 所示。该楼共有三个单元门，每层 8 户，每门 112 户，共有自然户 336 户。设计每个单元门用 2 台分配放大器，一、二、三门建筑结构相同，全楼共用 6 台放大器。有兴趣的读者可以参照一门的设计图，计算各用户电平。

（二）建筑物内分配系统的调整

无源分配网的调整很简单，只要设计合理，安装工艺规范，分支器主路输入、输出没有接反，电缆接头牢靠且无短路，就不会存在什么问题。可选择有代表性的用户点（如最远端、最近端或高层建筑的最高层和最低层等），测量用户电平，同时用电视机收看图像，进行主观评价。如果电平不符合设计要求，应检查采用的各种部件和电缆质量是否有问题，电缆接头是否牢靠或短路，设计是否有需要修改之处。如果电平符合设计要求，图像上有明显干扰和雪花，应检查终端盒及插头与电缆的屏蔽网是否接好，找出原因，予以解决。

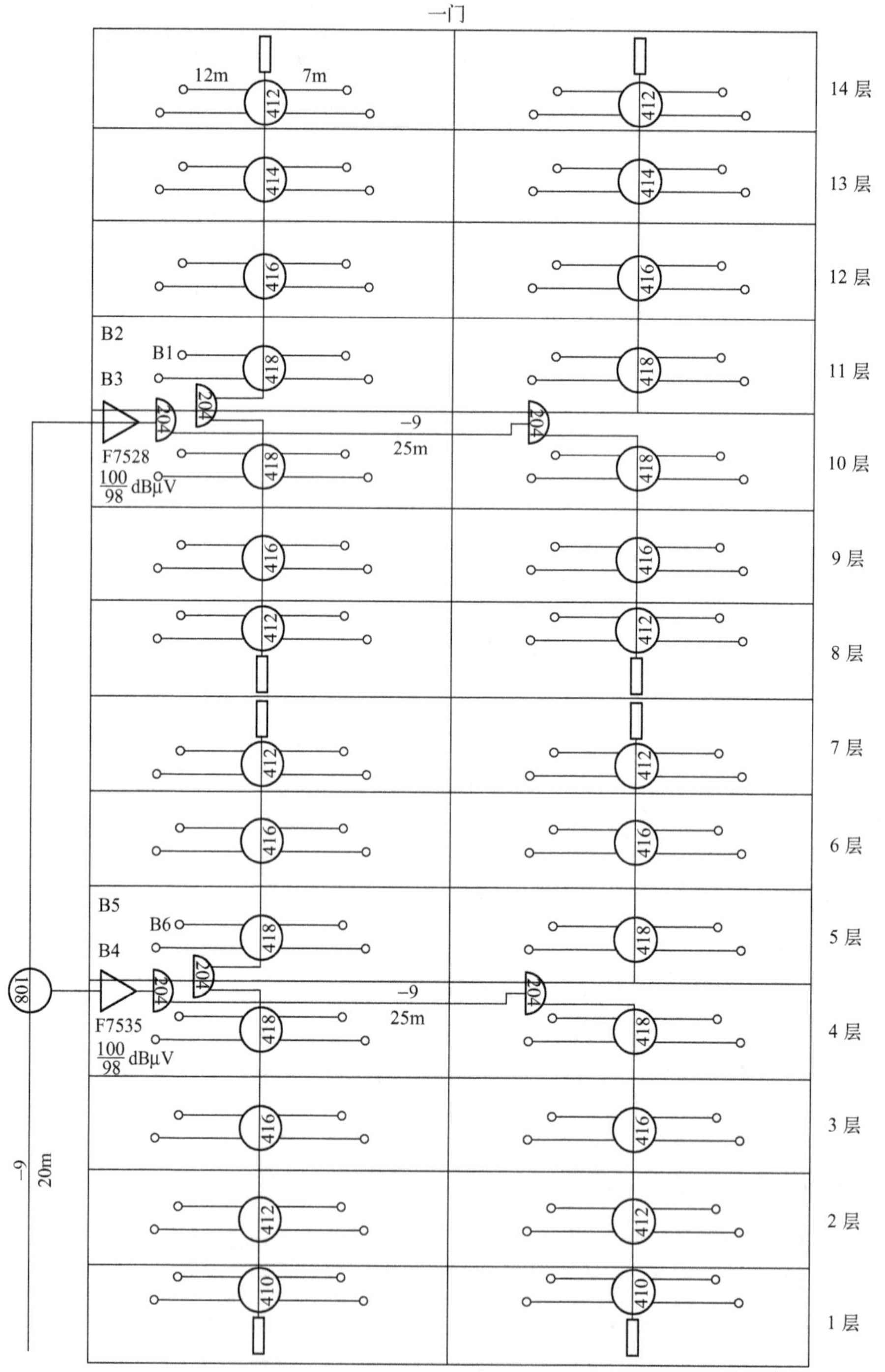

图 5-17　某高层住宅部分分配网络图

5.3.3 用户终端及家庭网络

从系统输出口到用户电视机应使用质量好的 75－5 同轴电缆连接，所用接头视用户终端形式而定，目前通常有 F 型接头和 75Ω 直通头两种。电视机输入插头为 75Ω 直通头。

早期的有线电视系统采用隔频传输，没有使用增补频道，只使用 VHF、UHF 频段。对于这类系统，从系统输出口用同轴电缆及插头直接与电视机相连即可。

对于邻频传输的有线电视系统，由于启用了增补频道，1994 年以前生产的电视机仅能收看到个别的增补频道的节目，而绝大多数的增补频道节目收看不到，只有标有 CATV 兼容的电视机才能正常收看 VHF、UHF 频段及增补频段的电视节目。为了使旧有电视机能收看邻频传输的有线电视节目，通常使用机上变换器来解决。

有线电视机上变换器，又称电脑选台器，它把 VHF、UHF 频段或增补频段的多频道电视信号，转换成某一固定的频道（通常是 DS1 或 DS2）或视、音频信号，送给电视机。变换器应保证不降低电视信号质量，同时还要解决某些电视机不能遥控和频道预选数不够的问题。

有线电视机上变换器的使用方法很简单：将电视机电源线插入机上变换器后面板上的电源插座，用 75Ω 同轴电缆线及插头连接用户终端和机上变换器射频输入（RF）口，再用 75Ω 电缆线（有的可用视、音频线）连接机上变换器射频输出口（或视、音频输出口）至电视机输入端口，如图 5-18 所示。接通机上变换器的电源，打开电视机，按电视机原来的选台方式调节电视频道（通常在 V_L 段），直到电视机屏幕上出现清晰的图像或测试信号。

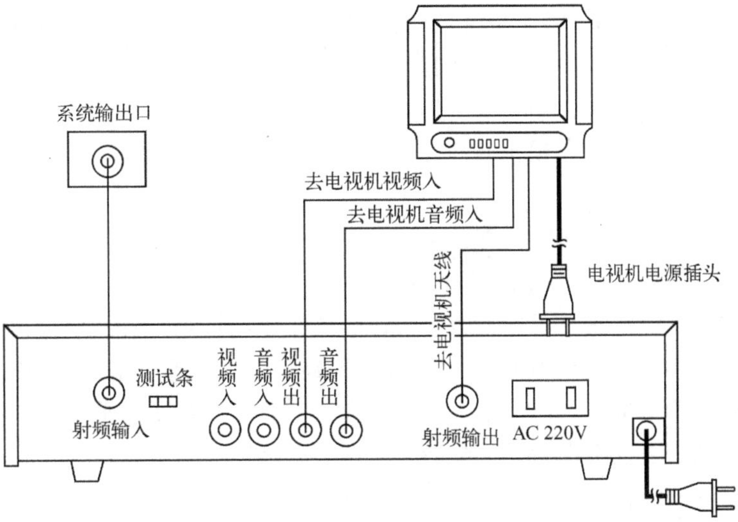

图 5-18　机上变换器连接示意图

数字电视的发展是电视史上具有里程碑意义的事件。数字电视带来的不仅是音/视频质量的极大提高，更重要的意义在于它与计算机、通信网络技术的相互融合，提供其他形式的多种增值业务，开辟了走向信息高速公路和多媒体通信的未来之路。

数字电视接收机和模拟电视接收机的概念大不相同。数字电视接收涉及的技术非常复杂，除了进行解调、信道解码、解复用、音/视频信源解码等恢复节目信号的处理外，还要实现CA控制、交互操作、网络通信、多媒体信息处理等功能。但是，现有的大量模拟电视机不可能在一朝一夕被淘汰，为了使现有的模拟电视机能够收看数字电视节目，需要开发一种具有上述功能的数字电视机顶盒。可以说，在未来几年内，数字电视机顶盒将作为模拟电视与数字电视共存期内的过渡产品，是模拟电视转向数字电视的桥梁。

5.3.4 数字电视机顶盒种类及其作用

机顶盒（Set Top Box，STB）是目前业内使用频度较高的一个名词。商家们纷纷推出的机顶盒品种繁多，但性能和用途却可能完全不同，造成这种情况的原因就是“机顶盒”这个名词的含义较为广泛。顾名思义，机顶盒就是放在电视机顶上的一个盒子，是电视机的一个附加部件，其目的是提高电视机的性能或增加功能。目前已经推出的机顶盒有以下几种。

1. 付费电视机顶盒

付费电视机顶盒又称解扰机顶盒。电视台为了对某些节目进行收费，就把这些节目加扰。

交了收视费的用户，安装一个解扰机顶盒后才能正常收视。

2. 图文电视机顶盒

数字技术出现以后，人们就希望能够采用现有的电视传输系统进行文字和图形的传输。电视的场逆程中有很多空间，这些空间可以用来插入数字信息。欧洲最早采用这种技术在电视画面下部插入字幕，以后这种字幕机做到电视机里面去，用户可以自如地开闭字幕，甚至可以选择文字的种类。现在图文电视又有了进一步的发展，例如，用来传送股票信息或其他服务信息。当信息量更大时，还可以把整个空间也用来传送文字图形信息。

但是，这种系统毕竟是在模拟技术上发展起来的，它具有很多先天性缺陷，如误码率高等。

3. 网络电视（Web TV）机顶盒

20世纪90年代中期，因特网（Internet）在全世界快速发展和普及，人们萌发了用电视机作为显示终端上网的想法，于是在微软公司的“维纳斯计划”和凯思公司的“女娲计划”的催化下产生了网络电视（Web TV）机顶盒。维纳斯计划实际上是一个Windows CE推广计划，只不过在推出Windows CE的同时，捆绑了“一个机顶盒硬件平台”。它利用电话网络作为传输介质，利用电视机作为显示终端，实现家庭电视机网上浏览、电子邮件收发和双向信息交流功能，使电视机具有类似于多媒体计算机的功能，因此，可以将其看成是一种非个人计算机类的因特网接入设备。随着因特网的不断发展，因特网接入设备的前景是非常好的。但这种机顶盒占用了用户家中的电话线和电视机，却只能实现上网功能，对用户来说，可以说得不偿失。电视机的最大优势是显示视频，最大的作用是娱乐，但这种机顶盒不论是硬件还是软件，均不支持视频应用。而且电视接收机的显示屏以远距离欣赏节目为主，其清晰度、帧频和辐射等方面的指标不如电脑显示器，用来显示网页内容、进行信息处理和交流是不方便的。由于这个缺陷，注定了它的前景不会太好。

4. 数字电视机顶盒

1998年11月，美国和欧洲高清晰度电视（HDTV）试播后，又一次掀起了机顶盒的高潮。这次的机顶盒称做数字电视机顶盒，其主要功能就是将接收下来的数字电视信号转换为模拟电视信号，使用户不用更换普通模拟电视机就能收看数字电视节目。下面所要介绍的机顶盒就是指这种数字电视机顶盒。根据信号传输媒介的不同，数字电视机顶盒又分为卫星数字电视机顶盒、有线数字电视机顶盒和地面数字电视机顶盒。这3种机顶盒的主要区别在于高频解调部分。

（1）卫星数字电视机顶盒。也称为集成接收解码器（IRD），用来接收卫星数字电视广播节目。目前，我们所看到的许多卫视节目都是有线电视台通过专用的IRD接收下来后，再通过有线电视网送入用户家中的。个人用的IRD在我国并不普及，在国外卫星数字电视直播（DBS）具有较好的市场。该类机顶盒的主要功能是接收数字电视广播，同时也支持数据广播、图文电视等应用。由于卫星的传输信道是空间电磁场，支持交互式应用比较困难。

（2）地面数字电视机顶盒。其主要功能是接收通过地面电磁场传输的数字电视信号。目前，世界上存在着3种地面数字电视广播标准：欧洲的DTB－T、美国的ATSC和日本的ISDB－T，它们分别使用不同的调制与信道编码方案。所以，适合不同国家和地区的地面数字电视机顶盒应该按照相应的数字电视广播标准来生产。

（3）有线数字电视机顶盒。由于有线电视（CATV）网络有着较好的传输质量、较宽的信道带宽以及电缆调制解调器技术的成熟，使得该类机顶盒可以支持几乎所有的广播和交互式多媒体应用，并被业界广泛看好。有线数字电视机顶盒提供的基本功能如下。

① 数字电视广播节目的接收，提供高质量的视频和音频输出。

② 作为用户端设备，它是用户控制交互电视的接口，可以提供系统交互操作，具有回传信道。

③ 需要提供一个友好的界面，便于用户使用和控制；具有电子节目指南（EPG）功能，通过交互操作，使用户方便地选取自己所需的节目。

④ 集成CAS系统。

⑤ 集成中间件系统，支持软件在线升级功能。

⑥ 支持数据广播应用，向用户提供股市行情、票务信息、电子报纸、热门网站等各种信息以及软件在线升级功能。软件在线升级可看成是数据广播的应用之一。数据广播服务器按DVB数据广播标准将升级软件广播下来，机顶盒能识别该软件的版本号，在版本不同时，能接收该软件，并对保存在存储器中的软件进行更新。

⑦ 支持交互式多媒体应用，包括因特网接入、电子邮件、IP电话、视频点播、互动游戏、网上购物等，有线数字电视机顶盒可通过内置的电缆调制解调器、浏览器，方便地实现因特网接入、发送电子邮件和IP电话功能。同时机顶盒也可以提供各种接口与PC相连。视频点播功能可让用户在其所希望的时间和地点收看想看的节目，这就是服务提供商的主要目标。有线电视数字机顶盒利用交互式的数据信道和广播信道，为实现该功能提供理想的技术基础。

数字电视机顶盒的安装通常是与电视机和音响相连接，下面以国产某品牌的数字电视机顶盒为例，介绍其技术规格和安装方法，参见表5-32和图5-19。

表5-32 国产某数字电视机顶盒技术规格

输入频率	51～862MHz
输入信号电平	45～90dBμV（75Ω）
中频带宽	8MHz
符号率	最大7MBaud
解调类型	16，32，64，128，256QAM可调
输入射频	F头
输出环通	IEC阳头
输入输出阻抗	75Ω
图像解码格式	MPEG－2
输出制式	PAL
输出端口	S－VHS（RCA）、S－VIDEO
图像解析度	720×576（PAL）
视频输出幅度	700±70mVpp
伴音解码格式	MPEG－2（Layer 1、2）
频率响应	20Hz～20kHz
采样频率	32/44.1/48kHz
输出端口	RCA（L＋R）
输出电平	可调（600Ω不平衡）
工作电压	90～250V交流50/60Hz
功耗	约12W

数字电视机顶盒的安装如图5-19所示（图中未将数字电视机顶盒和电视机的电源绘出）。第一步，从用户系统输出口将有线电视系统的同轴电缆接头接至数字电视机顶盒上的“信号输入”端口；第二步，将AV线（红、白、黄）的一端接至数字电视机顶盒上的“右声道（R）”、“左声道（L）”、“视频（VIDEO）”（红、白、黄）端口，另一端接至电视机上相应端口，如图5-19所示；第三步，如果需要观看模拟电视节目，可将射频（RF）线的一端接至数字电视机顶盒上的“信号输出”端口，另一端接至电视机上射频输入端口（如图5-19所示）；第四步，若电视机配有S端子线，数字电视机顶盒有“S－VIDEO/S端子”端口，取消第二步中AV线的黄色接头后，可以将S端子线一端接至数字电视机顶盒上的“S－VIDEO”端口，另一端接至电视机上的“S端子”输入端口，以得到更好的图像质量。如果要将家庭音响系统同数字电视机顶盒连接，就可以收听到音质优美的数字广播节目。

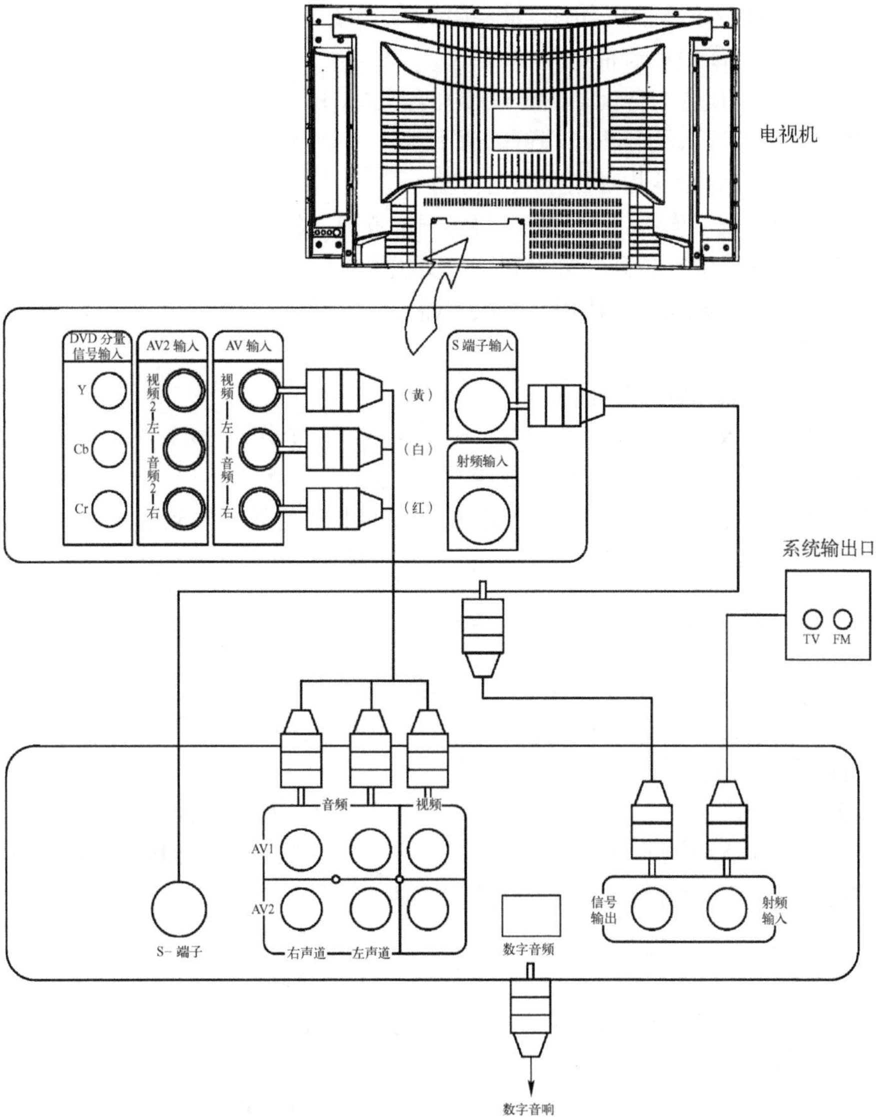

图 5-19 数字电视机顶盒安装示意图

习 题 五

一、是非判断题（正确画“√”，错误画“×”）

1. 分配系统距离前端系统最近。（ ）
2. 串接单元分配方式安装容易、费用低，因此目前广泛用于有线电视系统中。（ ）
3. 分配器是用来分配射频信号的有源器件。（ ）
4. 过流型分配器是指该类型分配器能够允许交流 60V 电源通过。（ ）

5. 二分配器的输入阻抗为150Ω，输出阻抗为75Ω。（　　）
6. 二分配器的分配损耗通常小于4dB。（　　）
7. 分支器的插入损耗与分配器的分配损耗含义相同。（　　）
8. 分支器的主路输入端和输出端可以通用。（　　）
9. 各种分支器、分配器均可用于双向传输。（　　）
10. 放大器的有效工作频带就是放大器的频率范围。（　　）
11. 放大器的输出电平越高，分配系统的交扰调制比指标越高。（　　）
12. 目前邻频系统分配网多使用宽带放大器。（　　）
13. 用户终端又称系统输出口。（　　）
14. 分配系统均由无源器件组成。（　　）
15. 分配系统的载噪比和非线性失真指标应与整个系统共同考虑。（　　）
16. 机上变换器可以取代电视机调谐器的功能。（　　）
17. 有线数字电视系统主要以闭路的形式把数字电视信号传输到有线数字电视机顶盒，其输出信号可以是基带数字电视信号，也可以是视频模拟电视信号。（　　）

二、选择题（将正确答案的序号填入括号中）

1. 在分配系统的构成中，不可能包含的部分是（　　）。
   A. 延长放大器　　B. 调制器　　C. 分支器　　D. 电缆
2. 八分配器实际上是由（　　）组成的。
   A. 四个二分配器　　B. 四个四分配器
   C. 二个分配器和二个四分配器　　D. 一个二分配器和二个四分配器
3. 在分配器的主要技术参数中，不可能有的指标是（　　）。
   A. 载噪比　　B. 分配损耗
   C. 相互隔离　　D. 反射损耗
4. 在设计和安装过程中，最需要注意的分支器指标是（　　）。
   A. 反向隔离　　B. 反射隔离
   C. 分支隔离　　D. 相互隔离
5. 在分配放大器的主要技术参数中，（　　）肯定不是应有的指标。
   A. 增益　　B. 微分增益
   C. 带内平坦度　　D. CTB
6. 分配系统调试的重点是（　　）。
   A. 分配放大器　　B. 分支器
   C. 分配器　　D. 终端
7. 在有线数字电视机顶盒的输入端口上，下行数字电视信号电平比下行模拟电视的图像载波电平低（　　）dB。
   A. 17　　B. 10　　C. 14　　D. 20
8. 在有线数字电视机顶盒的输入端口上，上行数据信号电平和上行模拟电视的图像载波电平在（　　）dBμV以上。
   A. 108.75　　B. 112　　C. 120　　D. 60

9. 用户盒面板上的数据插孔（DP）与电视插孔（TV）之间的隔离度应大于（　　）dB。
   A. 100　　B. 60　　C. 32　　D. 22

三、画图题

某六层住宅楼，共 3 单元门，每层 2 户，画出分支器分配方式结构图。

四、计算题

1. 参考本章设计实例，设分配线传输距离为 270m，选用 BK－9L 型电缆，计算分配系统 C/N 和 CTB 指标。

2. 参考本章设计实例，以画图题中住宅楼为设计对象，设分配放大器输出电平为 102dBμV（750MHz）、98dBμV（50MHz），安装于中间单元门一层至二层之间，距其他单元 20m。计算 1 单元各用户电平值。

3. 数字电视机顶盒的输入电平为－40.75dBm，折算成 dBμV 是多少？

五、问答题

1. 分配器的主要作用是什么？主要技术指标有哪些？
2. 分支器的主要作用是什么？主要技术指标有哪些？
3. 分配放大器的主要作用是什么？主要技术指标有哪些？
4. 用户终端的种类有哪些？
5. 分配系统调试的项目有哪些？
6. 电视机顶盒的种类和作用是什么？

第六章

有线电视系统的安装工艺

有线电视信号从前端输出到干线传输，再经分配系统到达用户的电视机，其中经过了多重环节，而每个环节都包含了相应的设备和接头。例如从延长放大器输出端经同轴电缆及一分支器到分配放大器输入端，就包含了三个装置、不同直径的同轴电缆和至少四个接头，如图6-1所示。图示的这一通道中任何一处因安装不良而出现故障，都会影响用户的正常收视。因此，有线电视系统工程安装质量的好坏，从某种意义上讲，将决定整个系统质量的优劣。为此，在工程施工前要对施工人员进行专业培训，培训合格后才能上岗，同时要根据施工图准备好所需的器材、检测仪器和施工器械，并对系统所使用的器材、部件进行检查及测试。在施工过程中首先确保安全并严格按照国家的有关规定进行。

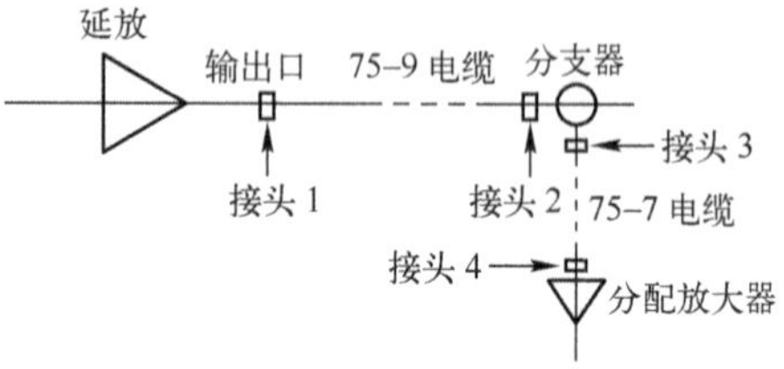

图 6-1　延长放大器至分配放大器通路示意图

6.1　安全操作基本知识

有线电视系统的安装涉及线缆敷设、放大器、分支器、分配器及终端的安装，其中对供电、架空作业、防雷接地及安全防护，都需要严格依照国家有关规定进行，以确保人身安全和人民的财产不受损失。

6.1.1　供电安全

有线电视系统的安装，除前端外涉及供电的有两个方面：一是传输和分配系统的放大器箱供电；二是施工过程本身用电。对于放大器箱供电，如果是集中供电方式，需要在接入点由执有国家颁发电工证书的专业人员进行操作；如果是单独供电，则需要电工在放大器箱接电时进行操作。在施工过程中，如果使用电锤等用电工具时，要注意电源插座、电源线等绝缘状态良好，不能有任何破损，以确保人身安全；在一个插座上不可接过多或功率过大的用电器具；不掌握电气知识和技术的人员，不可安装和拆卸电气设备及线路；不可用湿手接触带电的电器，如开关、插座等，更不可用湿布揩擦电器；在搬运、移动电锤、电钻等可移动电器时，要先切断电源，不允许拖拉电源线来搬移电器；雷雨时，不要走近高压电杆、铁塔和避雷针的接地导线周围，以防雷电入地时周围存在的跨步电压触电。

6.1.2 架空作业安全

有线电视系统的干、支线敷设，经常采用架空方式进行。架空线路的造价低、架设简单、便于维修，在建筑物间的支线敷设中经常采用。

施工人员在登高作业时，要特别注意人身安全，而登高工具必须牢固可靠，方能确保登高作业的安全，未经现场训练过的或患有精神病、严重高血压、心脏病和癫痫等疾病者，均不准使用登高工具登高。

1. 梯子登高

常用的梯子有竹梯、人字梯和铝合金升降梯等。竹梯、铝合金升降梯通常用于室外登高作业，人字梯、铝合金折叠梯通常用于室内登高作业。

梯子登高的安全知识介绍如下。

（1）竹梯在使用前应检查是否有虫蛀及折裂现象，两脚应各绑扎胶皮之类防滑材料。铝合金升降梯还应检查升降卡是否到位。

（2）人字梯应在中间绑扎两道防自动滑开的安全绳。

（3）在人字梯上作业时，切不可采取骑马的方式站立，以防人字梯两脚自动断开时，造成严重工伤事故。

（4）梯子放置的倾斜角约为60°～75°（梯子与地面夹角）。

2. 脚扣登杆方法

有线电视分配系统接入的支线过长时需要架设线杆，常用的线杆有木杆和水泥杆两种。脚扣又称铁扣，是攀登线杆的工具，也分木杆脚扣和水泥杆脚扣两种。木杆脚扣的扣环上制有铁齿，其外形如图6-2（a）所示。水泥杆脚扣的扣环上裹有橡胶，以防止打滑，其外形如图6-2（b）所示。

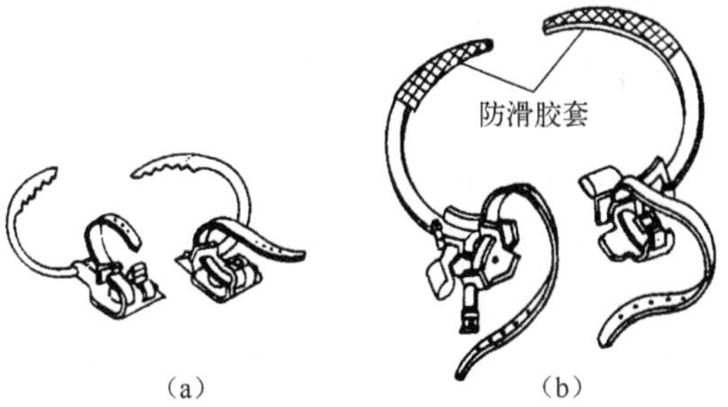

图6-2　脚扣

（1）脚扣登杆的注意事项

① 使用前必须仔细检查脚扣各部分有无断裂、腐蚀现象，脚扣皮带是否牢固可靠，脚扣皮带若破损，不得用绳子或电线代替。

② 一定要按线杆的规格选择大小合适的脚扣，水泥杆脚扣可用于木杆，但木杆脚扣不能用于水泥杆。

③ 雨天或冰雪天不宜用脚扣登水泥杆。

④ 上、下杆的每一步，必须使脚扣安全套入，并可靠地扣住线杆，才能移动身体，否则会造成事故。

（2）安全带使用注意事项

① 使用前，应检查有无腐朽、脆裂、老化、断股等现象。所有眼孔应不豁裂，钩环必须完整、牢固。

② 使用时，应拴在可靠处，禁止拴在杆梢或将被拆卸的部件上，上好保险再探身。在

杆上转位时，不应失去安全带的保护。

（3）登杆方法

① 登杆前对脚扣进行人体载荷冲击试验，试验时先登一步线杆，然后使整个人的重量以冲击的速度加在一只脚扣上，若没问题再换另一只脚扣做冲击试验，当试验证明两只脚扣完好时，才能进行登杆。

② 左脚向上跨扣，左手应同时扶住线杆。

③ 右脚向上跨扣，以后步骤重复，直至工作位置。

④ 下杆方法与登杆方法类同。

6.2　干线敷设工艺

具有一定规模的有线电视系统都涉及干线敷设问题，而干线的种类又分为光缆和同轴电缆。常见的敷设方式有架空、管道直埋和水下几种，每种方式对接续和分路设备又有相应的安装要求。

6.2.1　干线敷设的工艺要求

光缆和同轴电缆在敷设工艺方面有许多相同之处，在下面的介绍中如不特别指明光缆，则与电缆基本相同。

无论何种敷设方式，均应满足下列要求。

（1）布放电缆时，应按各盘电缆的长度根据设计图纸各段的长度选配。电缆需要接续时应严格按电缆生产厂提出的步骤和要求进行，不得随意接续。

（2）光缆敷设前，应使用光时域反射计和光纤衰耗测试仪检查光纤有无断点，衰耗值应符合设计要求。

（3）核对光缆的长度，根据施工图上给出的实际敷设长度来选配光缆。

（4）布放光缆时，光缆的牵引端头应做技术处理，并应采用具有自动控制牵引力性能的牵引机，其牵引力应施加于加强芯上，且不得超过150kg；牵引速度宜为10m/min，一次牵引的直线长度不宜超过1km。布放光缆时，其弯曲半径不得小于光缆外径的20倍。

（5）光缆的接续应由受过专门训练的人员来操作，接续时应采用光功率计或其他仪器进行监视，使接续损耗达到最小，接续后应安装光缆接头护套。

1. 电缆架空敷设的要求

架设架空电缆首先要把支撑杆架设好，根据目前实际情况，可利用电力杆、电信杆等同杆架设，也可自立杆架设。架空电缆架设高度要求见表6-1，具体注意事项如下。

（1）架设架空电缆时，应先将电缆吊线用夹板固定在支撑杆上，再用电缆挂钩把电缆卡挂在吊线上。挂钩的间距宜为0.5～0.6m。根据气候条件，每一杆挡均应留出余兜。

（2）在新杆上布放和收紧吊线时，要防止支撑杆倾斜和倒杆；在已架有电信、电力线的杆上加挂吊线时，要防止吊线上弹。

（3）杆距一般不大于50m，杆距超过要求时应增设电杆，埋设方法应符合国家有关规定。

（4）终端杆、转角杆在架设吊线前应增设斜拉线或顶杆，使支撑杆保持力平衡，斜拉线从地面至 2m 高处加装护管以保护。

（5）吊线采用大于 1×7－2.4mm 的钢绞线，以横担为支撑，横担用 U 型抱箍固定在支撑杆上，吊线用紧线器拉紧，吊线要架设平直，在光缆线路与电缆线路共用的支撑杆上，两线路的吊线要求绝缘（采用绝缘子或错位方法）。同一条吊线最多吊挂两条电缆。

表 6-1　架空电缆架设高度要求

地 面 情 况	高 度 要 求
横跨公路	6m 以上
公路两侧	5.5m 以上
居民区	4m 以上

（6）电缆与其他线路的间距应满足表 6-2。

表 6-2　电缆与其他线路架设的最小间距

种　　类	最小间距（m）
1～10kV 电力线	2.5
1kV 以下电力线	1.5
广播线	1.0
通信线	0.6

（7）架空电缆在跨越其他线路架设时，吊线与电缆分别加装厚壁 PE 套管保护，保护套管的长度大于跨越距离 2m，套管间用绑线扎牢，绑扎间距为 0.5m，如图 6-3 所示。

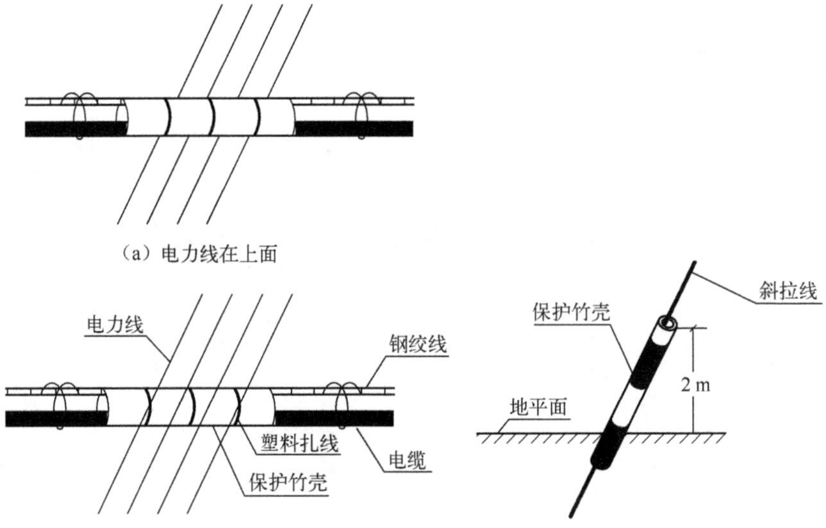

（a）电力线在上面

（b）电力线在下面

（c）斜拉线保护

要求：

1. 塑料线围绕 3－5 顺合后绞紧线头向上翘起。
2. 保护竹壳应扎在上、下电力线的中间。
3. 电力线高于电缆 1.5 米或电力线低于电缆 0.8 米可不扎竹壳。

图 6-3　电缆跨越电力线架设保护示意图

（8）电缆的敷设采用滑轮牵引法，如图6-4所示。电缆盘一端和电缆布放末端安装导引滑轮，引入角为45°；每隔5m安装一个滑轮，牵引绳通过引导滑轮；用牵引机或人工牵引电缆通过引导滑轮布放到终点，牵引速度要均匀且不超过15m/min；用挂钩将电缆吊挂在钢绞线上，挂钩按0.5m间距吊挂，同时替下导引滑轮；需要留余兜时参照图6-5进行；电缆弯曲半径大于电缆外径15倍。

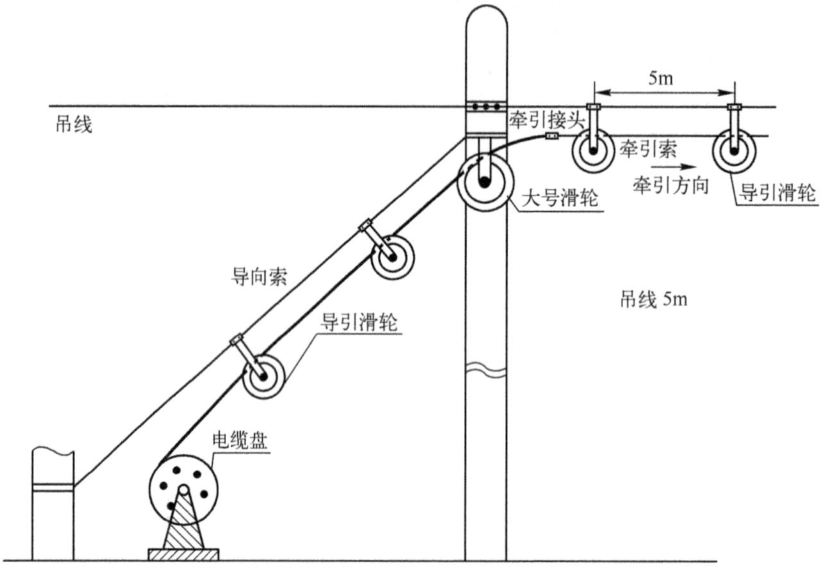

图6-4　滑轮牵引示意图

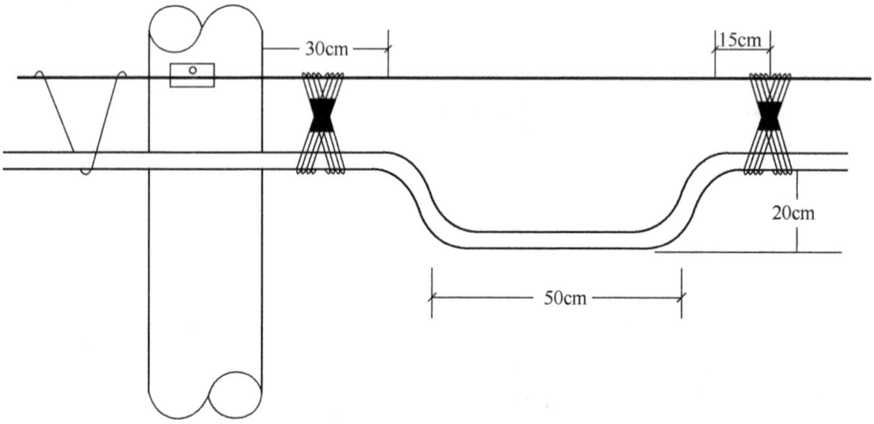

图6-5　电缆余兜示意图

2. 电缆管道敷设的要求

（1）电缆采用穿管敷设时，应先清扫管孔，并在管孔内预设一根铁线，将电缆牵引网套绑扎在电缆头上，用铁线将电缆拉入到管道内；敷设较细的电缆可不用牵引网套，直接把铁线绑扎在敷设的电缆上。

（2）管道光缆敷设时，无接头的光缆在直道上敷设应由人工逐个孔牵引；预先做好接头的光缆，其接头部分不得在管道内穿行。

（3）架空电缆和墙壁电缆引入地下或地下电缆、光缆引出时，在距地面不小于2.5m的部分应采用钢管保护，钢管应埋入地下0.3～0.5m，如图6-6所示。

（4）电缆管道敷设时可采用机械、人工结合敷设方法。通常在电缆入口处安放电缆盘，电缆经喇叭口输送管进入管道，输送管可使用蛇皮钢管或聚乙烯管，以防电缆外护套损伤；在电缆布放终端孔设端头牵引机，在中间入孔安装辅助牵引机或人工辅助牵引，牵引绳由牵引机布放经辅助牵引机与电缆端头连接，这样，端头牵引机就可以通过辅助牵引机和人工一起牵引电缆到终端孔，从而完成电缆的管道敷设。

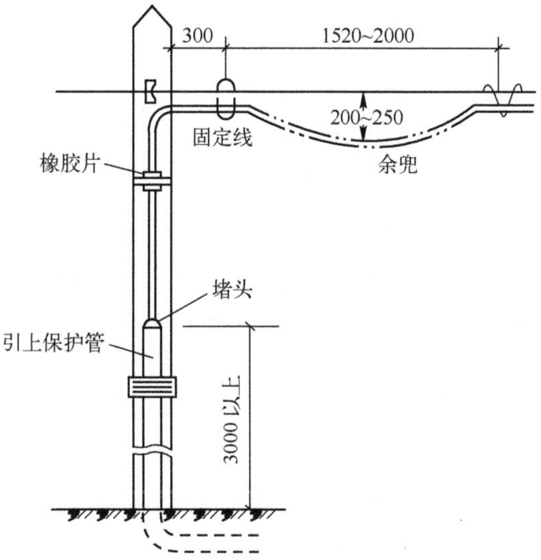

图6-6　电缆（光缆）引入地下时的保护

3. 电缆地埋敷设的要求

电缆采用直埋方式，必须使用具有铠装的能直埋的电缆，其埋深不得小于0.8m；紧靠电缆处要用细土覆盖0.1m，上压一层砖石保护；在寒冷的地区应埋在冻土层以下。

实际施工一般是沿线路方向开挖宽0.4m、深0.8m的缆沟，要求沟底平坦清洁，不能有石块等尖硬物留在沟中，电缆（光缆）放入沟中，确认没有异常情况后覆盖细土，压盖红砖，然后回填、夯实，地面按原貌恢复，但需要设立标志，特别是在有接头或转弯等的位置。

6.2.2　干线设备的安装要求

干线设备的安装包括：各种接头的连接，光接收机、干线放大器、供电器及电源插入器、分支、分配器等设备和装置的安装。

（一）接头的要求

接头工艺的好坏直接影响着系统的传输质量，在系统中由接插件引起故障的比例是很高的。据有关方面统计，系统80%的故障出自连接器。

1. 接头连接器的选择

电缆及设备的连接器有F型连接器和专用连接器，分别有各种型号及英制、公制等，对于选用何种连接器要根据电缆和设备的种类来安排。一般室外干线接头不允许使用F型连接器。

目前，我国有线电视系统中干线电缆应用较多的是500MC^2，750MC^2；QR540，QR860；TX10－565，TX10－840；SYWV－75－9，SYWV－75－12，SYWV－75－15；BK－9－L，BK－14－L电缆。上述电缆都需要使用不同型号的专用连接器。如对TX10－565型电缆用TJRS－565－CH－TX针型连接器，JJRS－565－SP－TX对接连接器，JJRS－565－FL10F－TX转FL10阴连接器等。其类型有二部件针型连接器、三部件针型连接器及双针型连接器。

三部件针型连接器（用于标准英制 5/8 – 24UNEF 型接口）如图 6–7 所示。

2. 连接器的安装

专用连接器的使用应严格按厂家提供的工艺要求进行，连接器的型号应与电缆和所接的设备、装置相配套，如光接收机、延长放大器、过电型分支器、分配器等。

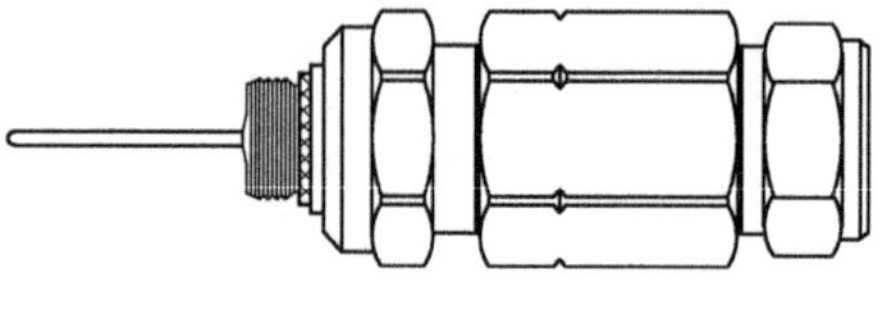

图 6–7　三部件针型连接器

在制作连接头时需要用掏孔器、开线器等专用工具。以 TX10 – 565 电缆为例，该电缆的芯线是铜包铝，外导体是无缝铝管，内外导体绝缘是微孔聚乙烯，外皮（防护套）是聚乙烯塑料。先将电缆连接端用开线器切齐或用钢锯锯齐，再将外皮去掉适当长度（比如去掉 3.5cm），露出铝管，用专用掏孔器内旋刀掏出内外导体间绝缘微孔聚乙烯。然后，用专用工具或钢锯将铝管去掉 2.0cm，露出芯线，注意不要损伤芯线。外导体铝管的端部用专用工具的外旋刀削平。一定要把芯线和外导体管内壁上与连接器接触部位的残留介质去净，保证芯线与插针和外导体铝管内壁与连接器外壳接触良好。将连接器后螺帽和中套套在已做好的电缆端部，再把芯线插入连接器头部插针后带螺纹的开口插孔内。在拧紧连接器中套螺扣时，将插孔周围绝缘塑料顶紧，同时挤压插孔，待芯线与插孔紧密接触时将连接器头右旋几扣。因孔口有螺纹，旋几扣后，使芯线伸到插孔底部，同时与插孔接触良好。最后，将后螺帽拧紧。因后螺帽与电缆外导体铝管接触部位也有螺纹，旋紧后与铝管外部也接触良好。安装连接器要注意螺丝紧度要合适，如过松会导致接触不良并使防水性能变差；如过紧会使电缆出现变形并造成此处阻抗失配。二部件针型连接器的安装如图 6–8 所示。

系统调试完成后，要用热缩管或密封胶带对接头做防水处理，接头两端热缩管要压缆 2.5 ~ 3.0cm。

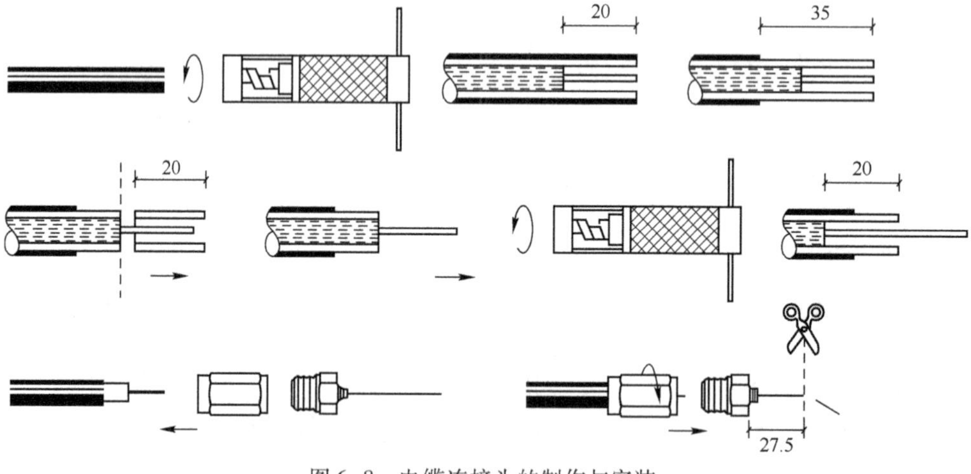

图 6–8　电缆连接头的制作与安装

（二）光接收机及干线放大器的安装要求

1. 光接收机的安装

光接收机在干线传输系统中，由于用户区不同的地理环境，可能安装在路杆上，如图 6–9 所示，也可能是在附墙壁上的箱体内。对于管道敷设或直埋的光缆，光接收机采用箱体落地安装，如图 6–10 所示。

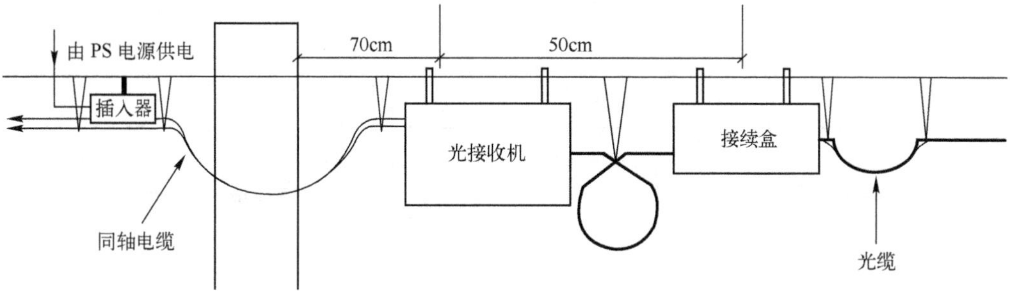

注意：1. 防水密封；2. 余长处理；3. 回水弯；4. 位置限定，紧固；5. PS 电源安装在就近的墙上

图 6-9　光接收机的路杆安装

说明：1. 混凝土标号为 200 号，重量比为 1:2.51:4.53（水泥：砂：石）
2. 基础深度为≥500mm，并挖至到老土。
3. PV 管弯曲时，采用管内装砂子，加热到 130℃成型。
4. 待基础干透后将箱体固定在地脚螺栓上，在箱体外侧四周用水泥砂浆磨成高 10mm 坡度。
5. 地脚螺栓尺寸：M12×250。
6. 每个箱位配管 2 根，可根据穿电缆数量增减（必须考虑扩展情况）。
7. 必须保证箱底弯管处高于管井的管孔高度。

图例：混凝土　地面

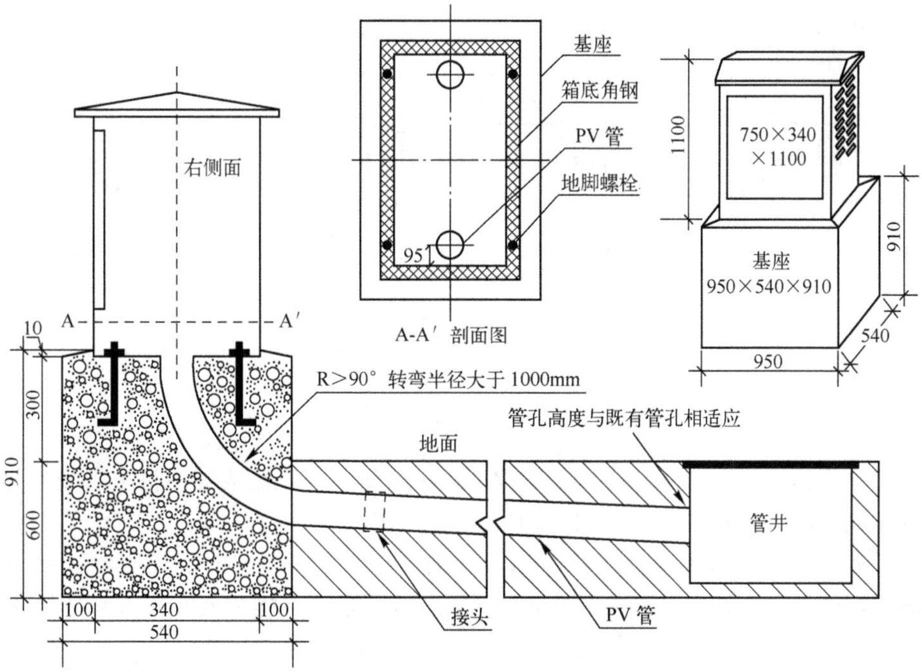

图 6-10　光接收机的落地安装

落地箱的基础深度应大于 0.5m，由混凝土构成，配有 M12×250 地脚螺栓用以固定箱体。光接收机的过电短路子在安装时应全部取下，调试时根据需要加装。测试口不用时要接 75Ω 终端负载。

2. 干线放大器的安装

在架空电缆线路中，干线放大器应安装在距离支撑杆 1m 的位置，并固定在吊线上，如图 6-11所示。

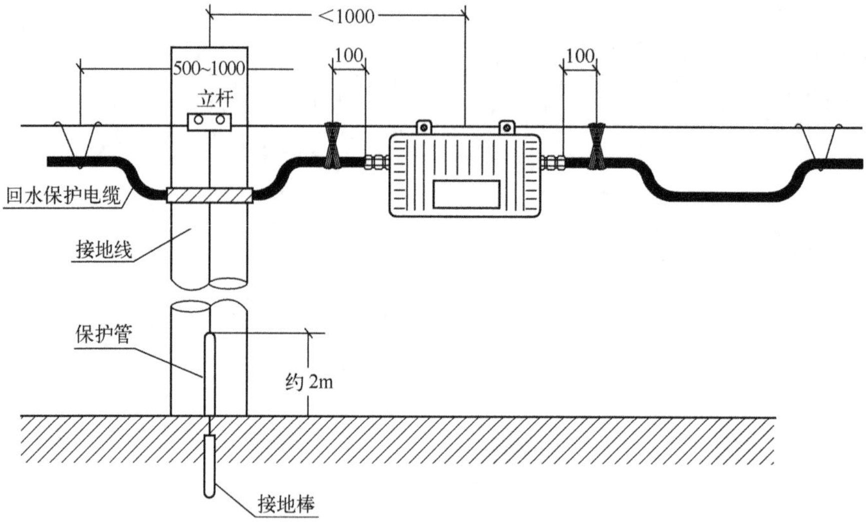

图 6-11　干线放大器架空安装

在墙壁电缆线路中，干线放大器应固定在墙壁上。吊线有足够的承受力，也可固定在吊线上，如图 6-12 所示。

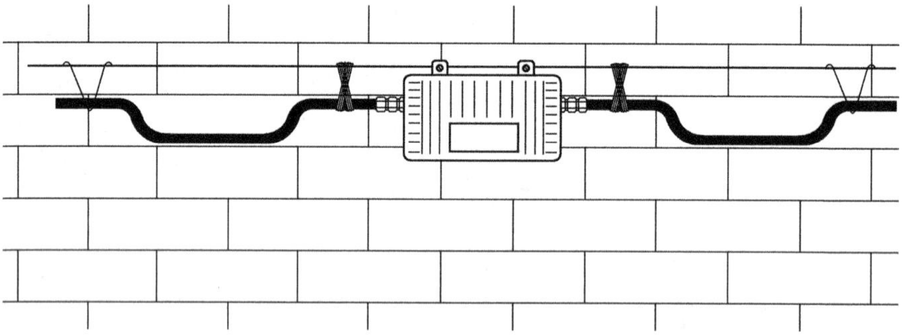

图 6-12　干线放大器墙壁安装

在地下穿管或直埋电缆线路中，干线放大器的安装应保证放大器不得被水浸泡。可将放大器安装在地面以上（参照光接收机落地安装）。

干线放大器的箱体可采用低压配电箱或专用箱，用大于 ϕ8mm 的膨胀螺栓将其固定在墙上。如果在楼外，要在离地面高 2.5m 以上的位置固定；在楼内安装要求箱体底部要高于该层地面 1.6m。安装位置应以不扰民为原则。电源在箱体内要固定。

供电器电源应取自居民用电表之前，并安装电表计费。

以上操作过程应符合低压配电规范。

（三）室外分支、分配器的安装要求

电源插入器、过流型分支、分配器在与光接收机、干线放大器及延长放大器等连接时，若安装位置允许，应尽量使用双针型连接器，以提高系统的可靠性及指标，如图 6-13 所示。

分支器、分配器在附墙或支撑杆上安装时，其安装方式及电缆滴水弯的余量与干线放大器相同。

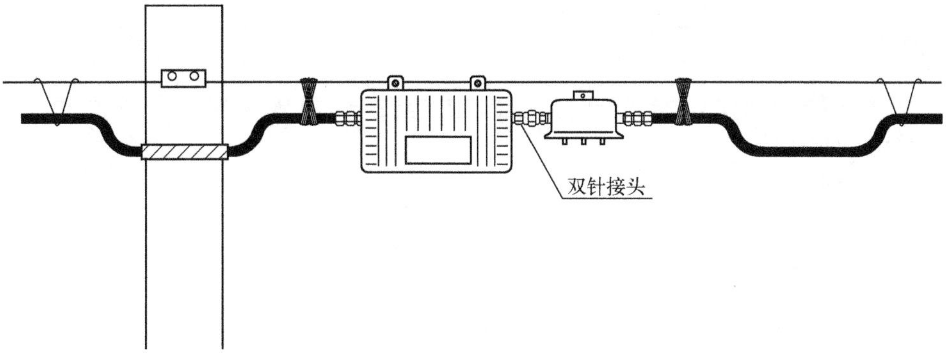

图 6-13 分支、分配器的双针连接

6.3 支线敷设工艺

从干线传输系统的某个输出口通向分配系统的线路称为支线，支线的敷设方式有架空、附墙和暗埋。

6.3.1 建筑物间的支线敷设工艺

1. 建筑物间支线架空敷设要求

（1）从支撑杆上引入电缆跨过街道或庭院时，电缆架设最小高度应大于 5m。电缆在固定到建筑物上时，应安装吊钩和电缆夹板，电缆在进入到建筑物之前先做一个 10cm 的滴水环。

（2）在居民小区内建筑物间跨线时，有车道的地方不低于 4.5m，无车道的地方不低于 4m。

（3）建筑物间电缆的架设，应根据电缆及钢绞线的自重而采用不同的结构安装方式，如图 6-14（a）、（b）所示为两种不同结构的安装方式。进出建筑物的电缆应穿带滴水弯的钢管敷设，钢管在建筑物上安装完毕后，应对墙体按原貌修复。

（4）在架设电缆时，一般要求建筑物间电缆跨距不得大于 50m，在其跨距大于 50m 时，应在中间另加立杆支撑。在跨距大于 20m 的建筑物间的吊线，采用规格为 1×7－4.2mm 的钢绞线，在跨距小于 20mm 的建筑物间的吊线可用 1×7－2.4mm；同一条吊线最多吊挂两根电缆，用电缆挂钩将支线电缆挂在吊线上面，挂钩间距为 0.5m。

2. 建筑物间支线暗埋敷设要求

建筑物间跨线需暗埋时，应加钢管保护，埋深不得小于 0.8m，钢管出地面后应高出地面 2.5m 以上，用卡环固定在墙上，电缆出口加防雨保护罩。

3. 建筑物上沿墙敷设电缆要求

（1）在建筑物上安装的墙担（拉台）应在一层至二层楼之间，墙担间距不超过 15m，墙担用 ϕ10 膨胀螺栓固定在建筑物外墙上，电缆经过建筑物转角处要安装转角担，电缆终端处安装终端担。

（2）沿建筑物外墙敷设的吊线可用 1×7－2.4mm 的钢绞线，钢绞线应架在一、二层间空余处，以不影响开窗为宜。

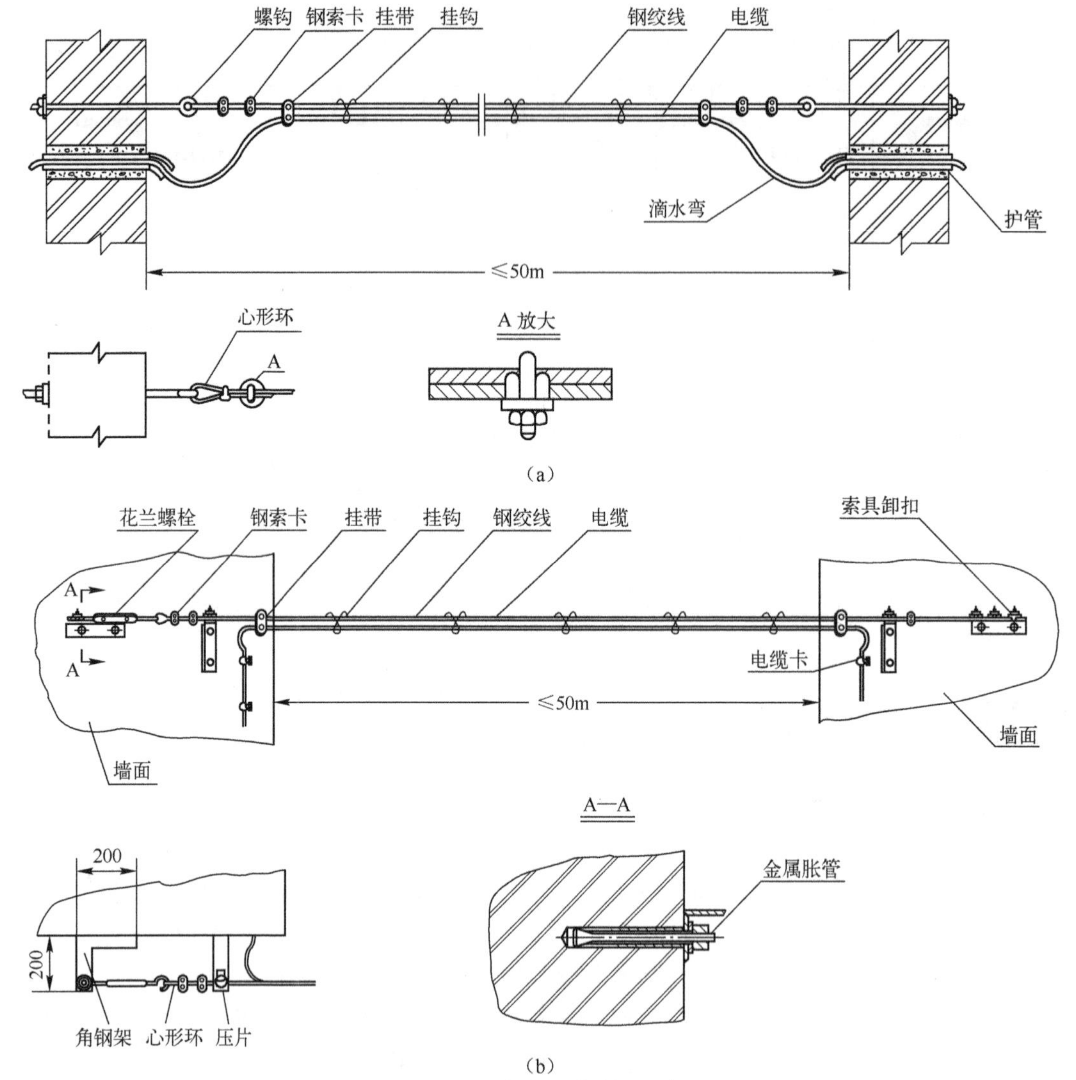

图 6-14　支线电缆跨接方式

（3）电缆沿墙敷设应横平竖直，弯曲自然，符合弯曲半径要求，挂钩或线卡间距为0.5m。

6.3.2　建筑物内的电缆敷设要求

建筑物内的电缆敷设按新旧建筑物分成明装和暗装两种方式。

1. 建筑物内电缆的明装要求

（1）电缆由建筑物门栋窗户侧墙打孔进入楼道，孔内要求穿带防水弯的钢管保护，以免雨水进入，电缆要留滴水弯，在钢绞线处用绑线扎牢。

（2）电缆进入建筑物内后，需沿楼梯墙上方用钢钉卡或木螺丝加铁卡，将电缆固定并引至分支盒，电缆转弯处要注意电缆的弯曲半径要求，电缆卡之间的间距为0.5m，如图6-15所示。

（3）楼层之间的电缆必须加装不少于2m长的保护管加以保护。一种是用分支器箱配ϕ45mm或ϕ30mm的镀锌钢管保护，分支器放在分支盒内，钢管用铁卡环固定在墙上；另一

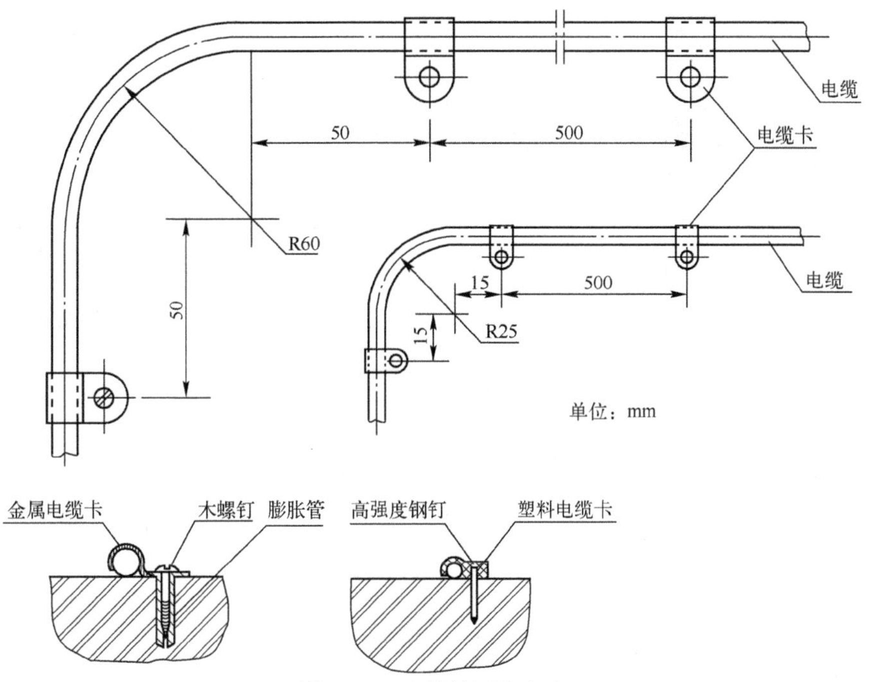

图 6-15　电缆的固定方法

种是用铁盒或塑料防水盒配 ϕ20～25mm 的 PVC 管保护，分支器放在防水盒内，PVC 管用铁卡加膨胀管木螺丝固定在墙上，如图 6-16 所示。

（4）电缆的敷设过程中，不得对电缆进行挤压、扭绞及施加过大拉力，外皮不得有破损。

（5）建筑物内的电缆敷设完成后，楼板孔要用水泥封好，恢复原貌。

2. 建筑物内电缆的暗装要求

对于新建房屋应采用分支－分配式设计并暗管预埋。电缆的暗装是指电缆在管道、线指、竖井内的敷设。有线电视系统管线是由建筑设计人员进行设计的，不同建筑物内的管道设计会有所不同。有的宾馆、饭店和写字楼的各种专用线路，包括有线系统是利用竖井和顶棚中的线槽或管道敷设的。砖结构建筑物的管道是在建筑施工时预埋在墙中，而板状结构建筑物的管道可事先预埋浇注在板墙内。敷设电缆时必须按照建筑设计图纸施工。电缆的暗装如图 6-17 所示。

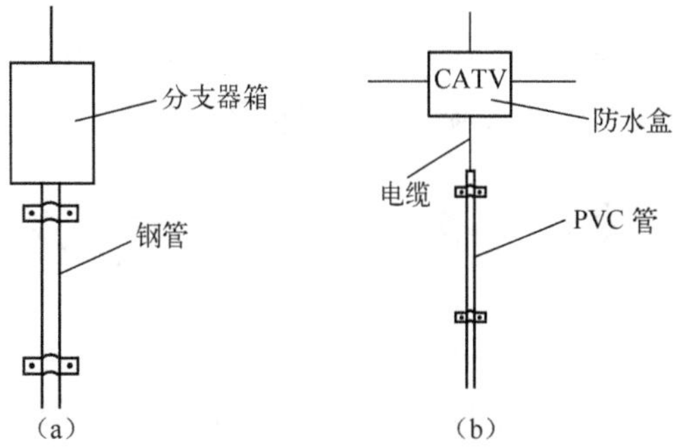

图 6-16　楼层间电缆的敷设

在管道中敷设电缆时应注意下列问题。

（1）电缆管道在大于 25m 及转弯时，应在管道中间及拐角处配装预埋盒，以利电缆顺利穿过。

（2）预埋的管道内要穿有细铁丝（称为带丝），以便拉入电缆；管道口要用软物或专用塑料帽堵上，以防泥浆、碎石等杂物进入管道中。

（3）电缆在线槽或竖井内敷设时，要求电缆与其他线路分开走线，以避免出现对电视信号的干扰。

（4）敷设电缆的两端应留有一定的余量，并要在端口上做标记，以免将输入、输出线搞混。

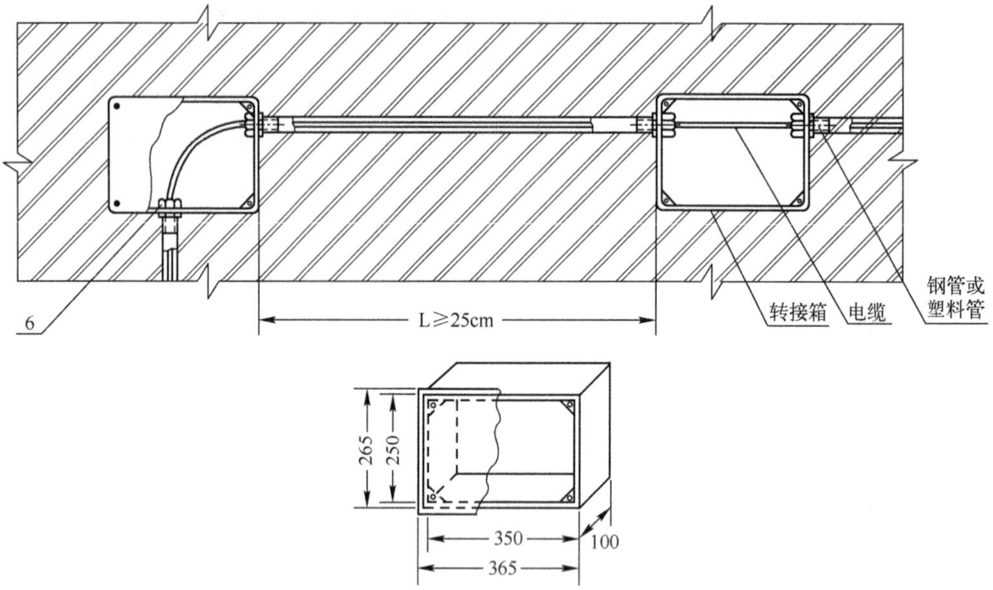

图6-17　电缆的暗装

6.4　分配系统设备的安装工艺

分配系统在有线电视系统中分布最广，也最贴近用户，主要设备和装置有分配放大器、分配器、分支器、终端盒及电缆等。

6.4.1　分配放大器的安装要求

1. 电缆接头要求

电缆经连接器接入分配放入器，所用的连接器型号由分配放大器输入口决定。一般要求对 SYWV－75－9、SYWV－75－12 型电缆应使用针型连接器，而不提倡使用冷压或环加 F 型连接器；对 SYWV－75－7 型电缆应使用带针防水 F 型连接器，如图6-18 所示；对 SY-WV－75－5 型电缆可使用冷压或环加 F 型连接器，如图6-19 所示。

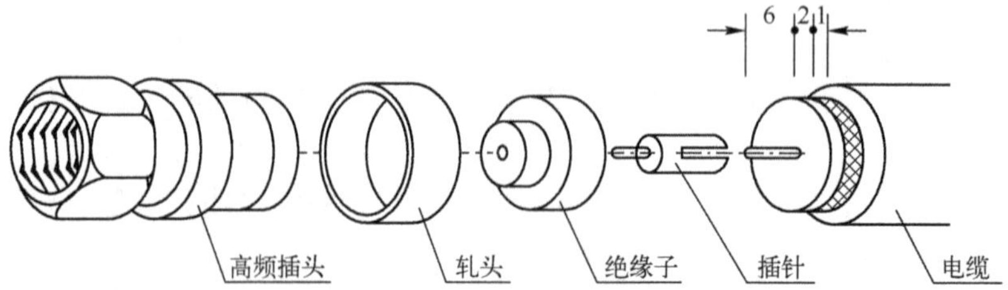

图6-18　带插针的 F 型连接器

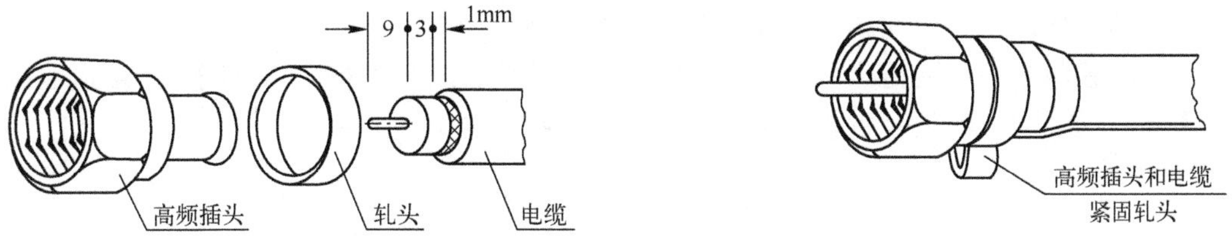

图 6-19　环加 F 型连接器

冷压 F 型连接器如图 6-20 所示。

在有线电视系统中，电缆及设备之间的连接需要使用连接器，而支线电缆则使用 F 型接头。对于国产 5C 同轴电缆适用 GTF－5、TF－5 等连接器（压接头），国产 5#四屏蔽同轴电缆适用 TFG－6 压接头，国产 7#（美国 11#）四屏蔽同轴电缆多使用 TF－11、TFP－11 型连接器。以前的 F 型卡环式连接器屏蔽性能差，容易出现 F 头连接脱落现象，将逐步淘汰。

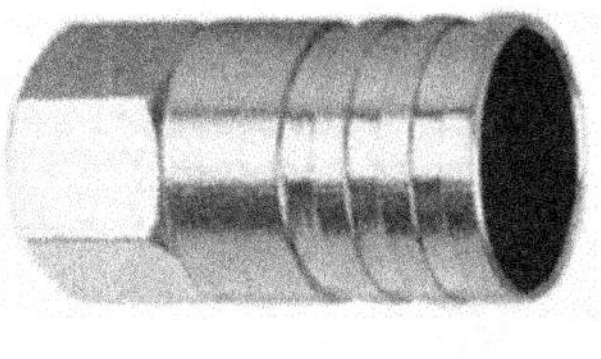

图 6-20　冷压 F 型连接器

F 型压接头连接时要使用专用工具，如专用剥线钳 PS59/6、PS11 等，专用螺丝批和专用压接钳 YJQ－596、YJQ－11 等。下面以四屏蔽 75－5 电缆为例，介绍 F 型压接头的制作方法，如图 6-21 所示。

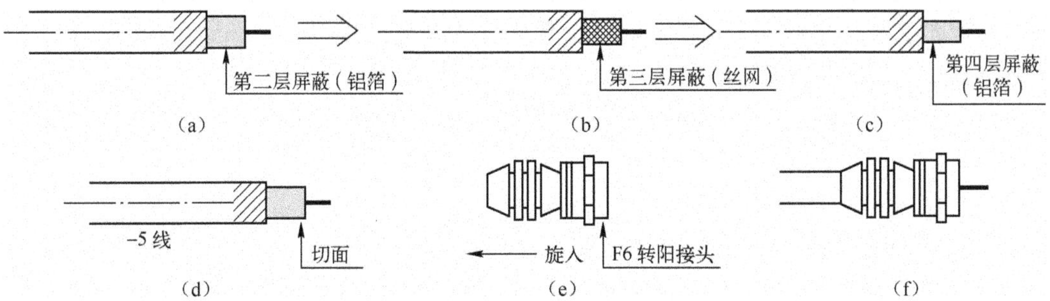

图 6-21　F 型压接头的制作方法

使用专用剥线钳（PS59/6）将同轴电缆护套剥开露出第一层屏蔽（丝网），然后用镊子和壁纸刀将丝网向后翻，如图 6-21（a）所示。用壁纸刀将第二层屏蔽（铝箔）裁掉，再将第三层屏蔽（丝网）向后翻，注意一定不能留有一根网丝，如图 6-21（b）、（c）所示。将第四层屏蔽（铝箔）沿切面整理好，然后将 F 型压接头（TFG－6）缓慢插入，并确认铝箔未被 F 头损伤后，用专用螺丝批将 F 头旋入，如图 6-21（d）、（e）所示。F 头旋入深度以物理发泡介质的截面与 F 头内部的台阶相齐为准，最后用专用压接钳（YJQ－596）用力压实到位。制作完成的 F 型压接头如图 6-21（f）所示。

2. 分配放大器的安装要求

根据建筑物设计方案的不同，分配放大器可能安装在室外，也可能安装在室内。

（1）在建筑物外安装分配放大器，应使用防水型分配放大器，其安装方法与干线放大器相同。

（2）新建房屋可将分配放大器安装在预埋的分前端箱内。

（3）在建筑物内明装情况下，应在不影响人行的位置安装铁箱，箱体底部距楼道地面不低于1.8m。如图6-22所示，将分配放大器安装在铁箱内。

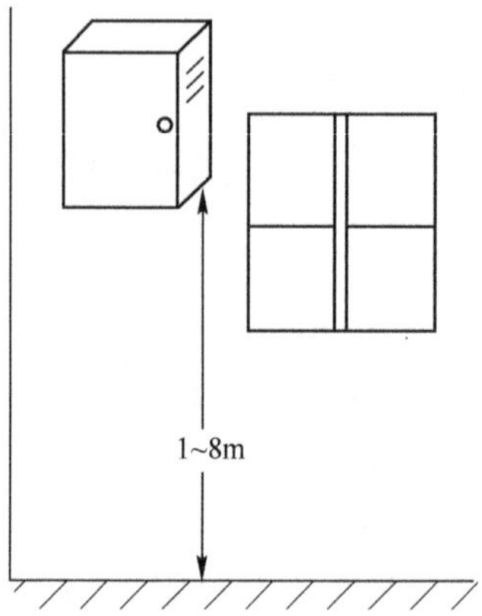

图6-22　分配放大器铁箱安装

6.4.2　分支器、分配器的安装要求

分配系统所用分支器、分配器的输入、输出端口通常是F型插座（分英制、公制两种），可配接F型冷压接头，各空接端口应接75Ω终端负载。

1. 分支、分配器的明装要求

分支、分配器在建筑物内明装时，可将其用螺丝固定在分支器箱或防水盒内，参见图6-16（a）、（b）。

2. 分支、分配器的暗装要求

现在大部分新建房屋的有线电视分配系统均采用分支－分配式设计，在建筑过程中，每层楼道内都预埋了分支器铁箱，届时可将分支器或分配器固定在预埋箱中，再盖好封板（盖）。

所有分支器在安装时，一定要注意输入和输出的连接，千万不要将入、出的方向搞错，否则会严重影响电视收视效果。

6.4.3　终端的安装要求

用户终端盒是系统与用户电视机连接的端口，一般应安装在距地面0.3～1.8m的墙上，分明装和暗装两种方式。

1. 终端盒的明装要求

（1）用户电缆应从门框上端钻孔进入住户，用塑料钉卡钉牢，卡距应小于0.4m，布线要横平竖直，弯曲自然，符合弯曲半径要求。

（2）用户终端盒应在距地0.3～1.8m位置牢固安装，不得松动、歪斜。用户盒到电视机之间连线应小于15m。

（3）用户终端如果采用板式结构，安装方式如图 6–23 所示，如果采用金属封装结构，安装方式如图 6–24 所示。电缆与用户终端连接采用冷压 F 型连接器，用专用工具夹紧，接头不得松动。

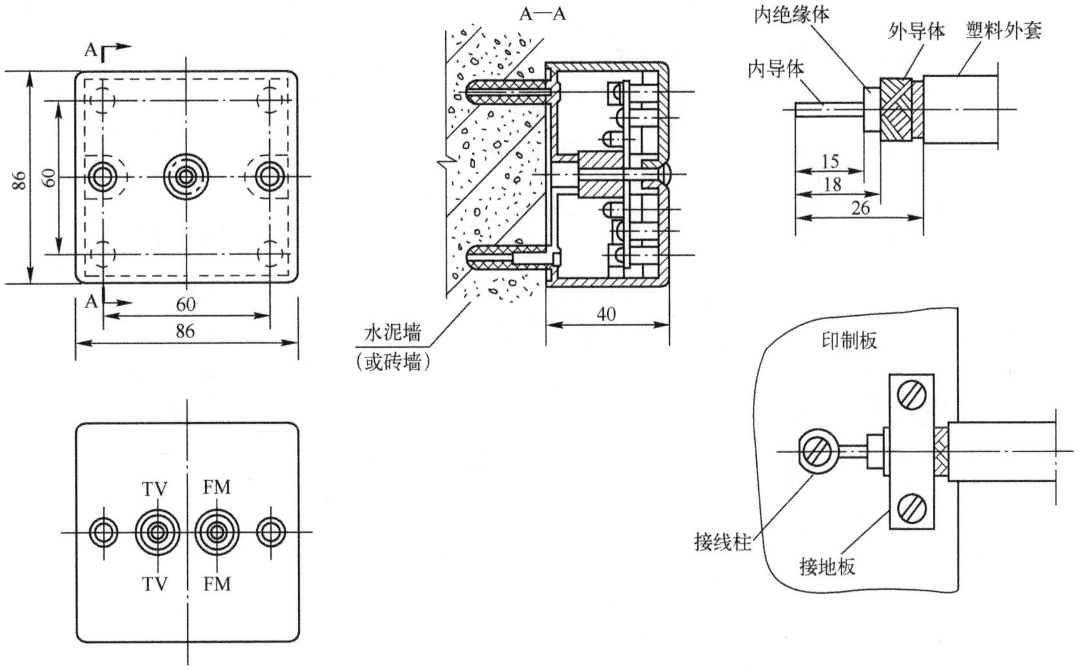

图 6–23　用户盒安装方式一

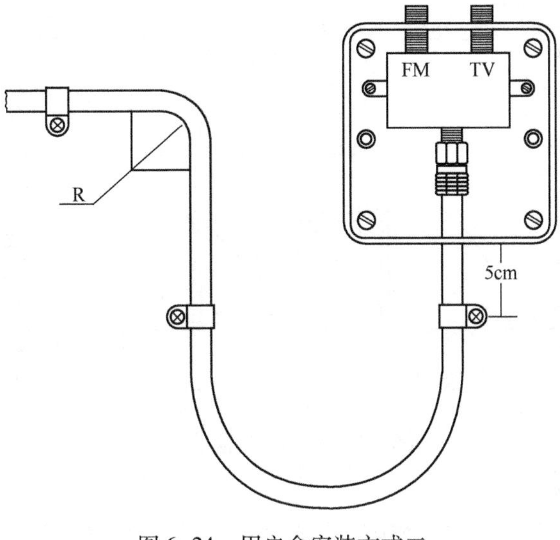

图 6–24　用户盒安装方式二

2. 终端盒的暗装要求

早期的有线电视系统暗装采用串接分支方式，其安装方法如图 6–25 所示；相邻两个用户盒的安装方法如图 6–26 所示。

新建房屋在设计时，通常是一户多端，当局部采用串接分支时，其安装方法可参照图 6–25。终端板的安装方法可参照图 6–23、图 6–25。

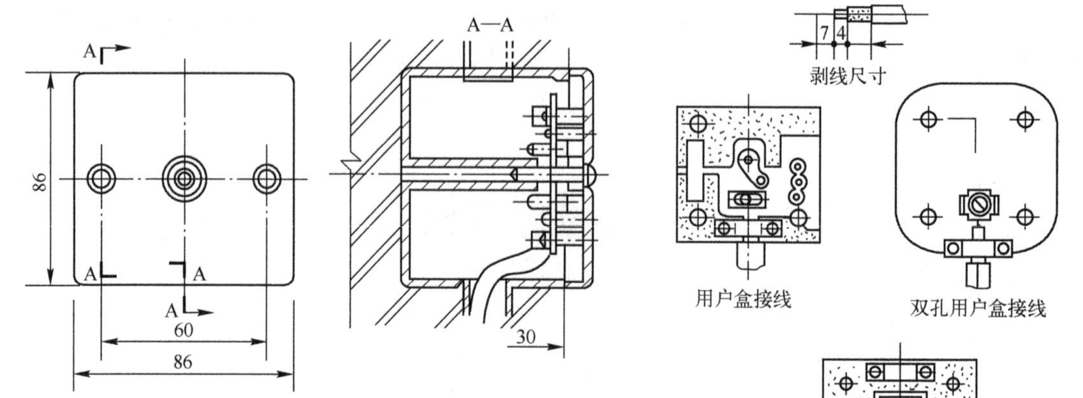

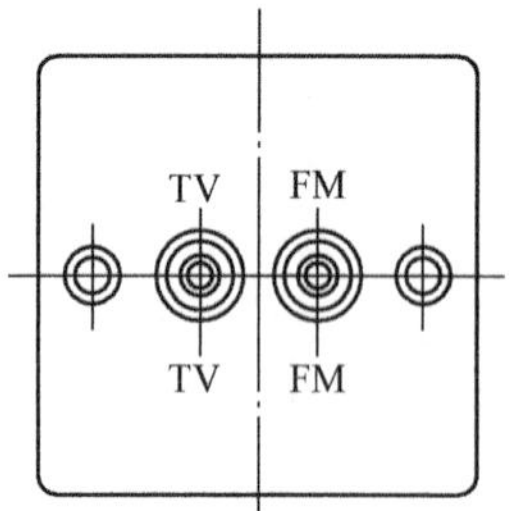

编号	序号1	名　　称	备注
1		暗装串接一分支	单孔
2		暗装用户盒	〃
3		暗装串接二分支	〃
4		暗装串接一分支	双孔
5		暗装串接二分支	双孔
6		暗装用户盒	双孔
7			
8			

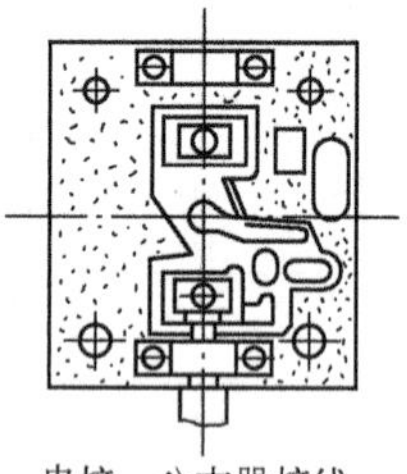

图6-25　串接分支的安装

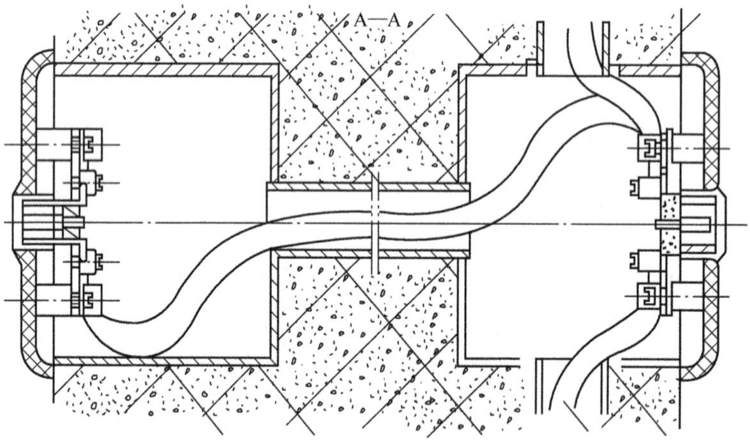

图6-26　相邻用户盒的安装

6.5　系统的防雷、接地及安全措施

不稳定的气流是积云带电的原因，带电的积云同大地感应的异性电荷中和的过程即形成雷电。雷电有直击雷、雷电感应和雷电波侵入。据统计直击雷只占雷击率的10%左右，雷电感应等占雷击率90%左右，有线电视系统的电子设备受雷击损坏主要是雷电感应造成的。

因此，有线电视系统必须按照国家有关规定（如《建筑防雷设计规范》、《工业企业通信接地设计规范》等）采取防直击雷、防雷电感应和防雷电波侵入的措施。

6.5.1　系统的防雷与接地

系统的安全性是首先要考虑的问题。当天线或架空电缆（光缆）附近产生雷击时，要在这些地方感应出很高的电压，有效地接地能及时泄掉由感应产生的电荷，同时，也可泄掉由于设备漏电而产生的对地电压，达到保护设备和人身安全的目的。

（一）天线及竖杆的防雷措施

天线及竖杆的防雷措施在第二章有关内容已做介绍，下面再强调两点。

1. 对避雷针的要求

避雷针的高度应满足天线在避雷针的45°保护角之内，避雷针可装在天线竖杆上，也可安装独立的避雷针，独立避雷针与天线之间的最小水平间距应大于3m。

2. 避雷针的接地要求

独立避雷针和接收天钱的竖杆均应有可靠的接地。当建筑物已有防雷接地系统时，避雷针和天线竖杆的接地应与建筑物的防雷接地系统的地连接；当建筑物无专门的防雷接地可利用时，应设置专门的接地装置，从接闪器至接地端的引下线宜采用两根，从不同方位以最短的距离沿建筑物引下；其接地电阻不应大于4Ω。

（二）接地极的埋设

接地极采用 ϕ50mm 镀锌钢管，长度为2.0～2.5m，钢管一端削成30°斜面，在深0.8m 的地线坑内，用大锤将接地极垂直砸入地下，在坑底露出部一端与接地极焊接，两侧焊缝长度不小于12cm，另一端引出地面80cm。在接地极周围先填埋约十公斤中性降阻剂（如食盐、铁屑、长效化学降阻剂等），用地阻摇表检测接地电阻是否达到规定的阻值，如未达到要求，需埋设第二个、第三个、…接地极，直至接地电阻值达到规定的要求。各接地极之间距离为5m，用24×4 扁钢或 ϕ10 圆钢焊接，两侧焊接缝长度不小于12cm。接地极接地电阻值达到要求后，再填埋20cm 厚的细土，然后回填、夯实，地面按原貌恢复。

（三）接地引下线的要求

1. 吊线

吊线的接地引下线采用 ϕ8 镀锌圆钢，接地引下线与吊线用了孔夹板固定连接。接地引下线沿墙壁垂直引下与接地引线用3孔夹板固定连接。从地面至地上2m 高处，要用涂有红白两色油漆的竹筒对接地引下线进行保护。

2. 避雷保安器

在进出建筑物外侧墙壁上安装避雷保安器如图6-27 所示。

接地引下线采用截面大于8mm^{2}的塑胶护套多股铜线，一端安装铜线鼻与避雷保安器的接地端子连接，另一端沿墙壁垂直引下，与接地引线用3孔夹板固定连接。距地面至2m 高处用涂有红白两色油漆的竹筒保护。

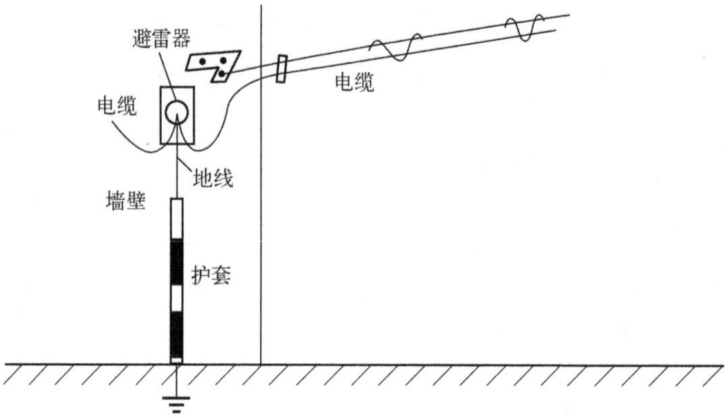

图 6-27　避雷保安器的安装

3. 设备

干线放大器、供电器等设备应按设计要求接地。接地引下线的规格和安装方法与避雷保安器相同。

为了防止雷电感应损坏设备，要求所有设备（各种放大器、电源插入器、电源供给器等）的输入端和输出端均装有快速放电装置，外壳需接地。

（四）前端设备的接地

前端设备的接地方法和要求参见第三章有关内容。

系统的其他安全防护还可参阅 GB6510—1986《30MHz ~ 1GHz 声音和电视信号的电缆分配系统》中有关安全要求的规定。

6.5.2 架空电缆（光缆）的防雷要求

根据 GBJ79—1985《工业企业通信接地设计规范》及有关规定，电缆（光缆）的防雷接地要求如下。

（1）敷设于空旷地区的地下电缆，当所在地区年雷暴日数大于 20 天及土壤电阻率大于 100Ω · m 时，电缆的屏蔽层或金属护套应每隔 2km 左右接地一次。

（2）架空电缆的屏蔽层及金属护套，钢绞吊线应每隔 250m 左右接地一次，在电缆分线箱处的架空电缆金属护套、屏蔽层及钢绞应与电缆分线箱合用接地装置。

（3）不得直接在两建筑物屋顶之间敷设电缆，应将电缆沿墙降至防雷保护区以内，并不得妨碍车辆的运行，其吊线应做接地处理。

（4）在架空电缆进出建筑物处需设置避雷保安器，例如进入前端的天线馈线、前端输出至干线的电缆、从干线分支引入建筑物的分配电缆等。避雷保安器置于墙外，如图 6-27 所示。

习 题 六

一、是非判断题（正确画“√”，错误画“×”）

1. 有线电视系统供电通常是低压电。（　　）

2. 登高作业时梯子与地面的倾斜角约为45°。(　　)
3. 电缆（光缆）架空敷设首先要有支撑杆，杆距应不大于50m。(　　)
4. 电缆吊线采用小于1×7－2.4mm的钢绞线。(　　)
5. 为了节约成本，电缆在敷设时不能留有余兜。(　　)
6. 室外电缆接头最好采用F型连接器。(　　)
7. 光接收机及干线放大器的测试口不用时不必接75Ω终端负载。(　　)
8. 天线竖杆上的避雷针应使天线在45°保护角内。(　　)
9. 系统接地的唯一目的是为了防雷。(　　)
10. 两建筑物间需架空敷设电缆时，可直接在屋顶上跨接。(　　)

二、选择题（将正确答案的序号填入括号中）

1. 架空电缆挂钩的间距为（　　）。
   A. 0.1～0.2m　　B. 0.5～0.6m　　C. 0.9～1m　　D. 0.8m
2. 电缆地埋的深度不得小于（　　）。
   A. 0.3m　　B. 0.5m　　C. 0.6m　　D. 0.8m
3. 建筑物间跨线在有车道的地方不低于（　　）。
   A. 1.8m　　B. 2.5m　　C. 3.6m　　D. 4.5m
4. 系统避雷接地电阻不应大于（　　）。
   A. 0.4Ω　　B. 4Ω　　C. 40Ω　　D. 400Ω

三、问答题

1. 有线电视系统的安装为什么要将安全放在首位？
2. 选择连接器应注意哪些问题？
3. 对安装干线放大器的要求是什么？
4. 建筑物内预埋电缆管道应注意哪些问题？
5. 天线及竖杆的防雷措施有哪些？
6. 架空电缆的防雷要求有哪些？

第七章

有线电视系统质量评价与调试

有线电视系统的技术性能和质量是通过技术指标和主观评价来反映的，系统的设计安装与调试效果如何，最终由质量评价来体现。系统在运行过程中很可能会出现故障，特别是大量的有源器件和暴露在室外的设备、装置，更容易受外界因素的影响，如市网电压波动、气候变化、雷雨、风暴等，都有可能造成系统故障。因此，有线电视系统的日常维护和检修工作，就成为保证系统正常运行必不可少的重要内容。

7.1 有线电视系统质量分析与评价

有线电视系统工程竣工运行后，应由有关部门依据国家标准进行系统验收，工程验收包括两个方面：一是电气性能；二是施工安装质量。涉及的内容有：系统质量的主观评价；系统质量的客观测试；系统工程的施工质量；图纸、资料的移交。系统电气性能不合格，用户收视电视效果就差。施工安装质量不合格，必然对建筑设施的外观、安全及系统质量的长期稳定性产生影响。图纸、资料不完备，必然影响系统的维护工作。因此，做好验收工作，对保证有线电视系统长期、稳定、高质量运行有重要意义。

7.1.1 系统质量的主观评价

对于电视图像质量的主观评价采用五级损伤标准。五级损伤标准见表 7-1（GY/T106 -92）。图像和伴音（包括调频广播声音）质量损伤的主观评价项目见表 7-2。

表 7-1　五级损伤标准

损伤程度	等　级
察觉不到噪波和干扰	5（优）
可察觉，但不讨厌	4（良）
有点讨厌	3（中）
讨厌	2（差）
很讨厌	1（劣）

表 7-2　主观评价项目

项目名称	现　象	需进行主观评价的系统类别
载噪比	图像中的噪波即“雪花干扰”	A、B、C、D
电视和调频广播的声音质量	背景噪声如：咝咝声、哼声、蜂声和窜声等	A、B、C、D
载波 - 交流声比	图像中上下移动的水平条纹即“滚道”	A、B、C、D
交扰调制比	图像中垂直或倾斜的图案即“窜台”	A、B、C、D
载波 - 互调比	图像中的垂直、倾斜或水平条纹	A、B、C、D
回波	图像中沿水平方向分布在右边的重复轮廓线即“重影”	A、B、C、D
色度/亮度时延差	图像中彩色信息和亮度信息没有对齐的现象即“彩色鬼影”	A、B、C、D

进行系统质量主观评价的方法和要求如下。

（1）输入前端的射频信号源质量不得劣于4.5级。当信号源质量在4.5级以下时，可以采用标准信号发生器或高质量录像信号代替。

（2）系统应处于正常工作状态。

（3）电视机应是符合国家标准的彩色电视机。

（4）观看距离为荧光屏面高度的6倍，室内照度适中，光线柔和。

（5）视听人员至少需要五名，由验收小组确定，既有专业人员，又有非专业人员，视听人员首先在前端对信号源进行主观评价，然后再测试独立视听，评价打分，最后取平均值为评价结果。

当信号源质量在4.5级以上时，表7-2中的各主观评价项目在每个频道的得分值均不低于表7-1中所要求的4级标准，则系统质量的主观评价为合格。

7.1.2　系统质量的客观测试

根据国标GB50200—1994，在不同类别系统的每一个测试点上的客观必测项目见表7-3。在主观评价中，确认不合格或争议较大的项目，可以增加表7-3规定以外的测试项目，并以客观测试结果为准。系统质量的客观测试参数要求和测试方法应符合国家规定，如GY/T121—1995。

表 7-3　必须测试的项目

项　目	类　别
载波电平	A B C D
载噪比（C/N）	A B C
载波互调比（IM）	A B C
载波组合三次差拍比（CTB）	A B
交扰调制比（CM）	A B
载波交流声比（HUM）	A B
频道内频率响应	A B
色/亮时延差（$\Delta\tau$）	A B
微分增益（DG）	A B
微分相位（DP）	A B

7.1.3 验收工作和评价标准

1. 验收设备的选用

有线电视系统验收时需要对有线电视系统指标进行测试。

目前，有线电视系统测试和验收的根据是以下标准：GY/T121—1995《有线电视系统测量方法》；GB50200—1994《有线电视系统工程技术规范》；SJ2846—1988《30MHz ~ 1GHz 声音和电视信号电缆分配系统验收规则》；GBJ—1989《民用建筑共用天线系统工程技术规范（标准草案）》（供隔频传输系统）。电磁兼容性、安全接地、防雷、防触电、防火等安全措施应符合国家其他有关标准。由于系统施工和验收是由相互独立的部门分别进行的，因此，施工方应在系统验收前，按验收的标准对系统指标进行测试，为验收做好准备工作。

用于有线电视系统指标测试的专用和通用仪器较多，有进口的，也有国产的，表 7-4 列出了有关技术指标对应的测量仪器和测试要求。

表 7-4　测量有线电视系统指标用主要仪器和测试要求

项　目	测 量 仪 器	测 试 要 求
图像和伴音电平	场强仪、频谱分析仪	所有频道
载噪比	频谱分析仪、CATV 专用测试仪	至少 8 个频道（550MHz 系统）
交扰调制比	标准信号发生器、频谱分析仪	频段内交调较严重的频道
载波互调比	标准信号发生器、频谱分析仪	频段内互调较严重的频道
载波交流声比	频谱分析仪、CATV 专用测试仪	至少 8 个频道（550MHz 系统）
载波组合三次差拍比	频谱分析仪、CATV 专用测试仪	实际播出频道数
频道内频率响应	频谱分析仪、CATV 专用测试仪	任一频道
色度/亮度时延差	电视测试信号发生器、调制器、视频测试仪	测自办节目和卫星频道
微分增益、微分相位	电视测试信号发生器、调制器、视频测试仪	测自办节目和卫星频道

由于测量通常在前端和系统输出口进行，测量时应配必要的通信工具（如对讲机）以便联络。对于大型系统，由于被测用户端间相距较远，仪器搬动困难，最好能配备仪器测试车。

2. 验收测试口的选择

依据国家《民用建筑电缆电视系统工程技术规范》和国标 GB50200—1994，系统规模按所容纳的输出口数分为四类，见表 7-5。验收电气性能时的测量项目按系统规模大小选择。

表 7-5　系统验收分类表

系 统 类 别	系统所容纳的输出口数（个）
A	10 000 以上
B	2 001 ~ 10 000
C	300 ~ 2 000
D	300 以下

作为系统质量主观评价和客观测试用的测试点应是典型的系统输出口。测试点应仔细选择，即应是那些噪声、互调失真、交流声调制及本地台直接窜入等影响最大的点。

不同类别的系统，测试点的最小数量规定如下。

(1) 对于 A 类和 B 类系统，每 1 000 个系统输出口应有 1 ~ 3 个测试点，而且至少有一个测试点是位于系统中主干线的最后一个分配放大器之后的。对于 A 类系统，其中系统设置上相同的测试点可限制在 10 个以内。

（2）对于 C 类系统，至少应有 2 个测试点，其中 1 个或多个测试点应接近主干线或分配线的终点。

（3）对于 D 类系统，至少有 1 个具有代表性的测试点。

3. 系统工程的施工质量

系统工程的施工质量应按施工要求进行验收，依据国家《民用建筑电缆电视系统工程技术规范》，检查的主要项目和要点见表 7-6。

表 7-6　施工质量检查要点

检查项目		检查要点
接收天线	天线	1. 振子排列、安装方向正确 2. 各固定部位牢固 3. 各间距合乎要求
	天线放大器	1. 牢固安装在竖杆（架）上 2. 防水措施有效
	馈线	1. 套金属管保护安装 2. 电缆与各部件的接点正确、牢固、防水
	竖杆（架）及拉线	1. 强度够 2. 拉线方向正确，拉力均匀
	避雷针及接地	1. 避雷针安装高度合适 2. 接地线合乎施工要求 3. 各部位电气连接良好 4. 接地电阻≤4Ω
前端		1. 设备及部件安装地点恰当 2. 连接正确、美观、整齐 3. 进、出电缆符合设计要求，有标记
传输设备		1. 按设计安装 2. 各连接点正确、牢固、防水 3. 空余端正确处理，外壳接地
用户设备		1. 布线整齐、美观、牢固 2. 输出口用户盒安装位置正确、安装平整 3. 用户盒接地、避雷器按要求安装
电缆及插件		1. 电缆走向、布线和敷设合理、美观 2. 电缆弯曲、扭转、盘接不过分 3. 电缆离地高度及其他管线间距离要求合适 4. 架设、敷设的安装构件选用合适 5. 接插部件牢固、防水、防蚀
供电器、电源线		符合设计要求，施工要求

对于采用光缆传输的系统，应比照对电缆的要求，在架空、暗埋、弯曲半径等参照相应的安装工艺进行验收。

系统工程的施工质量应取得验收小组多数成员的认可，方可确定为合格。

4. 验收文件

系统工程的验收文件包括下列内容。

（1）基础资料。

① 接收频道、自办节目频道与信号场强；

② 系统输出口数量、干线传输距离；
③ 信号质量（干扰、反射、阻挡等）；
④ 所采用产品、器材的说明书和合格证；
⑤ 系统调试记录。
（2）系统图竣工图。
① 前端及接收天线；
② 传输及分配系统；
③ 用户分配电平图。
（3）布线竣工图。
① 前端、传输、分配各部件和测试点的位置；
② 干线、支线路由图；
③ 天线位置及安装图；
④ 建筑物标准层平面图，管线位置，系统输出口位置图；
⑤ 与土建工程同时施工部分的施工记录。
（4）主观评价打分记录。
（5）客观测试记录（包括测试方框图，测试仪器，测试数据，测试人和测试时间）。
（6）施工质量与安全检查记录（包括防雷、接地）。
（7）设备、器材明细表。
（8）其他。
系统工程验收合格后，验收小组应签署验收证书。

7.2 有线电视系统的调试

前面章、节已对接收天线、前端系统、传输系统、分配系统的设计和调试做过介绍，在完成各系统调试工作的基础上，有必要将各系统所组成的整个有线电视系统进行统一调整，以使全系统达到规定的技术指标，为全系统投入运行奠定基础。

7.2.1 有线电视系统的调试

1. 系统指标的合成

在各分系统的设计中，已经按各系统分配指标进行了计算，但整个系统指标是否满足规定要求，还需对各系统指标进行合成。合成指标的计算可按下列公式进行：

$$C/N = -10\lg\left(10^{\frac{-C/N_1}{10}} + 10^{\frac{-C/N_2}{10}} + \cdots + 10^{\frac{-C/N_n}{10}}\right)$$

$$CM = -20\lg\left(10^{\frac{-CM_1}{20}} + 10^{\frac{-CM_2}{20}} + \cdots + 10^{\frac{-CM_n}{20}}\right)$$

$$IM = -10\lg\left(10^{\frac{-IM_1}{10}} + 10^{\frac{-IM_2}{10}} + \cdots + 10^{\frac{-IM_n}{10}}\right)$$

$$CTB = -20\lg\left(10^{\frac{-CTB_1}{20}} + 10^{\frac{-CTB_2}{20}} + \cdots + 10^{\frac{-CTB_n}{20}}\right)$$

$$CSO = -15\lg\left(10^{\frac{-CSO_1}{15}} + 10^{\frac{-CSO_2}{15}} + \cdots + 10^{\frac{-CSO_n}{15}}\right)$$

上述各式中，下脚标 1 ~ n 分别表示前端、干线、支线、分配系统的该项指标，公式左边表示系统该项总指标。

2. 统调的内容及步骤

(1) 将系统所有需要处理的信号送入前端，包括 VHF、UHF 接收天线和卫星接收天线所接收下来的信号、自办节目电视信号及导频信号等。如果统调时有个别节目未播出，可用电视信号发生器调至相应频道和信号电平代替。

(2) 接通整个系统，在有代表性的用户点测量用户电平、C/N 等指标，应符合国家规定。用户点的选取原则如下。

① 应选取传输距离最长或级联延长放大器最多的线路末端用户；

② 每个分配区都应选取有代表性的用户点；

③ 对于高层建筑应在最高和最低层各选取一个用户作为代表；

④ 对于距无线电视台较近的地区应选取直射波最严重的用户；

⑤ 外界干扰可能最严重的用户。

当电平值、电平差及 C/N 等达不到规定要求时，应分析原因，如果是系统各部分子系统积累误差造成的，应根据具体情况考虑重新微调，或修改设计，或更换某个部件，直到符合要求为止。

(3) 测量电平达到设计要求后，应用标准电视机（CATV 兼容）收视图像，判断质量好坏。如果有明显雪花、网纹、雨刷、重影等现象，则肯定伴有 C/N、IM、CTB 等指标不合格，需找出原因予以解决。由于系统各部分已事先调整完毕，主要原因可能是积累失真、噪声造成的，应按部位查找原因，分清是由于设计不当引起的还是设备与部件达不到规定指标产生的，以便消除出现的故障现象。查找异常部位的一般经验如下。

① 雪花——前端系统与分配系统放大器；

② 雨刷——传输系统与分配系统放大器；

③ 网纹——传输系统与分配系统放大器；

④ 前重影——使用部件及电缆，特别是用户终端和用户线的屏蔽是否良好；

⑤ 后重影——信号通道各部件反射损耗值是否正常，各种接头（连接器）是否牢靠，特别是分配系统中分支器是否有空载端，对空载端应加 75Ω 终端电阻，否则极易造成信号反射。

7.2.2 光功率计

有线电视系统由同轴电缆、微波、光缆以及多种混合型构成传输媒介。不论是施工过程中的检测，还是竣工后的调试，都有着许多相似的特点，因此，掌握相应仪器的正确使用方法是做好系统检测和调试工作的基础，同时也是确保系统正常运行的前提。

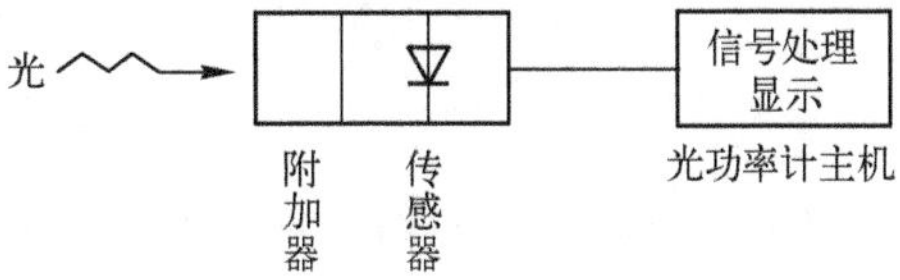

图 7-1　光功率计的构成

在光纤中进行光功率测量时，所使用的光功率计构成如图 7-1 所示。它是由功率计主机和光接受部分的传感器组成的。对于测量对象波长，要选择与光接收器件灵敏度波长特性相适应的传感器。光接收器件的波长特性虽然比较宽，但由于在波长范围内的灵敏度也有变化，所以应对测量的波长进行校正。当光功率存在时间上的波动时，所用的仪器还应具有对多次测量进行平均化处理的功能。

传感器的输入必须与测量的对象相适配。例如有的测量对象是裸光纤，有的是活动连接器的插头，有的是直径较粗的塑料光纤，为此应准备各种类型的适配器接到传感器上。功率的测量范围应在 -90 ~ +20dBm。

在测量光源功率时，还要注意光纤存在包层模式问题。在光源与光纤的耦合器附近，除了通常的传输模式之外，光也存在于包层之中，它会在光纤中传输到某个距离，对此称做包层模式。

由于光纤的被覆层，包层模式虽然会被迅速地吸收掉，但如果它在测量时处于残留状态并耦合到传感器，就会出现测量值高于传输模式功率的现象。如有这种现象，就应在耦合传感器的光纤中间插入包层模式消除器。

现说明一下包层模式消除器的原理。将剥离被覆的数厘米长度的光纤，浸入折射率高的液体中，就可起到消除的作用。其原理是由于光纤中的光与液体的交界面不全反射，而向液体折射后被辐射掉，于是包层模式得以消除。

7.2.3 光时域反射计

在光纤中，传输损耗是首要问题。传输损耗在工厂里可以高精度测量，但在施工和维修现场，经常使用的是操作简便、易于测量的光时域反射计（Optical Time Domain Reflector, OTDR），其原理是向光纤中传输光脉冲时，由于在光纤中散射的微量光，返回光源侧后，可以利用时基来观察反射的返回程度，这种仪器又称做光纤分析仪。

光时域反射计的基本构成如图 7-2 所示。首先在光源的激光二极管（LD）中加上脉冲调制，经过可以分离发送与接收光的光方向耦合器，将测试光送往测量对象的光传输线路。于是，从光纤各部分返回的背向散射光，就会在屏幕的时基上形成连续的信号，即近处快而远处慢，其强度与各点的传输光功率成比例。

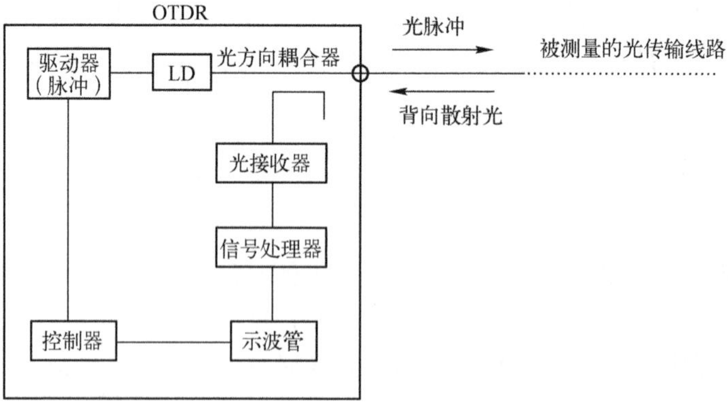

图 7-2　OTDR 的构成

经方向耦合器，将背向散射光进行分离接收后，横轴与背向散射光的到达时间相对应，纵轴以 dBm 表示出散射光强度并用屏幕将状态显示出来。这样，就可以在横轴上将光脉冲的往返时间置换成光纤长度的刻度，直接用于观测沿整个光纤线路传输的光功率的变化状况。由于可接收的背向散射光微弱，如将脉冲多次重复发送，然后再对接收光进行平均化处理后显示时，随机噪声也会相对减少，使信噪比（S/N）也能得到改善。

图 7-3 是光时域反射计测量波形显示的一例。在光纤长度 0 点上，显示的强光是表示光耦合器的发送光的泄入，而在光纤中随着距离的增加，散射光呈直线下降，从其斜度值可以计算出光纤的传输损耗值（dB/km）。当光纤有接续点等集中的损耗时，就会呈现该值的曲线错位，它可视作该点的接续损耗。

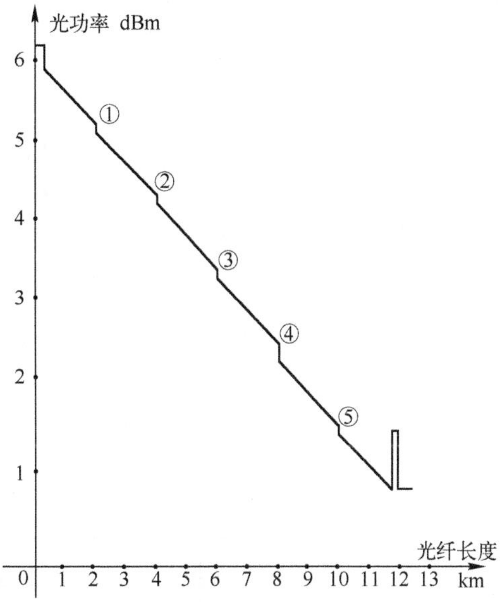

图 7-3　光时域反射计的测量曲线

在光纤端部接触空气的场所，会产生因折射率差异导致的菲涅尔反射，当出现光纤断裂故障时，就可从图形上确定出它的位置。另外，若在连接器接续中留有空隙时，也会观察到产生反射和接续损耗的错位现象。

在光时域反射计中，所用的波长是由激光二极管决定的，所以在收集测量数据时，仪器的测量波长必须与传输系统的工作波长相同，即从 850nm、1310nm、1550nm 等产品中选用。但作为运行状态监视用时，也有利用其他波长的。为了提高维护水平，如果在敷设光缆时，现场取得光时域反射计的记录资料，对此后的维护是有用的。当发生异常故障时，就可与最初的光时域反射计数据加以比较，就能迅速判定故障点的位置。

7.2.4　频谱分析仪

在有线广播电视系统的技术测量中，常要用到频谱分析仪，其操作方法一旦被掌握，将可以更加迅速地进行性能检查测量，同时也能确信测量是精确的。典型的测试有图像载波频率和幅度、伴音频率和幅度、频偏系统噪声电平、载噪比、调制深度、交调、CTB/CSO、交流声、频道内频响、系统频响。

频谱分析仪是一种可连续调节的带有观察屏幕的无线电信号接收机，简而言之，频谱分析仪就是一台接收机，如图 7-4 所示。和电视机不同，频谱分析仪不是从一个频率跳到另一个频率，它在选择的频率范围内连续地扫描过去，然后重复这一过程。频谱分析仪不显示输入信号的结果，例如电视的图像，它显示信号幅度和频率。在其输入范围内，频谱分析仪可显示任何信号，如图 7-5 所示。图中显示了最左边信号的谐波频率和幅度。

如何对频谱分析仪进行控制？频谱分析仪有输入端、输出端、显像管以及用于各种功能的按键。为方便起见，将各种功能进行了分类，最主要的功能是控制在频率和幅度范围内的 CRT 显示。预置键，当电源接通时，大部分频谱分析仪将会预置。图 7-6 给出了一台典型频谱分析仪的前面板图。

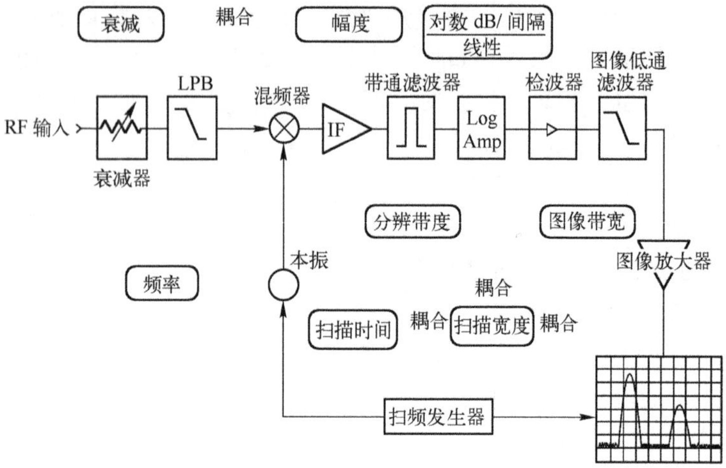

图 7-4　频谱分析仪框图

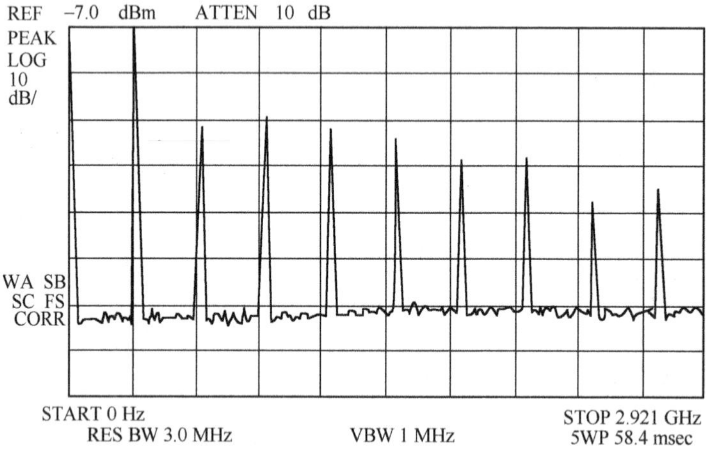

图 7-5　频谱分析仪显示的 300MHz 校准信号及其全部谐波信号

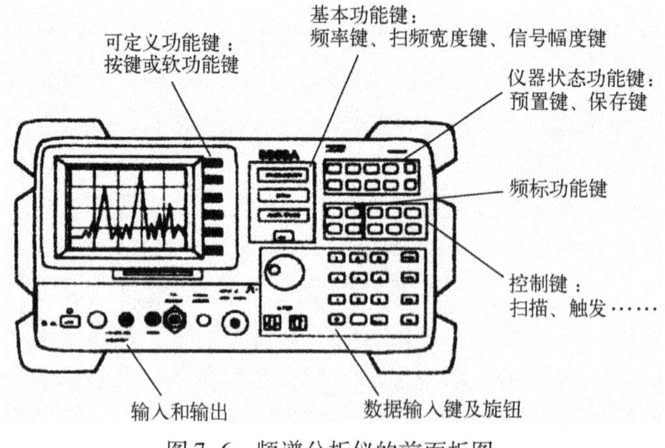

图 7-6　频谱分析仪的前面板图

与大部分现代测试设备一样，频谱分析仪内部都有微处理器。作为操作者，按下或调节前面板控制键将命令传给微处理器，微处理器控制频谱分析仪的硬件以及电路。图 7-6 给出了三种类型的控制，它们分别是硬键、软键及数据输入键。硬键经常在按键上或旁边标有专门的名称，每当它们被按下的时候，实现确定的功能。软键通常位于 CRT 屏幕旁边，根据所按下硬键的不同，它们的作用也发生变化。软键标记一般显示在 CRT 上。数据控制是通过数字按键、旋钮以及上下按键完成的，通过打入一个数字或按照预先定义的步骤上下操作进行数值设定。

7.2.5 系统分析仪

系统分析仪是在频谱仪的基础上增加若干硬件、软件而构成的。在图 7-4 中，将技术指标的计算过程编成程序（软件）安装在微机控制器内，频谱仪升级为系统分析仪。用指定的仪器测量国家标准指定的有线广播电视系统的技术指标，是客观的、公正的。国外常用的是 HP8591C 和 SDA－5500＋SDA－5000，SDA 型可以在线测试，两种仪器均可用于指标测试和监测。

SDA 型在线测试，就是不中断各个频道的节目，而可以测量系统的技术指标。SDA－5500 是扫频数字分析发射机，接在前端宽带混合器的一个输入端。SDA－5000 是扫频数字分析接收机，接在系统输出口上，在其屏幕上可观察测量指标，记录（存储）指标。SDA 是双向网的在线测量仪器，价格昂贵，使用较少。

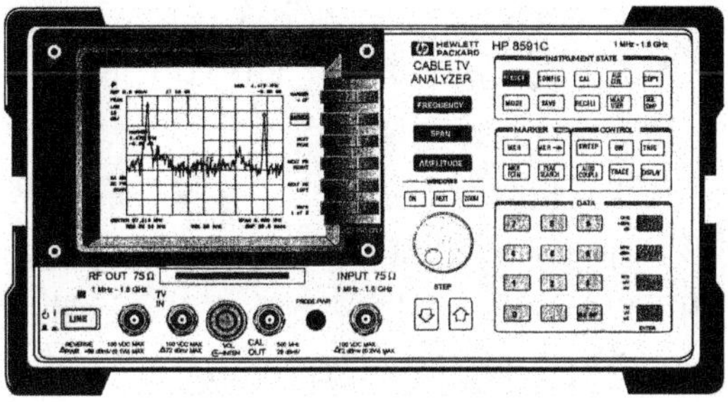

图 7-7　HP8591C 面板图

HP8591C 是在频谱分析仪中装入有线电视系统测量专用软件 HP85721A 后，可以对系统的各项指标进行测量。仪器面板如图 7-7 所示。使用方法介绍如下。

1. 测量前的准备工作

（1）接上电源，我国是 220V、50Hz 单相供电，电源插座上有此标记。若是 110V、60Hz，则需配用电源适配器。连接无误后按显示屏下部的 LINE 键，电源绿色指示灯亮。

（2）插入 HP85721A 软件盘。按照盘上标识的箭头方向插入显示屏下的长方型的软件盘插入孔。

（3）清除内存中其他信息。按配置（CONFIG）键，屏幕右边出现一组菜单，按最下面一行 MORE 1 OF 3 对应的软键（显示屏边框上），则出现新菜单；按 DISPOSE USER MEM 对应的软键后，再按二次 ERASE DLP MEM 对应的软键，而后按面板上的清除（PRESET）。

（4）按面板上的调出（RECALL）键。屏幕右侧出现新菜单，按最下面一行对应的软键（INTERNAL CARD），则 CARD 字下出现下划线。表示可以读软件盘了。

（5）按菜单中目录（CATALOG CARD）对应的软键后出现新的菜单，按全部目录（CATALOG ALL）对应的软键，出现全部软件目录，利用面板步进（STEP）上方的调整旋纽，使光标套住第一个文件 dLOAD ME. 1，按文件下载（LOAD FILE）对应的软键，屏幕上出现提示语句：先关闭电源（LINE）再打开电源一次安装 dLOAD ME. 2；按面板上调出钮（RECALL）后按菜单中内存卡（INTERNAL CARD ）对应的软键，使卡字（CARD）加上下划线，再相继按目录卡（CATALOG CARD）和全部目录（CATALOG ALL）对应的软键，使文件二（dLOAD ME. 2）被光标套住。

（6）按菜单中第一行文件下载（LOAD FILE）对应的软键，约八分钟后，测量软件安装完毕。

2. 指标测量

（1）系统参数的设定。

依据我国的有线广播电视系统参数对仪器进行设定，是准确测量所必不可少的。按面板上的模式（MODE）钮，屏幕显示第一层主菜单，按第二行有线广播电视分析（CABLE TV ANALYZER）对应的软键，显示第二层菜单，按第一行设定（SETUP）对应的软键，显示第三层菜单，即可开始进行设定。首先进行频道（CH）和频率（FREQ）设定，按第三层菜单第一行调谐配置（TUNE CONFIG）对应的软键，显示第四层菜单。

第一行设定频道输入方式：按频道频率调整（TUNE BY CH FREQ）对应的软键，在频道字符下加入下划线，再按一次在频率字符下加入下划线，分别表示按标准频道号数和载频设定。

第二行设定电视制式（TV STANDARD）：按电视制式键后出现第五层菜单，按我国制式（PAL－D/K）后，在其字符下加入下划线。

第五行设定电平单位（AMPTD UNITS），应选 dBμV，方法同第一行。

（2）系统指标测量。

在线测量载噪比（C/N）。在第二层菜单中，按载噪比对应软键，屏幕右侧显示新菜单。按第一行选行（SELECT LINE）对应的软键，屏幕上显示第22行的波形，如图7－8所示。利用面板上步进（STEP）旋钮或上、下键，观察其他的波形，选出类似图7－8的静止行。图中选定的是12行（LINE NUMBE）。键入12，按回车键（ENTER）。按菜单第二行奇偶行平均（FLD BOTH EVEN ODD）对应的软键，字符 BOTH 下方加入下划线。再按菜单最后一行执行（CONTINVE）对应的软键，屏幕显示测量结果。这种在场消隐期间加入测试信号的方法称在线测试。

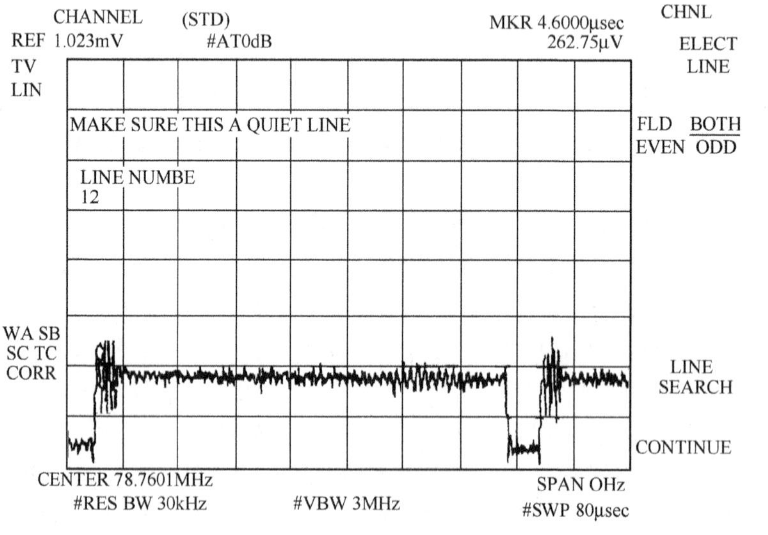

图7－8　在线测试 C/N 波形（第12行）

载波交流声不能在线测量。将前端被测频道的视音频信号线取下，接上75Ω终接电阻，其他频道断电源。在第三层菜单中按载波交流声比（HUM）对应的软键，屏幕显示测量波形；按其他信息（MORE INFO）对应的软键，计算结果显示在屏幕上。测 HUM，是检查安装质量的重要手段。

非线性失真指标中的载波交叉调制比（CROSS MOD），载波复合二次差拍比和载波复合差拍比（C/CTB）分别使用第二层菜单中的第三行（CROSS）和第四行（CSO/CTB），操作过程和测 C/N 一样。找最大值操作是利用面板上的步进上方旋钮转动，按下一个差拍（NEXT BEAT）对应的软键。在读 CTB 值时，要断开被测频道的图像载频。

7.3　有线电视系统的管理与维护

有线电视系统不是一个一次性的系统工程，规模越大涉及的用户就越多，系统也就越复杂，从各种信号的接收处理、发送，到传输、分配至用户，各环节紧密相连。系统任何一个环节出现问题都可能影响到大量用户的收看。因此，有线电视系统正式投入运行以后，还必须坚持经常性的技术管理和维护保养制度，进行经常性的检查与维护调整。只有这样，才能保证系统长期正常地运行。

有线电视系统竣工、验收后的管理工作非常重要，是保证系统正常运行的前提。管理工作的主要内容有以下几个方面。

7.3.1　有线电视系统档案管理

由工程施工方和验收方移交的各种图纸、资料，个别部件的更换、维修记录，以及扩建、增加部分的记录等，都是建立档案应妥善保管的内容。建立档案、数据库应包括的主要内容如下。

1. 图纸

图纸应包括：接收天线与前端系统图；干线系统图，路由图，如果是同轴电缆干线，应标明电缆干线放大器、均衡器、供电点、分支点、分支干线编号、分支干线系统图、路由图；分配区系统图、覆盖面，应包含位置、布线、延长放大器、分支器、建筑物编号、楼层形式，楼内分配系统图、放大器、分支、分配器等。

2. 设备型号

整个系统所用设备、部件应标在各自的图纸上，同时建立分类汇总清单，以便于备份件的准备。

3. 电平记录

整个系统各组成部分都应有输入、输出电平记录，而且应当标在各自的图纸上。

4. 更换、维修记录

对系统部件进行更换或维修时，应做记录。

5. 扩建、增加部分

系统竣工、验收后，又有新建房屋或增加用户时，应将新增部分的图纸、设备、电平值等及时补充到档案中。

以上档案、数据最好使用计算机建库。目前计算机网络的应用已相当普及，采用计算机网络化存档，对各种图纸、数据的管理、检索将更为直接和方便。

7.3.2 有线电视系统的监测

有线电视系统运行的质量如何与系统监测和信息反馈紧密相关。信息反馈有主动和被动之分，主动获取信息是指要定期或不定期检测和走访，以了解系统运行情况；被动获取信息则是用户在出现问题时向管理人员反映。

（1）建立机房值班人员岗位责任制、值班记录和交接班制，使用户遇到收视问题时，能通过值班电话找到管理人员，并很快得到解决。

（2）建立定期检测和用户走访制度，定期定点对系统进行测量，更要注意积累不同季节的测试数据。定期测量点一般可选择在天线输出端、前端输出口、干线主要分配点及末端、部分典型用户端（如离前端最近和最远的用户端）。这种定期检测的内容较少，如未发现载噪比和非线性失真方面的变化，只检测电平值即可。每次检测完成后，应将数据输入到档案数据库，并同系统竣工时的客观测试结果及以往的测量记录对照比较，以掌握系统运行动态，为以后故障检修准备充分的技术资料。

对系统的检测，也可进行不定期的巡视检查，比如在节日前为确保信号质量，进行一次全面检测等。

管理人员应了解系统设备性能，掌握必要的检测方法，并对故障有判断处理能力。

（3）建立备件库。

对有线电视系统进行管理和维护，需要一定的物质基础，主要有：

① 应有一定数量的备份件，包括有源、无源器件、光缆、电缆及各种连接器等器材，可根据系统部件分类清单中各种部件、器材的使用比例准备；

② 应有必要的仪器、设备和工具，如场强仪、电平表、系统分析仪各种通用和专用工具等；

③ 适用的交通工具。

7.3.3 有线电视系统的维护

有线电视系统维护的目的是要保证系统能正常运行，并保持技术指标不低于验收时的水平。做好日常维护工作，不仅可以发现系统存在的隐患，减少系统维修的工作量，而且还能延长系统的使用寿命。

1. VHF/UHF 接收天线的维护

由于接收天线一般架设在高处，极易受刮风的影响，加上常年日晒雨淋，出现指向变化、振子氧化或折断、馈线氧化或接触不良等情况是常见的事情，因此认真做好天线的维护工作是非常必要的。

（1）定期对天线进行检查，如发现指向偏离情况要及时调整，折断的振子应更换，松动的振子要重新固定；对天线馈线和接头更要注意，如有氧化或腐蚀现象，应进行处理或重新制作，以免对接收信号质量造成影响。尤其是对天线的避雷装置进行检查，并测量避雷针的接地电阻不要大于4Ω，确保安全。

（2）每次雷雨大风过后，要认真检查天线支撑杆和固定拉绳是否被破坏，必要时要进行加固；检查天线的指向是否偏离，如有变化要及时调整。

2. 卫星接收天线的维护

卫星接收天线常年暴露在室外，为保证其接收信号的质量，必须做好维护工作。详见第二章有关内容。

3. 自办节目播出设备的维护

自办节目的信号质量不仅取决于有线电视系统的传输质量，而且还与各种播出设备的完好程度有关，因此需要对这些设备进行维护。以录像机为例，应定期清洗录像机的磁头，发现有磨损或性能不良的情况，应及时更换。定期对录像机的传动机构除尘和擦拭一次，并加少量润滑剂。

4. 前端设备的维护

前端设备能否稳定工作，对系统信号质量影响很大，系统规模越大，前端设备就越多，维护工作就越重要。

（1）前端供电电源电压应保持稳定在 220V ± 10% 范围内，必要时应配备稳压器，以确保工作电压的稳定。因此，管理人员必须注意电压波动情况，及时采取相应措施。

（2）前端机房应保持温度、湿度稳定，以保持设备的良好工作状态。必要时应安装空调器和除湿机。此外，机房应保持清洁。

（3）对前端各种设备的连接情况要经常检查，避免接触不良的情况发生。

（4）前端主要设备应有备份件，并保持良好，以备突发故障时更换，对频道处理器、调制器可选用捷变频式输出为备份件。

5. 干线传输系统的维护

干线传输系统目前有三类。下面以电缆干线传输系统为例，介绍维护工作内容，对光缆传输系统可类比。

（1）定期检测干线放大器的输入、输出电平值及均衡情况，以避免误差的逐级积累而影响系统的正常运行。

（2）定期检查电缆、干线放大器、各种连接器、分支、分配器的防水、密封、屏蔽和牢固性，发现问题及时解决。

（3）定期检查架空电缆，及时增补电缆挂勾及线卡。

（4）定期检查传输系统的安全防范情况，如防雷与接地措施是否有效。

6. 分配系统的维护

分配系统离用户最近，经常是使用不当或人为原因造成故障，这就需要宣传普及有线电视使用常识和制订有关制度来解决。

（1）用户盒目前最多有三个输出口，各输出口用途不一样。一般常见的是双孔，标有“TV”字样的为电视口，标有“FM”字样的是调频广播口，用户在使用时应按用途正确选用；有线电视系统的阻抗为 75Ω，应选用与其阻抗一致的插头。

（2）用户线不宜过长，并禁止盘绕，以免信号衰减增大，影响收看效果。

（3）同轴电缆有弯曲半径的要求，室内引线不允许擅自移动，也不允许另钉金属钉或做悬挂物的支撑线。

（4）禁止擅自移动用户盒的安装位置，住宅装修时，要注意用塑料布包好，以防粉浆浸入用户盒内造成人为故障。

（5）用户若需要一户多机，应请专业人员解决，不能简单地将用户线并接在用户盒输出端，这样会破坏阻抗匹配，出现重影或雪花干扰等情况。

（6）在雨季遇打雷时，最好停止收看有线电视节目。

7.3.4 有线电视系统的维修

有线电视系统在长期的运行过程中必然会出现各种各样的故障。这就要求系统维修人员能迅速排除故障，缩短影响用户收看的时间。有线电视系统故障维修是综合性很强的技术工作，维修人员要了解有线电视系统的工作原理，如前端、传输、分配系统的基本原理和结构以及传输信号的性质，掌握基本维修方法和仪器的使用，同时还要在维修实践中不断收集资料，积累维修经验，提高维修技能。

一、有线电视系统故障判断方法

在维修工作中，要求维修人员能根据有线电视系统的故障现象，迅速而准确地判断故障原因，从而排除故障。这就需要维修人员具有维修故障正确的思维方式，并熟悉相应的原则和维修方法。

（一）维修故障的思维方式

有经验的维修人员在维修系统各种故障时，一般是呈现“发现故障——找出原因——排除故障”的过程，而判断故障过程的思维活动则难以体现，这就给初学者带来很大难度。为了有效地解决这一问题，揭示判断故障的思维活动过程，加速初学者维修技能的形成，现将我们根据“结构－定向”理论①中有关心智技能形成规律的阐述，结合对数十位有丰富维修经验的专家进行的问卷和口语记录，以及大量有关书籍对维修方法的表述，得出的维修故障的思维方式模型提供出来，如图7-9所示。

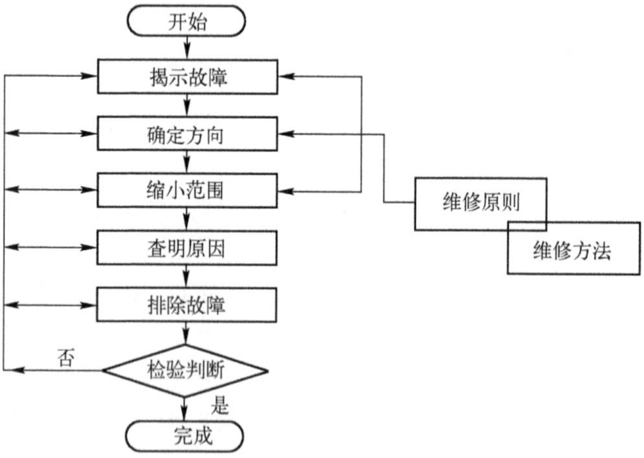

图7-9 维修故障的思维方式

① 注：参见冯忠良著《结构一定向教学的理论与实践》，北京师范大学出版社，1992年7月第一版。

维修故障的思维方式从开始到完成共分六步，每一步的执行质量将直接影响着整个维修活动的成效，因此，它们是相互影响、相互制约的整体。需要注意的是，对于揭示故障——确定方向——缩小范围这三步，又有相应的维修原则和检测方法，需要在实际维修中灵活运用。而且，在实际执行时，根据具体情况的不同，各步的执行是可以简缩的。也就是说，不必严格执行每步操作。这三步操作呈现的核心内容是“发现故障”。

查明原因和排除故障这两步有着相应的技能要求，如使用场强仪测量输入、输出电平，正确拆装分支器，修复损坏的部件等。

检验判断是核实故障是否排除。如果排除，则维修活动结束；如果尚未排除，逆向回到排除故障、查明原因、…、揭示故障这五步的任一步，核查采取的措施是否正确。如在查明原因时发现一个分支器损坏，更换后故障无明显改善，逆向回到排除故障这一步时发现分支器的输入端与输出端接反，重新纠正后，故障排除。在维修时，当更换了有输入、输出区别的部件后，特别要核查入、出是否装错，这一点一定要注意。

1. 揭示故障

“揭示故障”是维修工作的第一步，也是非常重要的一步。它是指维修人员通过一定的方法揭示出系统究竟存在什么样的故障现象，为进一步判断提供依据。因此，“揭示故障”这一步直接影响着维修工作的成效。

“揭示故障”通常采用两种方法：一种是询问法；一种是操作检查法。实际运用时，可以两种方法配合进行。

（1）询问法。询问法是维修人员通过询问用户一些有关系统故障的情况，从而对故障进行初步判断的一种方法。

有效地掌握这一方法对维修人员来说是很重要的。很多故障可以通过询问来判断，从而提高维修工作的效率和质量。

询问主要涉及五个方面内容，归纳为“五问”。

a. 问故障。问收看有线电视的故障现象是什么，进而判断故障是出在系统内还是系统外，故障的性质是什么。

如某一用户电视收看 UHF 频段的节目尚可，而 VHF 频段的节目则有雪花，这既可能是系统内故障，也可能是系统外故障，可进一步了解相邻用户是否有同样现象。如果相邻用户正常则说明系统没有故障，需要检查该户分支口至用户盒及用户线插头是否有接触不良的情况。

b. 问时间。问用户安装有线电视的时间和出现故障的时间，根据时间可以判断是早期、中期或晚期故障，以及是否与外界因素，如电压波动、温度变化等有关的故障，从而采取相应的对策。另外，对采取加解扰措施的有线电视系统，问时间还可以了解是否由于用户错过了交费期，而被停止收视。

对于安装时间的询问，可以了解系统运行时间。早期故障，通常是安装时已存在隐患或出现故障，也包括在保修期内发现的故障。这类故障多由于设计不合理、装配工艺差或部件质量差造成。引起故障的部件较少，多是“一果一因”。中期故障一般是用户使用了一、二年左右发生的故障，多由于某些有源器件或无源器件的质量不良或维护不好所引起。例如电缆、天线等氧化，放大器性能变差，分支器、分配器性能变差或损坏，连接器接触不良等。故障现象与原因的关系，既有“一果一因”，也有“一果多因”。晚期故障大多出现于使用数年之后的系统中，系统构成的各部分都可能出现故障。这类故障检修起来比较麻烦，多是“一果多因”或“多果多因”。

对于故障发生时间也是需要询问的，例如在电缆传输系统中，如果电缆连接器芯线部分接触不良，就可能随温度变化而导致对系统影响不同。某一服务区出现白天收视效果还行，而晚上收视效果变差，就应先检查干线分支器是否存在接触问题，必要时需重做接头。

c. 问原因。指问发生故障的原因。系统出现故障的原因大体上有：环境原因，如市网电压变化、前端新建遮挡物或有新干扰源等；人为原因，如擅自移动用户盒或室内电缆、自行扩装系统输出端数（比如一端变多端）等；系统自身原因，如部件质量不良、部件内部元器件变质等。

d. 问使用。主要是询问用户使用情况。例如系统为邻频传输，用户使用的是早期未含全部增补频道的电视机，出现个别增补频道收不到的情况是正常的。

e. 问维修。问用户的有线电视系统以前是否修过，那时的故障是什么？修好没有？根据这些情况判定系统现在的故障与过去的故障是否有联系。例如，在元旦前某居民楼用户反映，在收看 8 频道节目时，背景有“过影”。初步判断是系统出现交扰调制，经询问得知夏季曾更换过楼栋放大器，故怀疑是放大器增益过高造成的交调。因为夏季温度较高，放大器增益相对要低，而到了冬季温度较低，放大器增益相对提高，如果在夏季将放大器输出电平调得较高，环境温度变低后，必然导致放大器输出电平过高，非线性失真变大。经现场测试，判断正确，重新调整放大器输出电平和均衡器，系统恢复正常。由此可见，对以前曾维修过的系统，要特别注意，它可能存在系统调试方面的隐患。

（2）操作检查法。有线电视系统中传输的信号，最终通过电视机还原成图像和伴音供人们视听，而图像和伴音的质量如何，又与系统各组成部分的质量紧密相关。因此，可以通过收视电视图像、收听电视伴音来判断故障所在。操作检查法是直接利用电视机上的各种可操作部件，如调谐钮、音量钮等，检查判断故障的一种简易方法。这是揭示故障的重要手段，同时也是“检验判断”不可缺少的一环。对电视机图像、伴音效果操作检查时可参照表 7-2 所列的主观评价项目进行，确定故障的性质，以便采取相应的措施。这里需要注意的是，使用的电视机应确保没有故障，否则将难以正确判断。

操作检查法运用的好，不仅可以“揭示故障”，还可以“确定方向”、“缩小范围”。

2. *确定方向*

“确定方向”是维修故障的思维方式中的第二步。“确定方向”指确定产生故障的根源来自何方，我们可以从整个系统出发进行定向。“确定方向”也就是确定故障出自整个系统构成中哪一部分。“确定方向”可以通过操作检查法定向，还可以根据故障现象定向，表 7-7 列举了有线电视系统的一些常见故障及对应的故障来源。

表 7-7　有线电视系统常见故障定向

故障现象	确定方向
某一个或几个频道的图像上“雪花”点增多或收不到信号 某一个频道图像上出现重影	信号接收及前端设备
系统全部频道的图像上“雪花”点增多或收不到信号 某一个或几个频道的图像画面中有移动的垂直或倾斜的图案 图像中出现上下移动的水平条纹	前端设备、干线传输、分配系统
某一频道出现伴音干扰图像或伴音极弱的现象 自办节目频道出现对比度过强或过弱的现象	前端设备
某系统全部传输频道的图像均有重影	干线传输、分配系统

3. 缩小范围

“缩小范围”是维修故障的思维方式中的第三步，它是将产生在某一方向上的故障缩小到具体的影响范围。有线电视系统是由若干部分组成，而每一部分又由若干级组成，“级”更明确具体，一般都是一个完整的单元，如支线部分可分为分支、延长放大器。

“缩小范围”就是从确定的方向出发，运用一定的方法，将故障缩小到某一级，再到某部件。如发现图像中出现上下移动的水平条纹，即载波 - 交流声比不合格，这主要是有源部件的直流供电电源纹波系数增大引起的，“缩小范围”的办法是用带监视器的场强仪或电视机（需加 20dB 以上的衰减器）从后向前（或从前向后）逐级接到每一台放大器的输出端，查看屏幕上有无上下移动的水平条纹。当查到某一级放大器的输出端故障现象消失，则故障出自后面一级的放大器。

4. 查明原因

前三步的最终目的就是为“查明原因”服务的。“查明原因”指揭示出导致系统出现某一故障的根源——故障点。“点”是系统的基本要素，可以是一个具体的元器件或部件，也可以是一个焊点、一个接头或一根电缆。故障点是检修工作要查明的最终目标。

故障点的内在变化可概括为三个字，即“断”、“短”、“变”，含意为断路、短路、变质。具体体现在元器件和部件又各不相同。比如前面提到系统载波 - 交流声不合格，查到某台放大器后，故障点应是电源部分，通常是滤波电容容量变小所致，简单的办法是更换一台新的放大器，复杂一些就更换滤波电容。

5. 排除故障

“排除故障”是采取相应的操作排除故障点。一般包括三方面工作。

（1）对部件器材的修复。如修复天线振子弯曲、卫星接收天线反射面变形等。

（2）更换部件、器材。对于无法修复的部件、器材要进行更换。有线电视系统所用部件的模块化程度较高，有些分支、分配器为提高屏蔽性能和防水性能更是密封得很严，出现故障损坏后一般是直接更换。

（3）更换部件、器材后对相关部分的调整。不论是修复还是更换，有时需要重新调整相关部分，如更换放大器后需要重调输入、输出电平等。这一点非常重要。

“检验判断”是对前五步操作的总结，也就是检验维修活动的结果是否正确。可以采用与“揭示故障”阶段所介绍的操作检查法对系统进行操作，以检验故障是否消除。如果检验的结果证实故障已消除，说明对故障判断正确，排除得当，维修活动顺利完成。如果故障没有消除，则要回到“排除故障”阶段（如图 7-9 所示），检查排除故障的措施是否正确；如果采取的措施是有效的，则依次往上推移回到“查明原因”阶段（当然也可以从“揭示故障”阶段向下推），这样循环往复，直至故障消除。

（二）维修故障的基本原则

为了能够快速地形成对系统故障的判断，顺利地发现故障所在，而不致于走入岐途，我们特提出四条维修的基本原则，请维修人员注意。

1. 先“静”后“动”

在开始维修时，维修人员要先“静”下来，不要盲目动手，要根据掌握的资料和故障现象，对故障原因从原理、结构和信号传输途径上进行分析，形成初步判断，确定好方向，然后再动手。

2. 先“外”后“内”

要先“外”后“内”地评价系统性能质量，在操作检查过程中直接感受电视机的图像、伴音质量，对满意的部分就不必再去追究系统本身客观指标可能存在的小差异。

要先“外”后“内”地区分系统故障原因，对于系统外的故障，如电磁波的干扰、无线通信发射台的干扰、卫星接收节目的太阳黑子干扰等，则需要重新改变前端的频道设置以避开干扰源的频率，或等待太阳黑子活动减弱。这些都不属于系统内故障。一般外界干扰表现在个别频道上，而并非整个频带。

要先“外”后“内”进行检查。如某用户电视收看效果不良，应先排除电视机自身原因，再检查插头、用户线等，然后再拆卸用户盒、分支器等。尽量避免随意拆卸。

3. 先“共”后“专”

先检查共用部分，后检查专用部分。干线传输系统是有线电视系统的主动脉，它既是共用部分，又影响面最大。以同轴电缆干线传输系统为例，为干线放大器提供电源的电源供给系统则属于共用部分，应先检查电源供给情况。

先解决公共性问题，后解决个别性问题。在多种故障并存的系统中，维修时要先解决公共性和各部分所共用的部分问题，后解决个别性的专用部分的问题。如系统在干线部分有故障，同时个别支线也有故障，应该先解决干线部分的故障，后解决支线部分的故障。

4. 先“多”后“少”

分析系统某一故障的原因时，要先考虑最常见的多发性原因，然后再考虑罕见的原因。因为系统出现故障的许多部位有相似之处，先考虑常见的多发性原因，通常可以提高维修的速度。要做到这一点，需要维修人员了解有线电视系统各类故障所占比例，还要注意经验的积累。有关资料统计，系统中各种接头，连接器、接插件的故障占 80%，其他占 20%，在 20% 中，又以安装在室外的部件，如天线、野外分支器、分配器等及用户使用不当造成的故障所占比例为高。

（三）维修故障的常用方法

在维修系统故障的过程中，运用一些检修的方法，可以准确、快速地缩小故障范围，找到故障点。

1. 信号寻迹法

信号寻迹法也称跟踪法，是按照信号流通的顺序对接收的信号进行跟踪检测。当信号中断消失或不正常时，故障就在与这一点有关的部分。

信号寻迹法是利用有线电视系统中传输的电视台节目及自办节目作为信号源，用场强仪、电视机等设备从系统的各级去依次追寻信号，以便判断故障所在的一种方法。它适合用来检查无信号、信号弱、交调、互调等非线性失真及干扰等故障。

运用信号寻迹法检查故障时，一定要注意信号的性质，对于 MMDS 传输系统，发射天线之后属于空间传播，无需寻迹，射频信号是在下变频器之后。光缆传输也类似，射频信号在光节点输出口。以同轴电缆传输有线电视系统为例（系统图如图 7-10 所示），说明无信号时的信号寻迹及判断顺序，如图 7-11 所示。图中各寻迹点的标示与图 7-10 相同。具体方法是：先将场强仪接到干线桥接或分支器输出端 F 点开始进行信号寻迹。图中“有”、“无”为判断用语，表示寻迹点有无正常的信号电平及图像。若场强仪上显示信号电平正常，或从屏幕上看到了电视图像，表明干线及其以前各部分工作正常，故障应在后面各级，可按图中所示顺序依次把场强仪接入 E、D、A、B、C 各点，根据场强仪上测出的信号电平值，即可判断故障部位。需要说明的是，第一寻迹点的选择应根据系统故障情况来定，通常比图示情况简单，如系统仅某一栋楼无信号，而其他楼正常，就不必从 F 点开始，应重点检查 D、E 点。

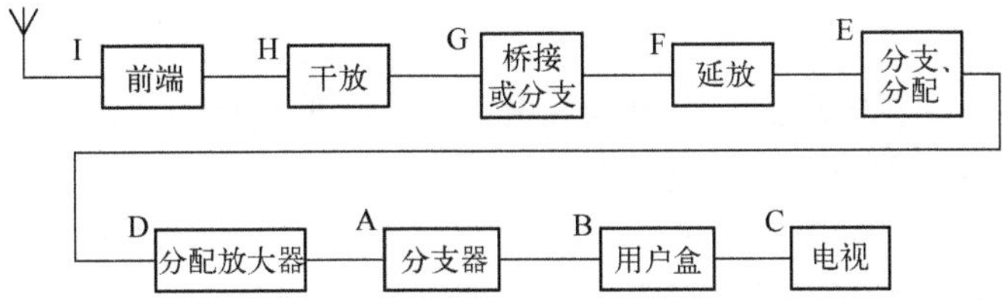

图 7-10　电缆有线电视系统框图

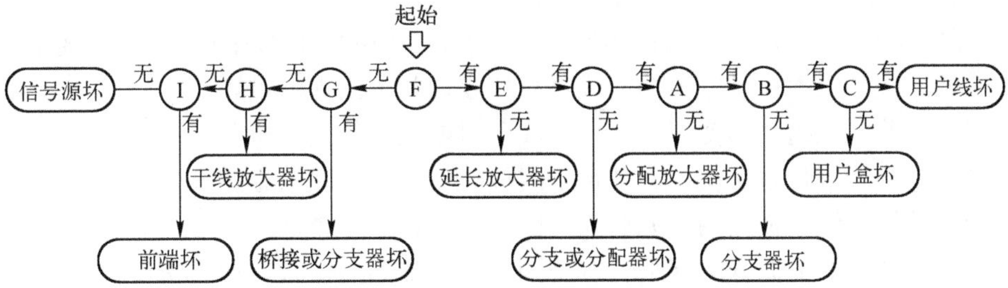

图 7-11　系统无信号寻迹判断顺序

2. 分割压缩法

这种方法是将需要维修的有线电视系统从结构上分割成若干块及若干路，一块一块地排除怀疑，故称分割压缩法。这种方法特别适用于系统存在短路、馈电负载过重、由匹配不良形成的重影等故障的检修。划分时注意利用结构上的可拆点、如某部件的输入、输出端。分割的程度可逐步划细，直至找出故障点。

例如，若发现系统由于匹配不良引起频率响应不好，可断开一支路并接好 75Ω 负载电阻，如果频率响应变好，则问题出自该支路，断开另一个支路检查，依次类推。

3. 对比代换法

对比代换法的实施方式有两种：一种是用好的部件、设备代替被怀疑的部件、设备；另一种是用被怀疑的部件、设备装在好的系统上。这两种方式都是用实际验证的方法来判断有无故障及故障在哪一部分。代换的对象可以是部件，也可以是电缆、电视等。对比代换法可操作性强，简便易行。有线电视系统维修时，通常采用第一种代换法。

例如，若怀疑干线系统中某台干线放大器性能不良，可以找一台同型号的新放大器代换以确认判断。有时，系统本身运行正常，而用户的电视机有问题导致收视效果不佳，也可以用对比代换法向用户证实。

习 题 七

一、是非判断题（正确画“√”，错误画“×”）

1. 有线电视系统服务的户数为1 000户，则该系统属于B类系统。（　　）

2. 有线电视系统主观评价图像质量为3级，则表明电视图像上的噪波和干扰有点讨厌。（　　）

3. 从用户盒到电视机的用户线，可以像电话线一样随意移动。（　　）

4. 测量光功率时，首先应选择波长。（　　）

5. 用光时域反射计可测量光纤的损耗。（　　）

6. 用光时域反射计不能测量光纤连接器的损耗。（　　）

7. 用频谱分析仪测量有线电视系统的载噪比，与信号源的信噪比大小有直接关系。（　　）

8. 有线电视系统某一个频道图像上出现重影，应检查信号接收及前端设备。（　　）

9. 有线电视系统全部传输频道的图像上均有重影，应检查信号接收及前端设备。（　　）

10. 八木天线的反射振子脱落会造成系统接收该频道出现前重影。（　　）

11. 卫星接收天线抛物面变形，会使接收卫星电视图像发生扭曲。（　　）

12. 同轴电缆干线传输系统中，某台干线放大器失效，并不影响系统指标。（　　）

13. 干线传输系统中使用的电源插入器的插入损耗越小越好。（　　）

14. 分配系统中的无源分配网络，有个别楼层分支器的输入、输出接反，不会影响整个系统的正常运行。（　　）

二、选择题（将正确答案的序号填入括号中）

1. 光时域反射计测量的光强度是（　　）的光强度。

A. 入射光　　B. 反射光

C. 背向散射光　　D. 折射光

2. 频谱分析仪是一种可（　　）的、有显示器的射频信号接收机。

A. 单频道调谐　　B. 单一频率调谐

C. 连续调谐　　D. 谐波频率调谐

3. 频谱分析仪的主要用途是（　　）。

A. 频谱分析　　B. 测量系统指标

C. 测量电平　　D. 测量信号频率

4. 有线电视系统某一频道出现伴音干扰图像的现象（网纹干扰随伴音而变化），可能是由于（　　）而造成的。

A. 信号接收故障　　B. 前端设备故障

C. 干线传输故障　　D. 分配系统故障

5. 有线电视系统全部频道图像中出现上下移动的水平条纹是由于（　　）失效造成的。

A. 分支器　　B. 分配器　　C. 电源插入器　　D. 放大器

6. 有线电视系统某几个频道的图像中有移动的垂直或倾斜的图案，通常是由于（　　）的输出电平不平衡所致。

A. 放大器　B. 分支器　C. 分配器　D. 用户盒

7. 有线电视系统全部频道的图像上“雪花”点增多，说明系统的（　　）指标不合格。

A. HUM　B. CTB　C. C/N　D. CM

8. 有线电视系统中混合器输出端断路，会使用户接收电视出现（　　）现象。

A. “雪花”点增多　B. 收不到信号

C. 图像均有重影　D. 交扰调制

9. 550MHz 邻频系统，使用一段时间后出现某几个频道图像上有“网纹”干扰，应检查(　　)。

A. 电源供给器　B. 天线放大器

C. 邻频调制器　D. 邻频混合器

三、问答题

1. 测量光纤传输功率，选择光功率计的测量范围的根据是什么?
2. 有线电视系统某一频道接收不到，应如何检查?
3. 有线电视系统某一频道图像中“雪花”点增多，应如何解决?
4. 有线电视系统全部频道的图像均有重影，应如何检查?
5. 某用户接收不到系统传输的所有频道，应如何解决?

第八章

有线数字电视的有条件接收与用户管理系统

8.1 有条件接收（CA）系统

8.1.1 CA 系统简介

电视数字化的目的，首先是提高基本业务的质量，即提高图像清晰度；第二是提供丰富多彩的交互式电视业务；第三是开展多种增值业务，开发多媒体应用。创建信息高速公路平台，通过有个性的业务和服务质量创造更高的经济效益，这需要电视运营商不断地投入资金、更新技术、增添设备和购买新的节目，有条件接收系统是开展付费电视的核心技术，了解它的运行机制，掌握它的使用和维护对有效地开展付费电视业务非常重要。有条件接收系统的英文缩写是（Conditional Access System，CAS），如缩写为 CA 则是指有条件接收或条件接收。CA 系统对播出的数字电视节目内容进行加扰，建立有效的收费体系，使已付费的用户能正常接收其订购的电视节目和增值业务，而未付费的用户则无法获取该种业务，从而保障节目提供商、网络运营商的合法利益。从国外数字电视商业化的成功经验来看，CA 系统是推动数字电视走向市场的枢纽。

我国 2001 年九运会期间，中央电视台的首例数字互动体育节目在国内部分城市的有线电视网上加密试播，标志着我国数字电视发展已进入实质性阶段。到 2005 年底，付费电视节目达到 50～80 套，全国有线数字广播节目达到 150 套左右，数字机顶盒用户达到 3 000 万，初步形成导向正确、品牌突出、特色鲜明、内容丰富、门类齐全的付费电视消费市场，东部发达地区地市以上城市、中西部地区大部分省会城市基本实现数字化过渡。到 2008 年，我国主要城市将普及数字高清晰度电视的商用播出，北京奥运会已实现以数字高清晰度方式向全世界转播。据报道截止到 2010 年底，我国有线电视光缆干线达 333 万公里，有线电视用户达 1.87 亿，其中数字电视用户 8 799 万，双向覆盖用户近 5 000 万。2012 年元旦，我国更是开始试播 3D 电视频道，技术的进步和电视用户消费观念的转变，导致了广播电视运营机制的变革。开展付费电视和数据广播业务，应做到社会效益第一，兼顾经济利益。使用

CA 系统，向用户提供更加个性化的专业服务。

8.1.2 CA 系统的发展过程

CA 系统是通过一种技术手段只允许被授权的用户使用某一业务，未经授权的用户不能使用这一业务。CA 系统必须要解决两个问题，即如何阻止用户接收那些未经授权的节目和如何从用户处收费。在有线数字电视系统中，前端对节目进行加扰，对用户机顶盒进行寻址控制和授权解扰。

国际上，CA 系统的运行已有 20 多年的历史，随着数字技术的飞速发展，CA 技术也在不断更新，大致经历了以下几个发展阶段：模拟电视的 CA 系统，对信号产生损伤，使图像质量下降；数字嵌入式的 CA 系统为第二代 CA 系统，由于采用的是数字技术，对信号没有损伤，系统的保密性、可靠性大大提高。

第二代 CA 系统的前端对节目进行加扰，产生加扰密钥和授权信息，复合数据流进行加密传输，用户端利用智能卡完成解密和解扰。第二代 CA 系统的特点是解密和解扰模块与 MPEG－2 TS 流解复用器和视/音频解码器一起固定在用户的机顶盒内，体现了一体化的设计思想。缺点是如果运营商想要更换加密算法或者算法一旦被黑客攻击，就必须更换整个机顶盒，这样无论对运营商还是用户都是极大的损失。现阶段，大多数运营商采用第二代 CA 系统，工程造价低，能避免 CA 生产商垄断市场。

可分离式的 CA 系统为第三代 CA 系统，其特点是将解密和解扰模块与 MPEG－2 TS 流解复用、音/视频解码器分离，做成一个可插拔的、独立的 CA 控制模块。这种 CA 系统在灵活性和可升级性方面有了极大的改善。可分离式的 CA 模块可支持多密工作模式。CA 控制模块成本太高，即使在国外也很少采用。

软件 CA 系统是 CA 技术发展的第四个阶段。软件 CA 系统撇开了硬件系统所必须的专用芯片，把加密体系建立在通用运算平台上，采用软件实现加、解扰算法。其特点是利用软件可以不断更新，可通过网络按照一定规律更换加密算法、密钥或者按用户要求随时进行更换，从而提高了系统的安全性。此外，软件加密方案能够适应未来的业务扩展，支持新的标准和新的应用。运营商可以对不同的业务选择不同的加密方案。不同的加密方案一般都可以兼容，完全不必依赖于某个 CA 厂商，使电视广播网络成为一个开放的体系。

8.1.3 数字嵌入式的 CA 系统的组成及工作原理

CA 系统是一个综合性的管理系统，如图 8-1 所示为它的通信流程。工作原理是密码数据通信。它集成了数据加密和解密、节目加扰和解扰、智能卡等技术，同时也涉及到用户管理、节目信息管理、收费管理等管理技术。位于前端的 CA 服务器与用户的机顶盒交换数据，实现对各项数字业务的授权管理与接收控制。伪随机二进制序列发生器（PRBSG）执行下行加密 TS 流和上行加密 TS 流的加密程序。由于采用的是数字技术，对信号没有损伤，但是，加密通信程序（软件）比节目内容软件复杂得多。欧洲的有线数字电视系统标准（DVB－C）给定两种操作方式来接收数字电视信号。本质是把加密和解密与节目加扰和解扰分成同密与多密两种方式：同密方式（SimulCrypt）允许在一套节目中携带不同 CAS 生成的多个 CA 信息给不同 CAS 的机顶盒；另一种多密方式（MultiCrypt）允许机顶盒与智能卡分离，可使机顶盒的生产和销售与 CA 系统的生产和销售分离。数字嵌入式的 CA 系统属于同密方式（SimulCrypt），系统主要由节目信息管理系统、加扰/解扰、加密/解密、控制字发生器、伪随机二进制序列发生器（PRBSG）、智能卡、用户管理系统等部分组成。

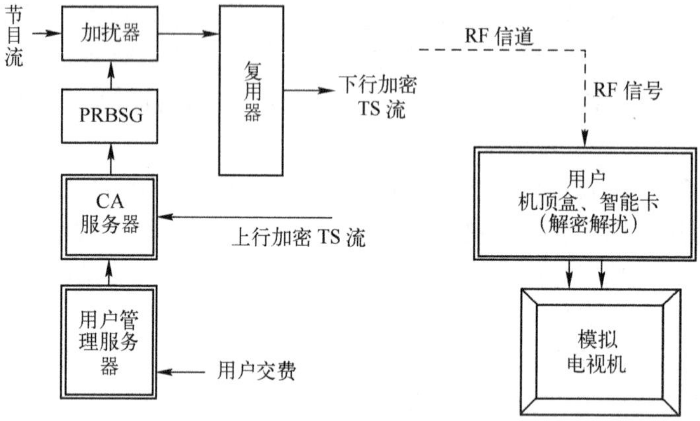

图 8-1　CA 密码数据通信示意图

8.1.4　智能卡（Smart Card）

智能卡是内嵌入一块芯片的一张塑料卡，由主处理器（CPU）、只读存储器（ROM）和随机存取存储器（RAM）等集成电路组成。智能卡中有一个专用的、掩模过的 ROM，用来存储用户地址、解密算法和操作程序，它们不可被读出（非链路连接的任何手段都不能读出其内容）。如果想用电子显微镜来扫描芯片，则其内容将被擦除。在芯片内部，数据在存储器之间交换时，其过程也不能直接检测出来。这就从根本上解决了智能卡的安全问题。而且，芯片内部寻址的数据是加密的，存储区域可以分成若干独立的小片区，每个片区都有自己的保密代码，保密代码可以作为个人识别号（Personal Identiffication Number，PIN）使用。智能卡内的数据和位置结构应随卡的不同而不同，否则安全性会大大降低。智能卡与外界通过异步总线连接，芯片内的存储器不能直接从外部访问，因而可以有效地防止非法攻击者侵入。

发放智能卡时，机顶盒与智能卡配对，及时把用户地址码输入到用户管理服务器内，并在智能卡解扰器的邮箱中留下链锁信息，使智能卡发放成为链锁经营模式。

8.2　有线数字电视机顶盒

8.2.1　有线数字电视机顶盒的发展及分类

数字电视在电视发展史上具有里程碑意义，数字电视带来的不仅是音/视频质量的极大提高，更重要的意义在于它与计算机、通信网络技术的相互融合，提供其他形式的多种增值业务，开辟了走向信息高速公路和多媒体通信的未来之路。

数字电视接收机和模拟电视接收机的概念大不相同。数字电视接收机涉及的技术非常复杂，除了进行解调、信道解码、解复用、音/视频信源解码等恢复节目信号的处理外，还要实现 CA 控制、交互操作、网络通信、多媒体信息处理等功能。但是，现有的大量模拟电视机不可能在短时间内被淘汰，为了使现有的模拟电视机能够收看数字电视节目，需要开发一种具有上述功能的数字电视机顶盒。可以说，在未来十年内，数字电视机顶盒将作为模拟电视与数字电视共存期内的过渡产品，是模拟电视转向数字电视的桥梁。

按照数字电视机顶盒的软硬件配置，可以将其发展过程划分为三代。

1. 第一代数字电视机顶盒 —— 硬件机顶盒

第一代数字电视机顶盒基于嵌入式的实时操作系统来编制应用程序，我们也称之为硬件机顶盒。硬件机顶盒一般无中间件系统，有（或无）CAS 系统，只有简单的本地交互功能，无回传信道，可扩展性差。

2. 第二代数字电视机顶盒

第二代数字电视机顶盒是在硬件机顶盒中增加了中间件系统，应用程序都是基于中间件编制的，无 CAS 系统，有简单的交互功能，有（或无）回传信道。

3. 第三代数字电视机顶盒 —— 软件机顶盒

第三代数字电视机顶盒具有回传信道和高级交互功能；具有开放的中间件系统，应用程序都是基于标准的中间件及 Java 语言编制；具有开放的 CA 系统平台，可以实现同密和多密接收。随着软件技术的发展，数字电视机顶盒将采用软件技术，以可编程的高速数字信号处理器（DSP）作为其硬件基本平台，再附加射频处理单元和输入/输出接口，将尽可能多的应用功能用软件来实现。我们称这种机顶盒为软件机顶盒。软件机顶盒具有升级灵活性和开放性，是机顶盒的发展方向。软件机顶盒系统为实现设备的多标准性、多业务适应性和功能扩展性提供了灵活、开放的解决方案。它可以支持多种数字电视广播标准，提供在线下载或升级软件。

8.2.2 有线数字电视机顶盒的工作原理

（一）有线数字电视机顶盒的组成

如图 8-2 所示为有线数字电视机顶盒原理框图，机顶盒由高频头（调谐器）、QAM 解调器、TS 流解复用器、MPEG－2 解码器、PAL/NTSC 视频编码器（内含音频 D/A）、嵌入式 CPU 系统和外围接口、CA 模块和上行数据调制器组成。

高频头对来自系统输出口的射频信号调谐，同时把射频信号变换为中频信号。QAM 解调器对中频信号进行检波，输出为包含音频、视频和相关数据的传输流（TS）。传送流中一般包含多个音频、视频流及管理数据。TS 流解复用器则用来区分不同的节目，提取相应的音频、视频流和数据流，送入 MPEG－2 解码器和相应的解析软件，还原成数字信号。其余部分是计算机管理系统：前端与机顶盒进行数据通信，认证用户身份、对节目流实施解扰；采用智能卡，控制收视状态和收费情况，保证合法用户正常收看。

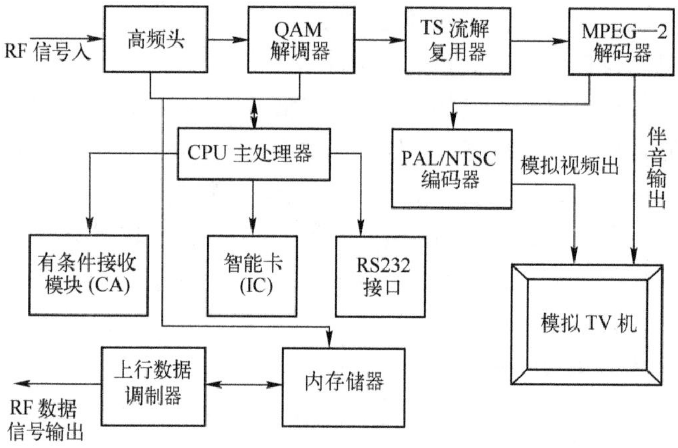

图 8-2　有线数字电视机顶盒原理

数字机顶盒由硬件平台和软件系统组成，可以将其分为4层，如图8-3所示，从下向上分别为：硬件平台、底层软件、中间件（Middleware）、应用软件。其中，底层软件提供操作系统内核以及各种硬件驱动程序；应用软件包括本地存储的应用程序和下载的应用程序，这些应用程序实现了机顶盒的各种功能；中间件将应用程序与依赖于硬件平台的底层软件分离起来，使应用程序不依赖于具体的硬件平台。

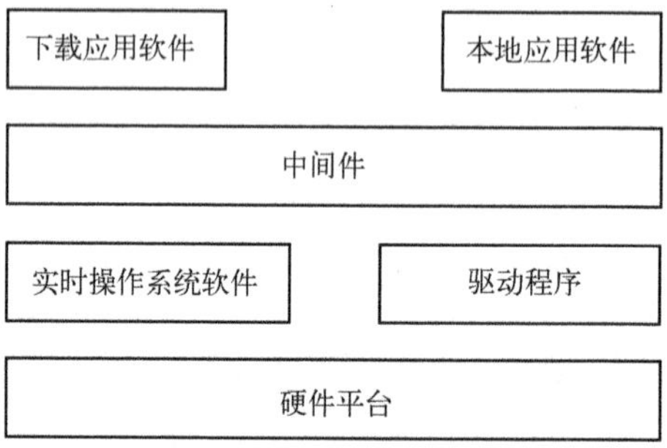

图 8-3　模拟电视机使用的数字电视机顶盒组成

（二）有线数字电视机顶盒应用技术常识

1. 解调及信道解码

在机顶盒中，高频头（调谐器）的频率范围包含物理上的标准频道和增补频道。主处理器（CPU）控制自动调谐过程，在应用菜单中叫做“自动搜索”。从载波上分解出基带数字视频信号、数字音频信号和控制数据信号，这就是“解调”。解调器输出的基带数字信号为若干套节目的复合传输码流（TS）。把复合码流转换成有标志符号的单节目流，这是解复用器的任务。为了保证传输质量，有线数字电视台对基带数字信号实施了信道编码，所以还要进行信道解码。这个任务由 MPEG－2 解码器完成。

有线数字电视广播（DVB－C）、卫星数字电视广播（DVB－S）和地面数字电视广播（DVB－T）是数字电视传输的三种方式，用模拟电视机接收 DVB－S 和 DVB－T 信号，也要使用机顶盒。这三种机顶盒不通用，后两种分别称为卫星数字电视机和地面数字电视机，而工作原理基本相同。

2. 解复用和信源解码技术

为实现实时的解复用和数据信息处理，目前的机顶盒大多采用专用芯片，将 CPU 内核与 MPEG－2 传输流解复用器、DVB 通用解扰器、MPEG－2 视频解码器、MPEG－2 音频解码器、NTSC/PAL 编码器集成为一体，生产数字电视机顶盒的核心芯片——大规模集成电路。高档的可编程数字信号处理器（DSP）也能实现上述功能。有线数字电视台对基带数字信号实施了信源编码，机顶盒就要进行信源解码。

3. 上行数据的调制

有线数字电视系统中，机顶盒与前端进行数据通信，开展交互式业务。由于上行数据相对于下行数据（若干套节目的数据与通信数据）要少得多，所以上行频带窄（5～65MHz），下行频带宽（87～1 000MHz）。上行数据的载波频率必然在5～65MHz范围之内，调制方式采用正交相位键控（QPSK）或十六进制正交振幅键控（16QAM）。前者的抗干扰性能强，后者的弱。如果网络是单向的，通过电话网采用ADSL或VDSL接入技术来传送上行数据，技术上可行，管理困难。

4. 有条件接收

CA系统是数字电视工程项目中的重点项目，功能为用户认证、授权和付费节目加入干扰信号。用户缴纳收视费信息存储在智能卡内，机顶盒与前端进行数据通信，完成用户认证；同时授权给交费用户的机顶盒，对加扰节目实施解扰。CA系统是一个综合性的系统，它涉及数据加解扰算法、加解密算法、智能卡技术以及用户管理、节目管理、收费管理等数据应用技术。

5. 嵌入式实时多任务操作系统

与PC上的操作系统不同，机顶盒中的操作系统采用实时操作系统（Real Time Operation System，RTOS），可以在实时的环境中工作，并能在较小的内存空间中运行。

目前流行的实时操作系统有Wind River System公司的Vx Works、Microware公司的OS9、ST公司的OS20、Microsoft公司的Windows CE以及PowerTV等。这些操作系统各有所长，在机顶盒中都有应用。其中，PowerTV实时多任务操作系统是机顶盒的专用软件，并把中间件集成在操作系统内，在美国应用较广。

6. 改良模拟电视机的显示系统

以前，电视机显示动态图像（运动视频信号），计算机显示静态的图像、图形及文字。视频信号数字化以后，电视机与计算机的显示系统能否兼容、统一？答案是肯定的。不淘汰模拟电视机，就要改进模拟电视机的显示系统。当显示计算机的图形及文字时，会产生背景闪烁和水平扫描线的行间闪烁及严重的边缘闪烁。改进措施是改变扫描方式，一是将电视机的隔行扫描变成计算机的逐行扫描方式；二是适当提高帧频，从25Hz提高到30～70Hz，最好连续可调；三是把水平扫描线转换成块状扫描。因为三条措施的要求是成倍地增加显像管的像素点数，所以，三条措施只能用在未来的高清晰度电视接收机中。改良措施一是在机顶盒内安装抗闪烁滤波器（三行滤波器），把相邻三行的图形按比例相加，重现在每一帧中，效果是清晰度降低，人们感觉不到闪烁。改良措施二是在机顶盒内安装专用集成电路（IC）和运动补偿软件，效果是提高了清晰度，显示计算机的图形及文字时，图像质量非常好。但是，改良措施二不适用于隔行扫描的模拟电视机。数字电视的显示格式有18种以上，电视机的显示系统无法适应这么多格式，改良措施三在信源编码时只用一种显示格式，前端安装格式转换服务器。

7. 应用软件

前端提供的各种服务功能，如电子节目指南、视频点播、数据广播、IP电话和可视电话等，都需要应用软件的支持，应用软件独立于STB的硬件，它可以用于各种STB硬件平台，避免应用软件对硬件的依赖。

8.2.3 中间件

中间件是指位于机顶盒内部硬件实时操作系统与应用程序中间的软件部分，它规定了一组支持数字电视的应用程序接口（API），整个API集合被存储在机顶盒的闪存（Flash）中。

中间件的核心作用是将应用程序与底层的实时操作系统、硬件实现的技术细节隔离开来，支持跨硬件平台和跨操作系统的软件运行，使应用程序不依赖于特定的硬件平台和实时操作系统，从而使得应用程序的开发变得更加简捷，使产品的开放性和可移植性更强，为机顶盒的制造商和交互业务提供商建立一个理想的开发与应用平台。

收看数字电视节目时要使用数字机顶盒，其硬件功能主要是对接收的射频信号进行解调、信道解码、信源解码及模拟音/视频信号的输出。而电视内容的显示、电子节目指南（EPG）或电子信息指南（EIG）及操作菜单等都要软件技术来实现，缺少软件的系统更无法在数字电视平台上开展交互电视等其他增值业务。为观众带来高清晰度图像和高保真声音，是电视运营商所采取的手段；提供交互式增值业务，不断地寻找新的经济增长点和增加收入才是其最终目的。所以，数字电视软件平台——中间件有着非常重要的作用。将机顶盒比做一台PC，没有安装操作系统的硬件平台简称裸机，操作系统是最基本的系统软件，是用于管理和控制硬件及软件资源的一组程序。从用户的角度看，硬件平台装上操作系统形成一台虚拟机。中间件系统就对应于PC上的视窗（Windows）操作系统。

内容提供商将各种业务项目以应用程序的形式通过传输信道（有线电视网络）发布，例如电子节目指南EPG。用户在屏幕上浏览EPG，用户的需求信息（如点播一个节目）通过上行通道传输到前端的视频服务器，并根据请求选择相应的业务项目，以应用程序的形式通过下行通道传输到机顶盒，并下载到机顶盒的闪存（Flash）中。应用程序调用机顶盒Flash内的中间件所包含的应用程序接口（API），执行应用程序，实现用户请求。

为了支持业务平台的开放性和机顶盒的可扩展性，中间件通常由各种虚拟机来构成，如个人Java虚拟机、JavaScript虚拟机、ItTML虚拟机等。内容提供商可以通过下载新的虚拟机到用户的机顶盒上来支持新的功能。例如，用户提出要求“浏览因特网”，随后，一个超文本标志语言（HFML）的虚拟机被下载到该用户机顶盒上。这种功能可保证机顶盒能在线升级。

为了支持数字电视业务平台的开放性和机顶盒的可扩展性，需要制定开放的中间件标准。数字电视广播的多媒体平台（DVB - MHP）是一个基于Java虚拟机的中间件标准，主要定义了机顶盒的整体结构、传送协议、内容格式、Java虚拟机和DVB. J API、安全性以及各个档次的细节。

数字电视机顶盒与模拟电视接收机连接起来，可以收视数字电视节目。由此可知，机顶盒是数字电视接收机上市前的过渡产品。

8.2.4 电子节目指南

1. 电子节目指南概述

电子节目指南（Electronic Program Guide，EPG），是指按DVB标准定义的服务信息

(Service Information，SI)，使机顶盒的综合接收解码器（IRD）可以从 TS 流中提取出节目提供商播出的节目表和播出参数，并直接显示在屏幕上，用户可以方便地选择数字电视节目。数字电视是通过在码流中加入节目专用信息（PSI）和服务信息来实现节目的自动和分类接收。有了与节目有关的信息，就可以将节目时间表、节目内容信息和网络信息列表按照数据库的形式组织起来，使用户可以根据节目的不同时间或业务的不同类型选择自己所需的节目和服务。例如可以根据节目时间表选择，根据节目类型来选择或根据付费形式来选择。相应的软件再将选择的节目和随后的处理联系起来，这就是电子节目指南。各个电视台可以把各自的节目表和节目信息，根据标准的格式转换成相应的时间信息表和业务描述表，插入传送的码流中，在另一个节目合成地点，这些信息可以和当地的节目表和业务信息复合在一起，组成当地用的电子节目指南。

2. EPG 在电视机屏幕上的显示（由播出控制软件实现）

当电视节目和 EPG 应用同时启动时，用户看到的可能是节目画面和 EPG 界面的叠加，电视画面从前到后可以分为三层，依次为图形层、视频层和背景层。图形层即指在图像画面上叠加的文字显示，使屏幕为用户提供更多的服务信息。视频层为当前正在收看的节目；背景层为启动 EPG 菜单时的屏幕图像。EPG 画面上有许多示意按钮和文本框，用遥控器选定后单击，即可达到切换节目和选择服务信息的目的。

前端的有条件接收系统不同，播出控制软件的细节略有差异，但 EPG 画面的格式相同。在图 8-2 中，高频头、解调器、解复用器和解码器的功能由硬件实现，电视内容的重现、操作界面的实现、数据广播业务的实现，直至机顶盒和个人计算机的互联以及和因特网的互联都需要由软件来实现。

8.3　用户管理系统（SMS）

8.3.1　有线数字电视系统中的用户管理

有线数字电视系统在市场经济环境下是采用运营型的，它的基本运作和运行模式与福利型的模拟系统不同，我们必须对用户管理方法和运行模式进行改革。而改革的关键在于合理配置资源，科学管理资源，建设有竞争力的运营型有线数字电视系统。让用户看到高质量的电视节目，让有线数字电视系统成为真正的信息高速公路。

SMS 为有线电视业务管理和经营模式提供了一个完整、有效的管理和支持系统。它实现了对用户的综合管理，对各种业务服务的统一管理，同时还提供便于节目提供商控制管理的功能。SMS 软件是管理中国有线数字电视网络的社会软件，整合节目和素材（产品）资源、财务资源、用户资源、管理资源及网络资源为一体，这就是 SMS 的任务。目标是在正确决策的前提下提高管理效率，方法为：以全面、连贯、动态、灵活辩证的系统思想，进行多元、多值、多角度的网络分析，逐步完善 SMS 软件。科学地管理网络，可以把有线数字电视网络分为节目平台、传输平台、用户平台、结算平台、服务平台、…，形成矩阵式管理网络。

我国的节目提供分三级，即中央电视台、各省台和各地市台。本地节目只在本地消费，省内节目主要在本省消费，因此节目的集成和加密，即节目平台只设中央和省两级。而节目消费集成平台或服务平台可以建在中央、省或地市。在中央和省建立加密平台，并控制到户，都会遇到省和地市节目如何加入和如何做好本地服务的问题，而且主要的业务和服务都发生在本地，在机顶盒数量非常大的情况下，要做到全国和全省的服务和机顶盒维护是非常困难的，同时要做到真正的有回传交互也是不可能的。如果省和地市做同密模式的CAS，中央和省再做同密模式的CAS，资源的配置和运行成本等方面都非常不理想。由于中央和省主要是提供节目，加密的目的主要是收视费的准确性，因而必须建立透明的用户管理系统。

建立一个透明的用户管理系统，把用户加密和服务平台放在地市是比较合理的一种方案，这时数字节目主要由中央和省两级提供，地市服务平台（电视台）可以直接接收数据流，从而省去了大量的解码器、编码器。中央和省的节目传到服务平台，解密后再与当地节目一起打包加密，并控制到户。服务平台负责管理和服务于本地网的用户，为了使用户管理和结算更加透明、准确，需建立中央和省两级监管平台，维护有线电视运营秩序。监管平台制定全国电视节目识别的统一规划。全国电视节目统一编号，统一管理，统一有线电视节目订购单的格式；监管平台巡回检查地市服务平台的运行状态，是否按照节目统一编号播出，是否按照批准的范围运营；并从服务平台获取SMS数据。以上陈述的是用户管理系统软件的基本功能，各个地市服务平台的运营战略、运营思想、运营模式、运营产品不同，软件应能整合上述个性。为了实现全国统一的用户管理系统，还必须统一规划有线电视节目识别码——服务信息（SI）的统一格式。

8.3.2 SMS的具体功能

（1）用户管理：处理与维护数字电视用户的基本信息，有注册、修改、查询、删除功能。修改后的用户信息应该在整个系统中立即生效。

（2）订购管理：负责用户订购信息的管理，订购信息的生成、修改、删除、查询。

（3）产品管理（节目播出管理）：节目的生成、修改、删除、查询。

（4）授权信息管理：通过CAS对用户实施授权、取消授权，对产品、智能卡的有效性进行确认。

（5）计费管理：将节目划分为基本节目（免费）、付费节目；管理交互节目、高清晰度电视节目、标准清晰度电视节目和数据的收费标准，依据用户订购信息计算收费。

（6）收费管理：执行从智能卡收取费用操作。

（7）操作权限管理：限定操作员的控制权利，有添加操作员、修改操作员、删除操作员功能。

（8）软件接口管理：管理与CAS及相关数据通信网的接口。

（9）资源管理：硬件、软件、运行过程的总管。

（10）报表管理：自动统计各种数据，分析后生成报表。

习　题　八

一、是非判断题（正确画“√”，错误画“×”）

1. 为了垄断有线数字电视市场，必须建设带有条件接收系统（CAS）的有线数字电视系统。（　　）
2. CAS 对有线数字电视系统有干扰，对图像质量有损伤。（　　）
3. CAS 是前端的 CA 服务器与机顶盒之间的数据通信系统。（　　）
4. 模拟电视接收机收视数字电视信号，必须插入专用机顶盒。（　　）
5. 看数字电视必须使用数字电视机顶盒。（　　）
6. 把数字电视机顶盒装在模拟电视接收机内，这就是数字电视接收机。（　　）
7. 有线数字电视机顶盒是过渡时期（模拟电视与数字电视共存时期）的产品。（　　）
8. 智能卡（Smart Card）只有代替现金付费功能。（　　）
9. 同密 CAS，对数字电视节目加扰要遵循通用的加扰算法。（　　）
10. 同密 CAS，使不同品牌的 CAS 可以在同一个有线数字电视系统内运行。（　　）

二、选择题（将正确答案的序号填入括号中）

1. CAS 集成了数据加解密节目加解扰技术和（　　）技术。

A. 同密　　B. 中间件　　C. 智能卡　　D. 编码

2. 操作有线数字电视机顶盒的遥控器，订购电视节目的导航菜单叫做（　　）。

A. 电视节目频道表　　B. 电子节目指南

C. 节目信息表　　D. 服务信息表

3. 可以把有线数字电视机顶盒比做一台多媒体计算机（MPC），中间件就相当于计算机的（　　）。

A. 操作系统　　B. 应用软件　　C. 工具软件　　D. 驱动系统

4. 用户管理系统（SMS）由虚拟机（广义的计算机）和（　　）构成。

A. 操作软件　　B. 通信协议　　C. 社会软件　　D. 中间件

三、画图题

1. 画出一个机顶盒与两台模拟电视接收机相连接的接线图。

2. 独立使用 STB1 和 STB2 都能正常工作，看出图 8-4 所示错误后，画出正确的接线图。

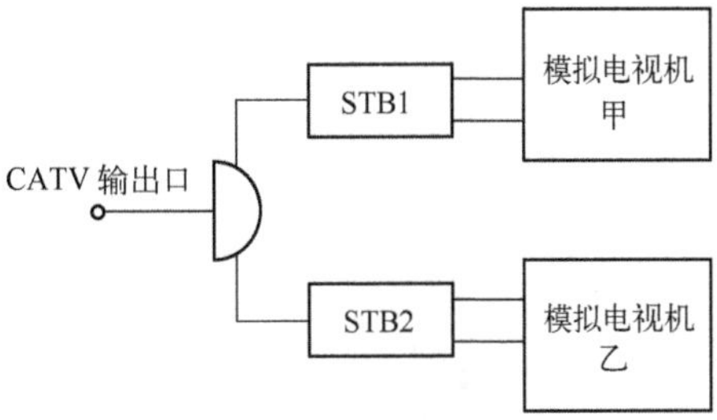

图 8-4　习题图

四、计算题

1. 每一套节目必须有一个唯一的标志符号，

假设采用八位二进制计数，可以为多少套节目做标志符号？

2. 采用二进制计数为 1 000 台机顶盒做标志符号，最少要采用几位二进制数字？

五、问答题

1. 为什么要实施有条件接收系统？对有线数字电视系统的发展有何意义？
2. 有线数字电视机顶盒提供的功能有哪些？
3. 什么是数据广播？
4. 什么是交互电视？

参考文献

[1] 陶宏伟编著．有线电视技术（第3版）．北京：电子工业出版社，2007

[2] 惠新标，郑志航主编．数字电视技术基础．北京：电子工业出版社，2005

[3] 钟玉琢，沈洪，刘晓颖编著．多媒体应用设计师教程．北京：清华大学出版社，2005

[4] 杨振山，龚沛曾主编．计算机文化基础．北京：高等教育出版社，2004

[5] 姜秀华主编．数字电视原理与应用．北京：人民邮电出版社，2003

[6] 李鉴增，焦方性编著．有线电视综合信息网技术．北京：人民邮电出版社，1999

[7] 茅以升主编．现代工程师手册．北京：北京出版社，1988

[8] 信息产业部电子行业职业技能鉴定指导中心编．有线通信传输设备调试工（有线广播电视部分）培训教材．北京：中国科学技术出版社，2002

反侵权盗版声明

电子工业出版社依法对本作品享有专有出版权。任何未经权利人书面许可，复制、销售或通过信息网络传播本作品的行为；歪曲、篡改、剽窃本作品的行为，均违反《中华人民共和国著作权法》，其行为人应承担相应的民事责任和行政责任，构成犯罪的，将被依法追究刑事责任。

为了维护市场秩序，保护权利人的合法权益，我社将依法查处和打击侵权盗版的单位和个人。欢迎社会各界人士积极举报侵权盗版行为，本社将奖励举报有功人员，并保证举报人的信息不被泄露。

举报电话：(010) 88254396；(010) 88258888
传　　真：(010) 88254397
E-mail：dbqq@ phei. com. cn
通信地址：北京市海淀区万寿路 173 信箱
　　　　　电子工业出版社总编办公室
邮　　编：100036